生物化学工学
バイオプロセスの基礎と応用
第2版

小林 猛・田谷正仁 編
本多裕之・上平正道・中島田 豊
境 慎司・清水一憲 著

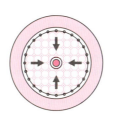

東京化学同人

まえがき

　バイオサイエンスを学ぶだけでバイオ生産物がつくれる訳ではない．もちろんバイオサイエンスの知識も必要であるが，実際にバイオ生産物をつくっている企業では，生物化学工学の知識が必要不可欠である．安心できる製品を大量に安定して生産し続ける必要があるからである．このことは，iPS細胞を利用した再生医療を考えてみれば理解しやすい．再生医療用に眼の網膜シートをつくることを一つの例として考えてみよう．まず患者さんの細胞からiPS細胞を作製する必要がある．この工程はバイオサイエンスの出番であるが，以降は生物化学工学を中心とする製造技術である．ヒトは最大の汚染源であるから，クリーンな環境中でヒトが関与することなく，大量にiPS細胞を培養できる細胞製造システムの構築が必須である．iPS細胞は培養途中に，好ましくない性質をもった細胞に分化してしまう可能性があるから，これらの細胞を完全に除去する必要もある．iPS細胞を破壊して細胞の品質を検査すれば，再生医療用に細胞を使用することができないから，細胞を破壊せずに品質検査する方法を開発することも必須となる．さらに，大量のiPS細胞をシート上に置き，再現性よく網膜シートとして分化誘導させ，その品質を破壊することなく保証する技術開発も必須となる．このようなバイオ・医療に関する生産技術の開発がなければ再生医療の普及は難しく，網膜シートも非常に高価となってしまう．

　生物化学工学は，微生物や動物細胞をどのようにすれば大規模に培養することができるか，安定して大量生産するためにはどのような知識が必要となるのか，安心できるバイオ生産物を得るためにはどのような酵素反応や微生物反応を利用し，どのような反応装置を使い，どのようなバイオセパレーション方法で精製するのか，といったバイオ・医療に関する生産技術を学ぶ学問分野である．バイオサイエンスだけを学んできた読者にはなじみにくいかもしれないが，生物化学工学を学び，応用することによって安価に購入できるバイオ分野の商品となり，医療分野では患者さんの負担が少ない治療につながる．研究所で新規な酵素反応や新奇微生物の培養によって新しい物質をつくるビジネスの"種"が完成したとしても，その種を発芽させ，大きく育て，収穫することが重要である．農業でたとえれば栽培学に相当するが，多くの解決すべき課題が待受けている．それらの課題を解決することがバイオ・医療に関する生産技術であり，その技術をもっている人，解決できる能力をもっている人が求められている

　わが国には伝統的な醸造業があるが，1940年代後半にはペニシリンをはじめとする抗生物質を製造する会社が，さらに1960年代にはアミノ酸や核酸を生産する会社が発展した．発酵，食品，製薬などの企業を中心として，当時確立された技術を使っていろいろなバイオ生産物が現在もつくられ続けている．近年，動物細胞を培養することによってオプジーボをはじめとする新しいバイオ医薬品（抗体医薬）もつくられている．ゲノム編集やiPS細胞などの新しい技術が次々と開発されるなか，今後もいろいろな企業で新しい生産物を安く安定的に供給する試みがますます進んでいくことであろう．

本書は大学工学部のみならず，農学部・薬学部または高等専門学校で使用していただけるような教科書を念頭におき，平易な入門書として，生物化学工学で対象とすべき事柄を網羅的に記述した．社会人になって，もう一度生物化学工学を勉強したくなった（あるいは勉強しなければならなくなった）読者にも役立つ教科書である．微生物の特性や代謝，培養工学だけにとどまらず，酵素の特性や固定化酵素バイオリアクターの設計・操作方式に触れるとともに，生物的排水処理を丁寧に記述し，またゲノム編集やバイオインフォマティクスについても触れている．最終章には発展著しい動物細胞培養と再生医療を加えて動物細胞工学としてまとめ，抗体エンジニアリング，トランスジェニック動物による有用物質生産，工学的観点からの再生医療とティッシュエンジニアリング（組織工学）について解説した．また，理解を深めていただけるように，各章末に演習問題と，巻末に解答も加えた．

　本書は，名古屋大学工学部での生物化学工学の講義内容に基づき，小林　猛と本多裕之が分担執筆した"生物化学工学（応用生命科学シリーズ8）"（2002年刊行）を元にしている．本書をまとめるにあたっては17年間の技術発展を組込んで，内容を大幅に見直し，拡充をはかった．執筆は5名で行い，次のように分担した．本多裕之（1章，8章，9章），上平正道（2・7節，10・3節以外の10章，11章，13・1節，13・2節），中島田　豊（3章，10・3節，12章），境　慎司（2・7節以外の2章，4章，5章，13・3・2項），清水一憲（6章，7章，13・3・1項）である．意欲的な読者は巻末の参考図書，特に，"さらに深く学ぶための参考書・文献"に示した著者の論文なども参考にしてほしい．先達がつくられた表や図を参考にさせていただいたものもあり，この場を借りて感謝申上げます．発刊にあたっては，当初より東京化学同人の内藤みどり氏に，適切で見やすい図表作成やレイアウト作業，校正にいたるまで実に多大なご尽力をいただきました．あわせて感謝申上げます．

2019年11月

編者・執筆者一同

目　次

第1章　序　章 …………………………………………………………… 1
1・1　発酵工業の発展と生物化学工学 …………………………………… 1
1・2　バイオプロセスの特徴 ……………………………………………… 2
1・3　バイオプロセスの構成 ……………………………………………… 4
1・4　生物化学工学の成果 ………………………………………………… 5
　1・4・1　ジルチアゼム ………………………………………………… 5
　1・4・2　タクロリムス ………………………………………………… 6
　1・4・3　動物細胞の利用 ……………………………………………… 7
演習問題 ……………………………………………………………………… 9

第2章　細胞の取扱い ……………………………………………………10
2・1　微　生　物 ……………………………………………………………10
　2・1・1　微生物の特徴 …………………………………………………10
　2・1・2　代表的な微生物の種類 ………………………………………11
　2・1・3　SSU-rRNA による系統解析 …………………………………12
2・2　微生物の生理特性 ……………………………………………………12
　2・2・1　栄　養　要　求 ………………………………………………12
　2・2・2　温度および pH ………………………………………………14
　2・2・3　酸　　　素 ……………………………………………………14
　2・2・4　胞　　　子 ……………………………………………………14
2・3　動　物　細　胞 ………………………………………………………14
2・4　培　地　の　設　定 …………………………………………………15
2・5　有用細胞の分離 ………………………………………………………15
　2・5・1　有用微生物の分離 ……………………………………………15
　2・5・2　有用動物細胞の分離 …………………………………………16
2・6　有用細胞の保存と種細胞の調製 ……………………………………16
2・7　育種のための遺伝子組換え技術とゲノム編集技術 ………………17
　2・7・1　遺伝子クローニング …………………………………………17
　2・7・2　PCR 法 …………………………………………………………18
　2・7・3　塩基配列解析技術 ……………………………………………19
　2・7・4　異種遺伝子発現 ………………………………………………20
　2・7・5　細胞の育種 ……………………………………………………21
　2・7・6　ゲノム編集技術 ………………………………………………22
演習問題 ………………………………………………………………………23

第3章 細胞の代謝と増殖収率……24
3・1 細胞の代謝反応……25
3・1・1 解糖系……25
3・1・2 ペントースリン酸経路……27
3・1・3 TCAサイクル……28
3・1・4 電子伝達系……29
3・2 増殖収率と反応熱……31
3・2・1 有効電子当量基準の増殖収率 Y_{AVE}……32
3・2・2 異化代謝基準の増殖収率 $Y_{X/C}$……32
3・2・3 ATP基準の増殖収率 Y_{ATP}……33
3・2・4 反応熱（代謝熱）……34
演習問題……35

第4章 酵素反応速度論と反応装置……36
4・1 酵素とその分類……36
4・1・1 酵素の特性……36
4・1・2 酵素の分類命名法……36
4・2 酵素反応速度論……37
4・2・1 ミカエリス・メンテンの式……37
4・2・2 アロステリック酵素とその反応速度……38
4・2・3 各種阻害様式とその反応速度……38
4・2・4 二基質反応……39
4・3 酵素の固定化……40
4・4 固定化酵素バイオリアクター……41
4・4・1 バイオリアクター形式と操作方式……41
4・4・2 槽型バイオリアクター……41
4・4・3 管型バイオリアクター……42
4・4・4 膜型バイオリアクター……43
演習問題……43

第5章 微生物反応速度論……44
5・1 微生物反応の分類……44
5・2 増殖速度式……45
5・3 基質の消費速度および生産物生成速度……47
5・4 酸素の消費速度……49
演習問題……50

第6章 培養の準備過程……51
6・1 無菌操作……51
6・2 熱死滅速度……52
6・3 空気の除菌……57
6・4 遺伝子組換え菌の取扱い……58
演習問題……59

第7章 培養操作 ……… 60
- 7・1 回分培養 ……… 61
  - 7・1・1 回分培養とは ……… 61
  - 7・1・2 回分増殖の数式モデル ……… 62
  - 7・1・3 反復回分培養 ……… 62
- 7・2 半回分培養（流加培養） ……… 63
  - 7・2・1 フィードバック制御がない場合の流加操作 ……… 64
  - 7・2・2 フィードバック制御がある場合の流加操作 ……… 64
- 7・3 連続培養 ……… 68
  - 7・3・1 ケモスタット ……… 68
  - 7・3・2 タービドスタット ……… 70
  - 7・3・3 細胞循環のある場合の連続操作 ……… 70
  - 7・3・4 灌流培養 ……… 71
- 演習問題 ……… 72

第8章 培養用バイオリアクター ……… 73
- 8・1 微生物の培養の歴史 ……… 73
- 8・2 培養方法 ……… 74
  - 8・2・1 懸濁培養 ……… 74
  - 8・2・2 固定化培養 ……… 77
  - 8・2・3 固体培養 ……… 78
- 演習問題 ……… 79

第9章 通気と撹拌 ……… 80
- 9・1 酸素供給と $k_L a$ 測定 ……… 80
- 9・2 酸素移動容量係数と操作条件の相関式 ……… 83
- 9・3 スケールアップの計算例 ……… 85
- 9・4 酸素移動速度以外に基準となる因子 ……… 89
- 演習問題 ……… 90

第10章 計測・制御と生物情報の活用 ……… 91
- 10・1 計測 ……… 91
  - 10・1・1 オンラインセンサー ……… 91
  - 10・1・2 ソフトウェアセンサー ……… 96
  - 10・1・3 ニューラルネットワークとパターン認識 ……… 97
- 10・2 制御 ……… 98
  - 10・2・1 定値制御 ……… 98
  - 10・2・2 最適制御 ……… 99
  - 10・2・3 ファジィ制御 ……… 100
- 10・3 バイオインフォマティクス ……… 103
  - 10・3・1 分子生物学データベース ……… 103
  - 10・3・2 配列解析 ……… 104
  - 10・3・3 細胞・組織規模のゲノムワイドな解析 ……… 104
  - 10・3・4 代謝工学 ……… 105
- 演習問題 ……… 106

第11章 バイオセパレーション ... 107
11・1 一般的な回収方法 ... 108
11・2 細胞の分離 ... 109
11・2・1 遠心分離 ... 109
11・2・2 濾過 ... 110
11・3 細胞の破壊 ... 111
11・4 予備分画 ... 112
11・4・1 沈殿分画 ... 112
11・4・2 抽出 ... 113
11・5 精密分離 ... 114
11・5・1 クロマトグラフィー ... 114
11・5・2 膜分離 ... 117
11・5・3 電気泳動 ... 118
11・5・4 再結晶（晶析） ... 118
演習問題 ... 119

第12章 生物的排水処理 ... 120
12・1 好気処理法 ... 120
12・1・1 細胞循環のある好気処理法（活性汚泥法） ... 120
12・1・2 固定化細胞を用いた好気処理法（生物膜法） ... 122
12・2 嫌気消化法（メタン発酵法） ... 123
12・2・1 嫌気消化法の基本原理 ... 123
12・2・2 各種の嫌気消化法 ... 124
12・3 高度排水処理法 ... 125
12・3・1 生物脱窒法 ... 125
12・3・2 脱リン法 ... 126
12・4 排水処理における微生物生態解析 ... 127
演習問題 ... 127

第13章 動物細胞工学 ... 128
13・1 動物細胞の特性と基本操作技術 ... 129
13・1・1 培養環境 ... 129
13・1・2 遺伝子組換え動物細胞の作製 ... 131
13・1・3 抗体エンジニアリング ... 132
13・2 工学的観点からのバイオ医薬品生産 ... 134
13・2・1 動物細胞培養による有用物質生産 ... 134
13・2・2 トランスジェニック動物による有用物質生産 ... 136
13・3 工学的観点からの再生医療とティッシュエンジニアリング ... 137
13・3・1 再生医療におけるバイオプロセス ... 137
13・3・2 バイオファブリケーション ... 139
演習問題 ... 141

演習問題解答 ... 142
参考図書 ... 143
索引 ... 145

1 序　章

1・1　発酵工業の発展と生物化学工学

戦前の日本のバイオ産業は清酒・しょうゆ・みそなどの醸造業であったといって過言ではない．清酒・しょうゆ・みそなどの醸造は伝統的な職人芸が代々伝えられてきたので，"工学" という要素が入り込む余地はあまりなかった．これらの醸造分野で活躍する微生物も基本的には酸素が必要でない嫌気状態で利用されてきたので，生産のスケールを大きくすることもそれほど難しくはなく，また，機械装置や電力装置の利用も限られていたので，生産のスケールを大きくする必要すらあまりなかった．現在では，気温が高ければ，冷却設備を設置して室温を下げる，といった考えがすぐ浮かぶ．しかし，今でも気温が下がる冬にのみ清酒を醸造し，残りの春・夏・秋には清酒として出荷するだけという酒造メーカーが多い．冷却設備を設置しても設備費がかさむだけで，1年中生産しても清酒を売切るだけの販売力がない，といったこととも関連するので，一概に技術だけの問題とはいいきれない．しかし，これらの醸造業分野では，当時は"工学" という要素が入り込む余地はあまりなかったことも間違いない．

このような状況が一変したのは，日本では戦後スタートしたペニシリン生産であった．角田房子著 "碧素・日本ペニシリン物語"（新潮社，1978）には，昭和18年（1943）12月21日から終戦までの間に日本で行われたペニシリンについての研究状況が克明に描かれている．戦争末期で，米国や英国などの科学技術情報がまったく途絶え，物資も乏しい状況下で，研究者は必死になってペニシリン生産菌の分離やペニシリンの活性測定法の確立などを追究した．残念ながらペニシリンの本格的な工業生産には至らなかったが，それも当然のことと考えられる．シャーレあるいはフラスコで生産できても，それをいかにして工業生産するか，という発想がまったくなく，生産技術に関連する分野の研究者も参加していなかったからである．

ペニシリンは1929年に英国のA. Flemingによって発見されたが，バクテリアの中のグラム陽性菌（第2章参照）の発育を阻止する，という認識でとどまっていた（図1・1）．Oxford大学のH. W. Floreyらが

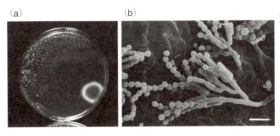

図1・1　ペニシリン生産菌　(a) 斜め右下に生育しているペニシリン生産菌（*Penicillium chrysogenum*）が生産するペニシリンによって寒天プレート一面に生育するはずの黄色ブドウ球菌の生育を阻害して，斜め左だけに黄色ブドウ球菌が生育している状況を示す．(b) ペニシリン生産菌の拡大写真．バーは10 μm．[宮道慎二ほか編，"微生物の世界"，p.136，筑波出版会（2006）]

1940年にペニシリンを化学療法剤として使用し，感染防御効果があることを見いだすことによって初めて注目されだした（ペニシリンの再発見）．シャーレに寒天を含む固体状態の培地をつくり，ペニシリン生産菌であるカビの *Penicillium chrysogenum* を寒天の表面に生育させる表面培養によって最初は生産されていた．戦争中の状況下であったが，米国では工学的な方面からの研究者も加わって短時間に集中的に研究し，1944年には工業生産できる技術開発に成功した．カビは酸素がある条件でなければ生育しないので，雑菌汚染をどのようにして防ぐのか，ペニシリンは大変不

安定な物質なので，どのようにして精製するのか，など多くの生産技術を開発する必要があった．1947年には培養液中で撹拌しながら無菌空気を吹込む，通気撹拌培養法が工業的に実施され，ペニシリンの生産性は高まり，また安定生産しやすくなった．その後の菌株の突然変異による改良と培養技術の改良によって，ペニシリンの生産性は5000倍以上に高められた．

微生物の培養はバイオ産業の基本であり，これまで実に多くの微生物培養技術が蓄積されてきた．日本では，1950年代から東京大学の合葉修一，大阪大学の田口久治らに代表される生物化学工学研究者がこれらの微生物培養技術の発展に対して大いに貢献した．1956年のグルタミン酸生産菌の発見に端を発し，代謝制御発酵として知られるアミノ酸生産技術が発展したが，この面でも生物化学工学研究者は貢献したといえよう．1960年代後半からは石油系原料を炭素源とする**微生物タンパク質**（Single Cell Protein, SCP）生産が注目を集め，気泡塔型培養装置などの大型培養装置のスケールアップと連続培養に関する技術蓄積が高まった．**SCP生産**は企業化されなかったが，今後の世界における食糧問題を考えると，家畜の飼料用としてのSCP生産は再開される可能性があろう．

第2章で紹介するように，現実のバイオプロセスでは，有用微生物を試験管やシャーレで純粋培養し，しだいにそのスケールを拡大して実生産に移る．試験管やシャーレの中と大型の培養装置の中では，物質生産に関わる細胞の環境があまりにも異なり，バイオプロセスを実用化するには，小さなスケールの環境と大きなスケールのそれを橋渡しする技術が不可欠である．この技術の大系が**生物化学工学**といえよう．

優秀な微生物を自然界から分離し，変異処理や遺伝子組換え技術などによってさらに改良して各種の代謝産物の生産に利用している．しかし，微生物の分離と改良だけで工業生産できるものではないこともよく知られており，安定で効率よく大量生産するための技術開発も重要である．このことは，自動車の生産を例にとって考えてみるとはっきりしている．自動車の原理そのものは100年以上も前に明らかになっているが，後発メーカーであるトヨタ自動車が米国のGMと同じくらい強い理由は，カンバン方式とよばれている非常に合理的な生産方式を考え出し，それを時代の変化にフレキシブルに対応させつつ実践していることにある．このように生産技術の優位性も非常に大切であることを示しており，また，このような生産技術を支える基礎的工学分野も重要である．生物化学工学は，"生物がもっている優れた機能を人間が意図する目的を達成するための工学的生産技術"と定義できよう．バイオ産業も各種のバイオ製品を生産するのであるから，合理的な生産方式を確立し，製品の品質を一定に保証する必要があり，これを支える生物化学工学は今後も発展し続けよう．

分子生物学は1960年代から急速に発展しだして，この分子生物学をベースとして遺伝子組換え技術が1973年に，PCR（Polymerase Chain Reaction）法が1985年に開発された．また，1997年にはクローンヒツジが誕生し，2003年には国際ヒトゲノム配列コンソーシアムによりヒトのゲノム情報が完全解読された．以降，次世代シーケンサーの台頭により解読速度は飛躍的に高速化し，コストは数万分の1以下となり，ヒトゲノムが24時間以内に，100ドルで解読できる時代は目前である．さらに近年では，ゲノム編集技術が確立され，目的ゲノムを自在に編集できるようになった（詳細は2・7節参照）．一方，動物細胞培養では，2006年に京都大学 山中伸弥が確立したiPS（induced Pluripotent Stem）細胞技術により，体細胞からどの細胞にも分化しうる万能細胞が作製できる時代になってきた．組織構築に関してもオルガノイド（organoid）とよばれる組織再生技術が注目を集めている．1細胞解析技術も高い精度を達成しつつあることから，ゲノム解析を組合わせてさらに精緻な細胞機能の解明がなされるであろう．生物化学工学もその対象を広げて，ゲノム情報に基づいた研究開発にどのように貢献できるかを追究するようになるであろう．

1・2 バイオプロセスの特徴

第3章で紹介するように，微生物はある基質を利用して酸化分解し，生命活動に必要なエネルギーを獲得すると同時に，生体内構成成分のすべてを生合成する．この過程を通して生産物として，各種のアミノ酸や抗生物質などの工業的に有用な物質を生産する．微生物の増殖速度は高等生物のそれに比べて非常に大きいため，このような物質を生産する素材としては大変有用である（表1・1）．また，微生物を利用する生産

表 1・1 微生物や動物細胞の世代時間

微生物または培養細胞	温度 [℃]	世代時間†
Geobacillus stearothermophilus	60	8.4 分
Pseudomonas natriegens	30	9.8 分
Escherichia coli（大腸菌）	37	20 分
Aerobacter aerogenes	37	18〜30 分
Bacillus subtilis（枯草菌）	40	26 分
Pseudomonas putida	30	45 分
Aspergillus niger（クロコウジカビ）	30	2 時間
Saccharomyces cerevisiae（パン酵母）	30	2〜4 時間
Rhodopseudomonas sphaeroides	30	2.2 時間
Trichoderma viride	30	5.0 時間
Spirulina platensis	35	9.2 時間
HeLa 細胞	37	30〜50 時間

† 世代時間とは微生物や細胞が倍加する時間であり，世代時間が短いほど増殖速度は高い（5・2 節参照）．

プロセス（バイオプロセス）を化学プロセスと比較してみると，以下のような特長がある．

1) 微生物反応は基本的には生化学反応であり，このため反応は常温常圧で進行する．化学反応プロセスと比較して爆発などの危険性がなく，安全である．
2) 同一反応器内で数十の反応工程をあたかも単一反応のように進行させうる．
3) それぞれの反応は酵素反応であるため選択性が高い．
4) 容易に変異株が得られ，同一の反応器を用いて生産性を飛躍的に上げることができる．

一方，逆に以下のような欠点を本質的にもっている．

1) 常温常圧で進行するため，他の微生物の混入による汚染に注意する必要がある．
2) 微生物は増殖するためにも基質を利用する．このため生産物に対する基質からの変換率は化学反応に比べて低く，また微生物細胞の廃棄処分コストも考慮する必要がある．
3) 微生物反応の溶媒はほとんど例外なく水であるので，有機溶媒をよく使用する有機化学反応との連携が難しくなる．また，基質濃度をさほど上げられない．したがって化学反応と比較すると生産物濃度も低く，その分だけ精製コストが高くなる．
4) 微生物は多数の酵素を含んでおり，多くの場合，目的生産物以外に副産物をつくる．副産物は目的の生産物と化学的に類似である場合も多く，分離精製の工程に多大な費用がかかり，また副産物の多くは価値がない．
5) 微生物菌体内の酵素反応は相互に非常に複雑に関連しており，培養環境の変化に対して生産物の質的・量的変化が起こる．

最後の項目に対する例として，グルタミン酸生産菌およびクエン酸生産菌の代謝転換の様子を表 1・2 に

表 1・2 グルタミン酸生産菌 (a) およびクエン酸生産菌 (b) の代謝転換

環境因子	代謝転換	環境因子	代謝転換
(a) グルタミン酸生産菌（Corynebacterium glutamicum）[a]		**(b) クエン酸生産菌**（Candida lipolytica）[b]	
酸素	通気量不足 乳酸またはコハク酸 ←→ 通気量十分 グルタミン酸	チアミン	飽和 クエン酸 ←→ 欠乏 α-ケト酸（2-オキソ酸）
NH_4^+	欠乏 2-オキソグルタル酸 ←→ 適量 グルタミン酸 ←→ 過剰 グルタミン	Fe^{2+}（n-パラフィン培地）	欠乏 クエン酸 ←→ 飽和 D-イソクエン酸
pH	酸性 N-アセチルグルタミンまたはグルタミン ←→ 中性または微アルカリ性 グルタミン酸	酸素	飽和 クエン酸 ←→ 欠乏 反応速度の低下
リン酸	高濃度 バリン ←→ 適量 グルタミン酸	栄養源	適量 クエン酸 ←→ 過剰 細胞の増殖
ビオチン	飽和 乳酸またはコハク酸 ←→ 適量 グルタミン酸	pH	中性 クエン酸 ←→ 酸性 多価アルコール

a) 植田定治郎，相田 浩，発酵と微生物，1, 53, 朝倉書店 (1971). b) 田淵武士，原 誠五，農化，47, 489 (1973).

示す．グルタミン酸生産菌では，培養液中の酸素が欠乏するとグルタミン酸ではなく乳酸やコハク酸が生産される．また，アンモニウムイオンが過剰に存在するとグルタミンが生産される．クエン酸生産菌でも，酸素，栄養源あるいは pH などの環境因子の影響を受け，生産性が変動する．このような転換現象は微生物反応系一般に認められており，対象とする微生物に応じて環境因子による代謝転換の様相を知り，培養環境を適切に制御することが重要である．

1・3 バイオプロセスの構成

典型的なバイオプロセスを図 1・2 に示す．これは回分式の微生物培養プロセスであり，種菌培養槽と主培養槽には撹拌槽型培養槽が通常は用いられる．このほかに，培地の調製，培地の殺菌装置，除菌フィルター，pH 調整用装置などが付属している．種菌培養槽では，振とうフラスコで純粋培養した菌株をさらに培養し，主培養槽で必要な初期細胞量を得る．このようなバイオプロセスを川の流れになぞらえると，培地の調製や培地の殺菌などが**上流プロセス**（アップストリームプロセス）である．どのような培地を用いるか，といったことは簡単なようで，意外と重要なことである．高価な医薬品を生産する場合を除くと，生産物の製造コストに占める培地のコストは約 50% にも達することが多い．現在，最も安価な培地の炭素源は糖蜜（サトウキビの搾汁液）である．したがって，糖蜜を培地の炭素源とする場合には，東南アジアなどのサトウキビの生産地に工場そのものが移動してしまうこともあるくらいである．さらにサトウキビの質はそのときの天候に左右されるから，上流プロセスをきちんと管理することはかなり難しいことである．

微生物の培養がバイオプロセスの中心である．固定化酵素を用いて物質生産を行う場合に，固定化酵素を用いる反応器をバイオリアクターとよんでいたが，現在では微生物の培養槽も含めてバイオリアクターと総称することが多い．バイオリアクターの詳細については第 8 章以降で紹介する．

バイオリアクターで生産された目的の物質を分離精製し，最終的に必要な品質を備えた製品にする行程が**下流プロセス**（ダウンストリームプロセス）である．種々の夾雑物質を含む混合物から目的の物質のみを分離精製するために必要なコストは全体の半分以上を占めることもあるので，たいへん重要である．日本のある企業がトリプトファンを生産した際に，一つの精製工程を省いたために，ある夾雑物質を微量含んだトリプトファンが販売され，結果として大きな被害を与えてしまった事件があった．これはダウンストリームプロセスの重要性を象徴している．第 11 章でダウンストリームプロセスの詳細について紹介する．

バイオプロセスはこのように，上流から下流までバランスよく設計され，管理されていなければならない．

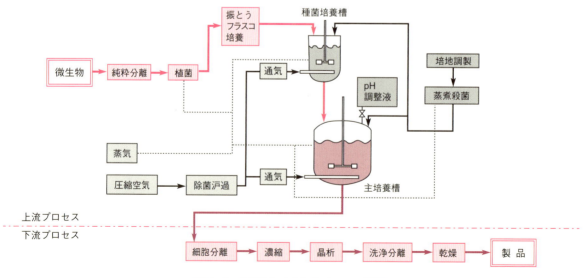

図 1・2 典型的なバイオプロセスの工程図

1・4 生物化学工学の成果

生物化学工学は，酵素あるいは微生物，動植物細胞培養といった生物のもつ力を利用して物質生産を実現するための学問である．医薬品原薬などを中心に，付加価値の高い各種のファインケミカルが**バイオ生産物**（バイオプロダクト）として数多く開発され，市場に投入されている．一方，生物のもつ力は，一般に，常温常圧，水溶液中，中性条件で発揮される．実際の実用化プロセスのなかには，アルカリ性，酸性，高圧の条件下，あるいは有機溶媒中で作用するものもあり，その多様性は，私たちに新たなアイディアを想起させる．生産物もファインケミカルだけではない．日東化学工業（株）により開発され，現在も三菱ケミカル（株）で製造されている**アクリルアミド**は，微生物酵素を利用して生産した数少ない化成品の実例である．約1000株からスクリーニングされた微生物酵素を使ってアクリロニトリルから50%の高純度アクリルアミドが製造されている．紙面の都合で触れないが，ぜひ成書*を参考にしていただきたい．以下，生物化学工学の考え方に基づき実用化された物質生産の例について紹介する．

1・4・1 ジルチアゼム

酵素を生産する細胞の生育環境と同じ環境で酵素を利用することが多い．基本的には水系であるため，通常は有機溶媒下での反応には適さない．このため有機溶媒系での化学合成反応と酵素反応を融合したプロセスの開発は困難とされており，酵素反応の大きな欠点の一つともいわれている．しかし，一方で，有機溶媒にある程度安定な酵素もある．リパーゼはその典型である．このリパーゼを使って実用化された興味深いプロセスを紹介しよう．狭心症・高血圧症治療薬として市販されている**ジルチアゼム**の前駆体，(±)-trans-3-(4-methoxyphenyl)glycidic acid methyl ester ((±)-MPGM) の光学分割のプロセスであり，田辺製薬（株）（現 田辺三菱製薬）が1993年に開発した．

ジルチアゼム塩酸塩（商品名 ヘルベッサー）は，分子内に2個の不斉炭素をもつため，原理的に4種類の異性体が存在する．しかしこれらのうち主作用を示すのは (2S, 3S) 配置を有する cis-(+)体のみである．ジルチアゼム合成に関してはこれまで多くの研究が行われてきている．そのなかで最も優れた方法が (2S, 3S)-3-(4-methoxyphenyl)glycidic acid methyl ester ((−)-MPGM) を鍵中間体として使用する方法である．有機合成のみでこの化合物を合成すると工程数が多いが，(+)-MPGM のみに作用する不斉加水分解可能なリパーゼを用いることで，ジルチアゼム製造工程が従来の9工程から5工程に減少した．まず基質を溶解する溶媒としてトルエンが選ばれた．これはオキシラン環の安定性と溶解度，さらに大規模製造時の取扱いの容易さを考慮してのことである．市販リパーゼ30種類と田辺製薬保有株700株が生成するリパーゼについてスクリーニングを行った結果，12株のエナンチオ選択性の高いリパーゼを見いだした．なかでもバクテリア Serratia marcescens の培養上清のリパーゼは (−)-MPGM にまったく作用しない高いエナンチオ選択性を示した．最初に製法確立のため，撹拌槽型リアクターを用いた水-トルエン二相エマルション系での反応が行われた．本酵素は二相系では安定であるが，MPGM や分解産物であるアルデヒドには酵素を失活させる作用があり，酵素の繰返し利用の妨げとなった．そのため，生産物をただちに系外に除き，連続酵素反応を実現するため，図1・3に示すような**ホローファイバー**（中空糸）を使った二液接触方式膜型バイオリアクターが用いられた．詳細は§4・4・4で記述するが，バイオリアクターの形状は図4・6と

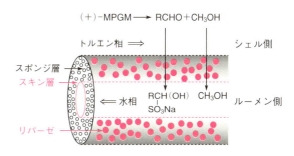

図1・3 ジルチアゼム前駆体生産のためのホローファイバー型バイオリアクターの拡大図．スキン層では低分子化合物は通過できるが，リパーゼのような高分子タンパク質は通過できない．トルエン相にはリパーゼのようなタンパク質は溶解できないために，スポンジ層だけにリパーゼは留まっている．RCHO: 4-メトキシフェニルアセトアルデヒド［柴谷武爾，油化学，**44**，862 (1995)］

---

* たとえば，化学工学会バイオ部会編，"バイオプロダクション", p.6, コロナ社 (2006) を参照のこと．

同じであり，酵素を有機溶媒と水の界面に固定させて使う画期的な方法である．ホローファイバーは分子量50,000の親水性限外沪過膜（図ではスキン層）面のシェル側（中空糸外側）にスポンジ層を有し，酵素の固定化はシェル側からルーメン側（中空糸内側）に向かって酵素水溶液を流してスポンジ層に物理的に吸着固定された．基質である（±）-MPGMを溶かしたトルエン溶液がシェル側を流れている．ルーメン側には生産物を溶解させやすい亜硫酸水素ナトリウム水溶液が少し低圧で流され，酵素反応で生成したメタノールとアルデヒドがスポンジ層を通過する．限外沪過膜のスキン層は，高分子のリパーゼは通過できない．亜硫酸水素ナトリウム水溶液はリパーゼが安定なpH 8～10に調整されており，アルデヒドは通過すると同時に亜硫酸水素ナトリウムの付加物になるため，迅速に系外にもち去られる．未反応の（−）-MPGMはトルエン相で濃縮し，容易に結晶として回収できる．エマルション反応での酵素半減期は4時間であるが，この装置導入により，半減期は127時間になり，効率的製造が達成された．

1・4・2 タクロリムス

タクロリムスは藤沢薬品工業(株)（現 アステラス製薬）が開発した免疫抑制剤である．開発当初，免疫抑制剤としてはシクロスポリンAが使われ，腎移植，肝移植などの臓器移植成績を著しく向上させていたが，腎障害，肝障害，血圧上昇，神経障害などの副作用があり，より安全で有効性の高い免疫抑制剤の開発が望まれていた．免疫抑制剤探索には，

① 生体にとって望ましくない免疫反応は，活性化されたT細胞の増殖を抑制することで抑えられる，
② T細胞の増殖を抑制する一つの方法としてIL2*の産生阻害がある，
③ IL2産生は混合リンパ球反応（主要組織適合性抗原の異なる2種類のマウスの脾臓細胞を混合すると，互いに刺激しあい幼若な形態をとり分裂増殖するようになる）での［^{3}H］チミジンの取込みで定性的に評価できる，

という戦略がとられた．その結果，カビ約8000株，放線菌12,000株の培養上清の中から，強い活性を示すものがスクリーニングされた．その株は，筑波山の土壌から分離された放線菌であり，*Streptomyces tsukubaensis* No.9993と命名された．この菌株の培養上清には，薬効を示すマクロライド系化合物FR900506（開発段階でFK506と改名）以外に，分子式の異なる数種類の微量類縁物質が存在した（図1・4）．特にFR900525（以下525）は6員環のピペコリン酸が5員環のプロリンに置換されているだけの，構造が似通った化合物である．原薬製造にあたっては解決すべきいくつかの項目があったが，副生成物の低減も重要な項目である．No.9993株を紫外線照射して得た高生産株で調べたところ，525生産はピペコリン酸，リシン，

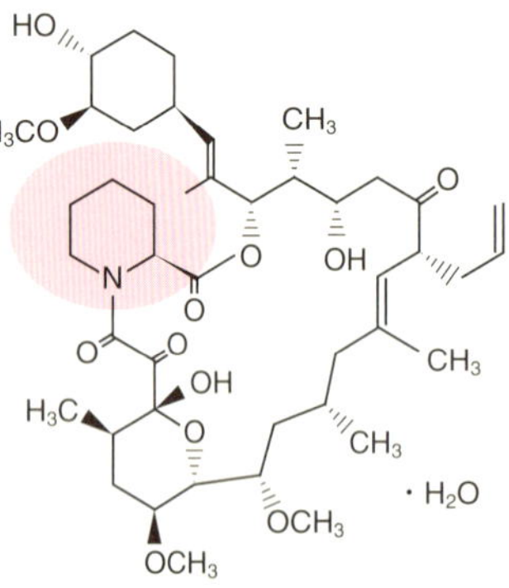

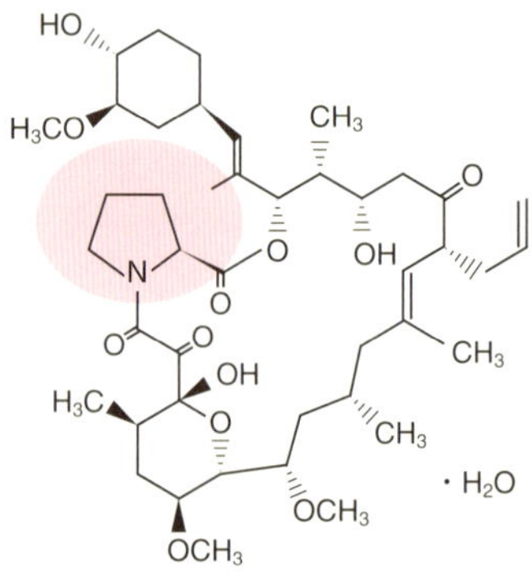

図 1・4 タクロリムス（左：**FK506**）と副産物（右：**FR900525**）の構造．赤丸部分の構造が異なる．

---

* サイトカインの一種，インターロイキン2．活性化したT細胞から分泌され，他のT細胞の増殖および活性化をつかさどる．

アスパラギン酸，トレオニン濃度と負の相関があった．ピペコリン酸はリシンから合成されるので，リシン生合成の亢進が525生産を低下させることがわかった．リシン生合成は代謝制御されている．このためリシンアナログである S-(2-aminoethyl)-L-cysteine (AEC) を使ったアナログ耐性変異株を育種し，細胞内リシン含量を高めて525生産を抑制する戦略がたてられた．その結果525生産量を約1/3にし，506生産を増強する変異株が育種でき，その後の実生産株の育種につながった．

実生産株が得られてもなお，医薬品を開発するためには，臨床研究の前に安全性や代謝研究，また安全性などの物性研究や製剤化検討などが必要で，これらの試験・研究を実施するため，大量のFK506原末が必要となる．このため大量製造のための生産性向上・純度向上が検討され，菌株育種だけでなく，培地組成や培養条件の最適化，培養スケールの増大などが行われた．特に ① 生産菌の気中菌糸の脱落，② 培養中の培地の粘度が高まることによる溶存酸素濃度低下への対応，③ 用いる培地原料のロット差による生産力価や類縁物質の生産比率の変動などであり，生物化学工学的なアプローチでこれらの課題が克服され，大量製造が可能になった．

藤沢薬品工業ではその後，抗 Candida 活性をもつ化合物を培養生産物（FR901379）として同定し，アシル側鎖を酵素で置換することでキャンディン系抗真菌症治療薬ミカファンギンの開発にも成功した．この開発にも生物化学工学の知見が有効に利用されている．生産株は糸状菌 Coleophoma empetri であり，最も重要な生産目標は培地の低粘性化であり，培養後半に高粘性を示すと生産性が低下した．この問題を解決するため，高粘性溶液用の大型のFULLZONE翼（（株）神鋼環境ソリューション）を導入したところ，通気撹拌状況が改善されると同時に菌糸の形態がペレット様に変化し，それまで5000〜10,000 cP（センチポアズ）の粘度に達していた培養液は大きく低下し，生産性は向上した（図1・5）．粘度上昇は酸素移動容量係数 $k_L a$ の低下を招く．このため粘度低下の効果はスケールアップに際してきわめて重要で，0.03 m³ から15 m³ まで500倍のスケールアップを，$k_L a$ を指標として実施でき，実際に再現性の高い培養が実現しスケールアップ生産に成功した．なお，$k_L a$ に関しては第9章を参照されたい．

1・4・3 動物細胞の利用

生物化学工学は，酵素あるいは微生物による物質生産を最大限に活用するために発展してきた．培われた技術は酵素や微生物利用にとどまらず，植物細胞，動物細胞（昆虫細胞，哺乳動物細胞を含む）の培養にも利用されている．動物細胞培養の実用化には二つの方向性がある．一つは動物細胞培養によって得るバイオ生産物であり，もう一つは細胞そのものの利用である．前者のバイオ生産物として抗体，ホルモンなどのタンパク質製剤が実用化されている．詳細は第13章を参照していただきたい．特にこの節では，バイオプロセスの産業応用の観点から二つの実用化例を紹介したい．

前者のバイオ生産物製造の例としては，2013年に

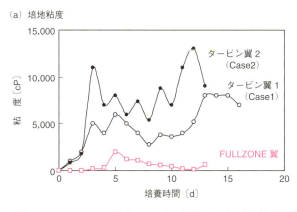
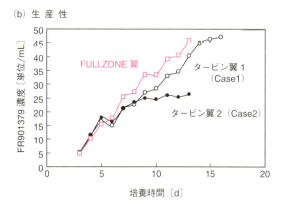

図 1・5 FR901379（ミカファンギン原薬）生産に及ぼす撹拌翼の影響（撹拌翼の各種の形状については，"改訂七版 化学工学便覧"，第6章（撹拌・混合），丸善出版（2011）を参照されたい）

岐阜県揖斐郡で稼働し始めた（株）UNIGEN岐阜工場の取組みである．この工場は，容量21 kLの大型細胞培養リアクターが複数設置された国内屈指のバイオ医薬品原薬の生産設備を保有しており，季節性組換えインフルエンザワクチンなどの製造が可能である．UNIGENでは昆虫細胞を用いたタンパク質生産プラットフォームを用いてワクチン原薬が製造できる．インフルエンザウイルスの表面タンパク質であるヘマグルチニン（HA）遺伝子をバキュロウイルスに組込み，昆虫細胞に感染させてHAを製造する．このため，

① インフルエンザウイルスを製造工程で使用しない，
② 従来の発育鶏卵を用いた製造期間6カ月を大幅に短縮し，8週間で製造可能である，
③ 鶏卵，鶏肉，その他ニワトリ由来のアレルギーを発症する人にも摂取可能なワクチンである，
④ 目的タンパク質の遺伝子情報のみを用いることから，抗原性の変異に起因したワクチン効果の減弱が起こりにくい，さらには
⑤ 組込む遺伝子の種類が変わっても製造工程を大きく変える必要がない，

といったいくつかの優れた特長をもつ．インフルエンザウイルスだけでなく広く応用が期待される製造方法である．

この工場は哺乳動物細胞を用いたバイオ医薬品の受託製造も可能な施設になっている．大型培養槽での生産においてはまず培養槽のスケールアップの問題解決が重要である．タクロリムス生産の項でも述べたが，培養槽内で強いせん断応力が発生しないように撹拌翼の形状を変更する必要がある．これには数値流体力学による流動解析[*1]が活用できる．特に動物細胞の培養を対象とした大型の培養槽の場合には，細胞が強いせん断応力によって破壊されやすい（§13・2・1参照）から，流動解析は必須である．さらに，内部が見えるように透明アクリル槽へレーザー光などを当てて流れの可視化を行い，流動解析結果と比較することも必要となる．図1・6に示すようにUNIGENでは，数値流体力学による流動解析やモックアップ[*2]培養槽を用いた流れの可視化を組合わせて，スケールアップを模擬した各条件で培養試験を行うことによってスムーズなスケールアップに成功した．組換え体の拡散

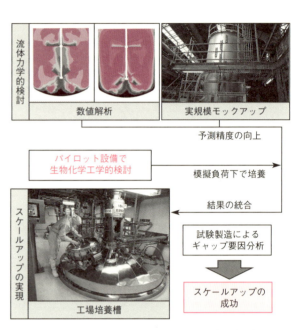

図1・6 （株）UNIGENでのスケールアップ検討．左上の数値解析は流体力学的解析によるせん断応力分布で，撹拌回転数の違いを示す．矩形傾斜パドル翼が使われ，せん断応力が強いほど赤色．撹拌回転数を上げる（右図）ほどせん断応力は大きくなり細胞への負荷が大きくなる．
［小川敦嗣，生物工学，93, 330 (2015) を一部修正］

防止に関しても，密閉構造を有する装置の使用はもちろん，シングルユース（単回使用）機器の接続によるクローズド環境下での運転が行われている．大型培養槽だけでなく，精製工程も充実しており，遠心分離工程，粗沪過工程を含む回収・抽出工程，タンパク質の相互作用を用いた2段階のクロマトグラフィー工程などで構成される．特にクロマトグラフィー工程のカラムは直径1 mを超える大型装置で，規模の大きな生産にも対応可能である．生物化学工学の技術が多くの部分に盛り込まれて実用化されており，生物化学工学の知識が最も活用されている分野の一つであろう．

[*1] 数値流体力学による流動解析（数値流体解析，CFD）については，"改訂七版 化学工学便覧"，3.5節（流動の数値シミュレーション），丸善出版（2011）を参照されたい．
[*2] 実物に似せて作った実物大の模型のこと．この場合は流動解析を目的にしているため培養槽の内部形状や撹拌翼を実物と同じに作った容器のこと．

後者の，細胞そのものの利用に関する例は，愛知県蒲郡市にある（株）ジャパン・ティッシュ・エンジニアリング（J-TEC）である．この企業は国内で初めて，保険適用された**再生医療組織**の製造販売を開始した．現在，自家培養表皮ジェイス™と自家培養軟骨ジャック™を製造販売している．ヒトの身体全体を覆う皮膚は成人で 1.6 m² を占め，重量は体重の 16% に達する人体最大の臓器ともいわれる．外界と直接触れるため，① 水分の喪失や透過を防ぐ，② 体温を調節する，③ 微生物や物理化学的な刺激から生体を守る，といった多くの機能を備える重要な組織である．また再生能力が高い臓器としても知られているが，やけどなどで広い面積が損傷を受けた場合，細胞増殖による再生が間に合わないため，生命の危機に直面する．救命のためには早急に受傷部位全体を何かで覆う必要があり，動物の皮膚や他人の皮膚を一時的に使用することも可能であるが，最終的には自分自身の皮膚が最適である．1975 年に米国ハーバード大学医学部の Howard Green らは，ヒト表皮細胞を培養する際に，マウス胎児由来の線維芽細胞（3T3-J2 細胞）を使うことで，きわめて良好な培養環境をつくり出し，表皮細胞が十分に増殖し，重層化した皮膚類似の膜状構造を呈し，さらに，この膜状に培養された培養表皮が臨床治療に使えることを明らかにした．J-TEC はこの技術を実用化し，2007 年から保険適用された自家培養皮膚の製造販売を手掛けている．

一方，自家培養軟骨に関しては広島大学医学部の越智光夫が確立した技術が使われた．自家培養軟骨は，まず担当医師が，軟骨に損傷を受けた患者の軟骨組織から 0.2 g または 0.4 g を目安として採取することから始まる．軟骨組織から軟骨細胞を丁寧に分離し，ウシ真皮由来のアテロコラーゲンと混合し，培養容器内で円盤状になるように播種成型する．アテロコラーゲンをゲル化して細胞を埋包した後，軟骨培養用培地で培養して製造する．この組織は，軟骨細胞の細胞外マトリックスの産生により膝関節軟骨全層欠損の患者の欠損部位を補綴・修復するとともに，関節機能を改善することが可能である．J-TEC は，2012 年 7 月にこの再生医療製品の認可を受け実用化に成功した．生産工程の自動化だけでなく，その品質管理という側面でも生物化学工学研究者がもっと参画すべき領域であろう．

生物化学工学は酵素利用プロセスと微生物培養プロセスの開発を中心に発展してきた．確立された体系は細胞が植物細胞，動物細胞に変わっても応用され続けている．技術が発達を遂げてくると，次に求められるのはヒトの英知，アイディアである．生物化学工学を修めた研究者・技術者がその英知を最大限に発揮し，大いに活躍されることを切に願う．

演習問題

1・1 1 L と 10 L の容量で微生物の培養ができる 2 台の培養槽を考えよう．どちらも円筒容器で直径と高さ（深さ）を 1：1 にする．

(a) 直径は何倍になるか．

(b) 10 L の培養槽を用いた場合には，単純に 10 倍の生産物が取出せる．酸素も 10 倍必要で発熱量も 10 倍になる．培養槽表面からの放熱速度は何倍になると考えられるか．

1・2 表 1・1 に示したように高温で生育する微生物（好熱菌）は増殖速度が高いため，短時間で培養できる．好熱菌のこれ以外の生物化学工学的なメリットについて考察せよ．

1・3 寒天培地に生育する微生物は 1 個が分裂し個体数を増やし，コロニーとよばれる個体群（集落）を形成する．一つのコロニーに注目すると，コロニー中央付近の微生物個体は初期に分裂して生み出された個体の集まりであり，辺縁部分の微生物個体は遅れて分裂してきた若い個体が多いと考えられる．中央付近には死細胞も含まれるであろう．このコロニーをかきとって液体培地に移植（播種）する場合，かきとる場所によっては生育速度が異なることも考えられ，物質生産では困ることになる．これを防ぐため微生物培養ではどういう対策がとられるか考察せよ．

1・4 動物細胞培養の実用化には二つの方向性がある．この二つの方向性を具体的に記述せよ．

2 細胞の取扱い

　以下に述べる研究成果から，生物は**原核生物**（prokaryote）である**バクテリア**（bacteria）と**アーキア**（archaea）および**真核生物**（eukaryote）の三つのドメインに区分される．

　バイオ産業では，さまざまな生物を取扱い，目的の物質を生産している．第2章では多く利用されている微生物の基本的なことがらを中心に，動物細胞も含んだ細胞の取扱いについて述べる．

2·1 微生物
2·1·1 微生物の特徴

　微生物とは，顕微鏡でなければ観察できない微小な生物の総称であり，その形態などから図2·1に示すように個々の細胞形態のバクテリア，バクテリアに属するが分岐した菌糸を形成する放線菌，酵母，糸状菌，藻類，原生動物などに分けられる．また，核が核膜で覆われているかそうでないかで，真核生物と原核生物に分けられる．真核生物には酵母，糸状菌，藻類，原生動物などが含まれ，原核生物はバクテリアとアーキアに分けられる．真核生物と原核生物には，表2·1に示すような細胞構造の違いがある．

　動物や植物の場合には和名でよぶことが多い．これに対して微生物は，大腸菌のように和名があるものもいるが，通常は学名でよぶ．学名はC. von Linné が提唱した二命名法が基礎になっており，分類学上の属の名前（大文字で始まる）と種の名前（小文字で始まる）を斜字体（イタリック）で表記する．たとえば，大腸菌の場合には，*Escherichia coli* と表記し，2回目から表記する場合には，*E. coli* と略記する．学名そのものはラテン語で表すので，当然発音もラテン語の発音でよぶべきであるが，専門家の話ではローマ字のよ

表 2·1　原核生物と真核生物の細胞構造の比較

	原核生物	真核生物
細胞の大きさ	通常 1〜2 μm	通常 5 μm 以上
核	核膜なし，有糸分裂しない	真核（核膜あり），有糸分裂する
DNA	単一分子	多数の染色体，ヒストンと複合体を形成
細胞壁組成	複雑，主としてペプチドグリカン	単純，ペプチドグリカンなし（動物細胞では細胞壁なし）
膜の組成	ステロールなし	ステロールを含む
呼吸系	細胞質膜	ミトコンドリア
光合成	細胞内膜組織	葉緑体
リボソーム	70 S[†]	80 S（ミトコンドリア，葉緑体では約 70 S）
有性生殖	遺伝子の一部が組換えられる	染色体全部が組換えられる
液胞	あまりない	しばしば認められる

[†]　S はスベドベリ単位：粒子の沈降速度の指標である沈降係数の単位．第11章 (11·5) 式も参照．

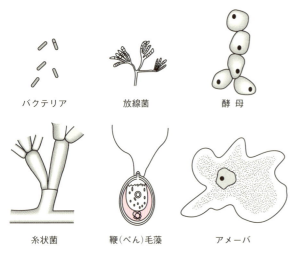

図 2·1　微生物の大きさと形態（倍率は約1000倍）

表 2・2 代表的な原核生物

バクテリア		アーキア
グラム陽性菌	グラム陰性菌	
Bacillus subtilis（枯草菌）	*Acetobacter aceti*（酢酸菌）	*Methanobacterium kluyver*（水素資化性メタン生成菌）
Clostridium tetani（破傷風菌）	*Escherichia coli*（大腸菌）	*Methanosaeta concilii*（酢酸資化性メタン生成菌）
Corynebacterium glutamicum（グルタミン酸生産菌）	*Helicobacter pylori*（ピロリ菌）	*Pyrococcus furiosus*（超好熱菌）
Staphylococcus aureus（黄色ブドウ球菌）	*Pseudomonas aeruginosa*（緑膿菌）	*Halobacterium salinarum*（高度好塩菌）

うに発音すればおおむねよろしい，とのことである．したがって，"エシェリキア・コリ"および"イー・コリ"という発音*となる．さらに細かい分類が必要な場合にはこの後に変種の名前や血清学的な番号などをつける．たとえば，食中毒をひき起こす大腸菌として有名な O157 は *Escherichia coli* O157:H7 と表す．

2・1・2 代表的な微生物の種類

バクテリア（bacteria）は原核生物に属し，固い細胞壁によって特徴ある桿状（棒状や円筒状），球状，らせん状などの形態を示す．そして，オランダの C. Gram が開発した染色方法で紫色に染まるものを**グラム陽性菌**，染色されないものを**グラム陰性菌**といい，おもなバクテリアは表 2・2 に示される．グラム陽性菌の細胞壁は，ペプチドグリカン，テイコ酸，多糖を構成成分とする厚さ 20～80 nm の一様構造である．グラム陰性菌の細胞壁はグラム陽性菌のものよりかなり薄く，少量のペプチドグリカンを含む 2 層以上の層から成っている．グラム陰性菌は，細胞の極あるいは周縁にある鞭毛を動かして水中を遊泳するが，グラム陽性菌の多くは非運動性である．なお，グラム陽性菌は，ほとんどが化学合成従属栄養微生物（表 2・3 参照）であり，栄養条件や環境条件が悪化したとき胞子を形成するものもいる．グラム陰性菌は非常に多様であり，エネルギー獲得形態もさまざまである．

アーキア（archaea）は古細菌ともいうが，原核生物に属し，バクテリアと類似の形状を示す．大きさは 0.5～1 μm 程度である．細胞膜を構成している脂質とリボソーム RNA 配列がバクテリアと異なる．地球の総バイオマスの 20% を占めるともいわれるほど広い範囲に分布しており，多くは高温や高い塩濃度など特殊な環境で生育する．表 2・2 にはおもなアーキアを合わせて示す．多くのアーキアはタンパク質や糖タンパク質を構成成分とする単分子膜から成る細胞壁をもつ．アーキアは，排水処理技術の一つである嫌気消化法（12・2 節参照）におけるメタン生成を担っている．

放線菌（actinomycetes）は原核生物に属し，広義のグラム陽性菌に含まれる．幅 1 μm 程度の菌糸をつくって分岐により増殖するので，液体中で培養すると糸まり状になる．抗生物質などの各種の生理活性物質を生産する微生物として工業的に重要である．

酵母（yeast）は分類学的な呼称ではなく，生活の大部分を単細胞で過ごし，多くは出芽によって，ごく一部は分裂によって増殖する真菌類に分類される微生物の総称である．真核生物の代表であり，大きさは 5 μm 程度の球状，卵状，西洋ナシ状，ソーセージ状とかなり多彩である．環境条件が悪くなると**胞子**を形成し，良くなるとその胞子が発芽して増殖を始める．清酒やビール醸造用に利用されてきた酵母は染色体が三倍体や四倍体になっているものが多く，胞子形成能も低い．酵母とは元来"発酵のもと"という意味であり，アルコール発酵能の強い種類が多く，一般的にバクテリアよりも低い pH を好む．

カビ（mold）も分類学的な呼称でなく，**糸状菌**ともよばれる真核生物である．幅が 10 μm 程度の菌糸をつくり，隔壁があるものとないものがある．*Aspergillus* 属は，コウジ（麹）として酒造などに利用されてきたものをはじめ有用なものが多い．*Penicillium chrysogenum* はペニシリン生産菌として有名である．培養槽では，菌糸の先端部分が伸長しつつ枝分かれし，撹拌の強弱によって繊維状になったり，ペレット状になったりする．どちらの状態かで目的物質の生産性が異なるので，撹拌強度や種菌量などを変えてその

---

* 微生物の発音は，日本細菌学会用語委員会編，"微生物学用語集 英和・和英"，南山堂（2007）を参照のこと．

状態を調節する．

　藻類（algae）は水中で生育し，光合成を行う下等植物の総称であるが，海産の緑藻，褐藻，紅藻のように多細胞から成り，形の大きなものは微生物とはいえない．これに対して，緑藻に属するクロレラやラン藻（シアノバクテリア）のスピルリナなどは単細胞である．ラン藻は原核生物であるが，それ以外の藻類は真核生物である．

　ウイルス（virus）は，核酸とそれを囲むタンパク質の殻から構成され，その大きさは数十nm～数百nmである．このため電子顕微鏡を使った観察が行われる．培地調製，特に動物細胞用の血清添加培地を調製する場合に，0.2 μmの膜を使用する濾過除菌（6・1節参照）ではウイルスは通過してしまうので，培地調製にあたって注意が必要である．自分の力で増殖することはできず，**宿主細胞**に感染することで増殖する．このため，生物学的には非生物とされる．なお，ウイルスごとに感染可能な細胞は異なり，特に，バクテリアに感染するものは**バクテリオファージ**（bacteriophage）とよばれる．ウイルスやバクテリオファージの宿主細胞への感染機能は，遺伝子組換えにおけるベクター（遺伝子の運び屋）として利用されているものもある（2・7節参照）．

2・1・3　SSU-rRNAによる系統解析

　原核生物の分類は細胞の形態，分離の条件，染色法などで行ってきた．しかし，§2・7・2で述べるPCR法の開発と§2・7・3で述べる塩基配列の高速解読技術の発展により，リボソームの小サブユニットのRNA（Small Sub-Unit rRNA: SSU-rRNA）塩基配列を基にした分類法が一般的になってきた．リボソームはタンパク質の生合成が行われる場であり，小サブユニットと大サブユニットから構成される．タンパク質の生合成という生物の本質に関わる機能をもっている

から，塩基配列の保存性が高く，小サブユニット（沈降係数16S；Sについては表2・1の注を参照のこと）のRNAは1600塩基程度で，適当な長さがあるから，系統解析に十分な情報量をもっている．原核生物だけを対象とする場合には16S rRNA系統解析といえばよいが，真核生物の場合は18S rRNAであるので，**SSU-rRNA系統解析**という．この方法によって，原核生物はバクテリアとアーキアという二つのドメインから成ることがわかった．

　SSU-rRNA系統解析によって，原核生物の分類・同定のみならず，ある環境中における原核生物群集構造の解析も可能になり，ある場所に存在する微生物を一挙に同定解析することが可能になりつつある．このような異なった微生物種の全DNAを用いた解析手法を**メタゲノム解析**という．有用微生物の分離に関連したことは§2・5・1で，排水処理における微生物生態解析については12・4節で述べる．

2・2　微生物の生理特性

　微生物の生育状況は周りの環境条件によって変化する．微生物を効率よく培養するためには，環境条件の影響を定量的にとらえ，最も好ましい環境を整えてやる必要がある．

2・2・1　栄養要求

　微生物が増殖するためには，細胞の各種成分の合成とエネルギーの獲得のために必要な成分を培養液から取込む必要があり，これらの成分を**栄養源**という．エネルギーの獲得形態と**炭素源**とに基づいて，微生物は表2・3のように分類される．エネルギーの獲得形態が光あるいは無機化合物のもつ結合エネルギーを利用する場合を**独立栄養**とよび，有機化合物の化学エネルギーを利用する場合を**従属栄養**とよぶ．地球環境の問

表 2・3　エネルギー獲得形態と炭素源による微生物の分類

種類	エネルギー源	炭素源	例
光合成独立栄養微生物	光	二酸化炭素	緑藻，ラン藻（シアノバクテリア）
光合成従属栄養微生物	光	有機化合物	一部の緑藻
化学合成独立栄養微生物	無機化合物	二酸化炭素	チオバクテリア，水素酸化菌，鉄バクテリア
化学合成従属栄養微生物	有機化合物	有機化合物	多くの微生物がこれに属する

題を考える場合を除けば，産業的に重要な微生物はすべて有機化合物をエネルギー源としても炭素源としても必要とする**化学合成従属栄養微生物**といってよい．

微生物の培養に最もよく用いられる有機化合物はグルコースである．デンプンやグリセロール（グリセリン）も時には使用されるが，炭素源が培地コストのかなりの割合を占めるので，安価で使用しやすい炭素源を選定する必要がある．二次代謝産物の生産においては，高いグルコース濃度の条件下ではまったく生産されない**カタボライト抑制**（catabolite repression）が起こることが多い．このような場合には，カタボライト抑制が起こりにくいグリセロールを使用するか，代謝されにくいラクトースを使用するとよい．しかし，7・2節に述べるようにグルコースを培養の経過にあわせて少しずつ添加することによって低い濃度に保つ制御技術も発達してきた．

排水処理コストを無視できる場合には，サトウキビの搾汁液そのもの，あるいは搾汁濃縮液から砂糖を結晶化させた残液（**廃糖蜜**）が最も安価であり，各種の栄養源も含まれているので，よく使用される．この場合，スクロースとその加水分解物であるグルコースおよびフルクトースがおもな**有機炭素源**である．日本では排水処理コストがかなりかかる*ので，廃糖蜜よりもデンプンをアミラーゼで加水分解したグルコースを主成分とした糖液を使用することが多い．

窒素源としては無機態と有機態があるが，大部分の微生物はどちらの窒素源も利用できる．**無機態窒素源**としてはアンモニア，アンモニウム塩，硝酸塩が使われる．合成培地を使用する場合，アンモニアは窒素源としての役割のみならず，培地のpHを調整する役割も担っている．培養している微生物によってアンモニアが細胞内に取込まれると，培地のpHが酸性側に変化するので，アンモニアを供給すればpHも元の値に戻る．これに対して，硝酸塩の場合には，培地のpHはアルカリ側に変化する．アンモニアの方が硝酸塩より通常の微生物は利用しやすいので，硝酸アンモニウムを用いる場合には，培地のpHは最初酸性側に変化し，徐々にアルカリ側に戻ることとなる．

---

* サトウキビの搾汁液を濃縮するために温度を上げると，スクロースと微量に含まれているタンパク質が反応して（メイラード反応）複雑な高分子化合物ができる．この化合物は微生物によって分解されにくく，かつ黒褐色を呈しているので，排水処理コストが高くなる．

有機態窒素源としては尿素，アミノ酸類，タンパク質の形で使用される．研究目的によく使用されるのは酵母エキス，ポリペプトンなどである．工業的にはダイズの加水分解物，コーンスチープリカー（トウモロコシ由来のタンパク質の抽出濃縮液）などがよく用いられる．コーンスチープリカーなどには各種アミノ酸ばかりでなく，各種のビタミン，各種のミネラルが含まれている．有機態窒素源を使用すると，無機態窒素源を使用するよりも増殖速度は速くなる．遺伝子組換え微生物などでは，あるアミノ酸を増殖に必須的に要求する．この場合，そのアミノ酸を添加するよりも，すべてのアミノ酸を含むダイズの加水分解物などを工業的には利用する．窒素源は代謝調節に関与していることが多いので，適切な窒素源の選択と添加量の決定は重要である．

ミネラル源（無機質，灰分）として，K，Mg，P，Sは必須で，比較的多量に必要である．これ以外に必要な微量金属元素を表2・4に示す．この表でBとC

表 2・4　微生物培養に必要な微量金属元素

分　類	金属元素
Aグループ 増殖に対してしばしば必須である金属元素	Ca, Mn, Fe, Co, Cu, Zn,
Bグループ 増殖に対してまれにしか必須でない金属元素	B, Na, Al, Si, Cl, V, Cr, Ni, As, Se, Mo, Sn, I
Cグループ 増殖に対してまれにしか必須でないと考えられる金属元素	Be, F, Sc, Ti, Ga, Ce, Br, Zr, W

のグループの金属元素は河川水中に含まれているので，通常はこれらの元素を添加する必要はない．しかし，ペニシリンやセファロスポリン生産ではSが，クロルテトラサイクリンではClがこれらの化合物に含まれているので，通常の場合より多量に必要となる．また，リン酸濃度は発酵生産（特に抗生物質）のパターンに影響することがあるので，最適な添加量を決めなければならない．

上記の栄養源のほかに，各種ビタミンや各種核酸を要求する微生物もいる．たとえば，グルタミン酸発酵ではビオチンの量が重要であり，酵母の増殖にはパントテン酸，ビオチンなどのビタミンが必要なことが多い．

2・2・2 温度およびpH

微生物の増殖が認められる温度域とpH域には上限と下限とがあり、増殖に最適な温度とpHが存在する。表2・5に示すように、産業上重要な微生物はほとんど常温菌である。好熱菌の酵素は当然のことながら耐

表2・5 微生物の増殖温度

微生物群	増殖温度〔℃〕		例
好冷菌	最低	−10〜0	Pseudomonas属, Vibrio属, Candida属, Torulopsis属, Cladosporium属
	最適	10〜20	
	最高	20〜30	
常温菌	最低	5〜15	多くのバクテリア、放線菌、カビ、酵母
	最適	25〜40	
	最高	40〜55	
好熱菌	最低	30〜40	Thermus属, Geobacillus属, Clostridium属, 高温性のカビ
	最適	50〜80	
	最高	75〜100	

熱性が高いので、この性質を利用して耐熱性の酵素源として好熱菌が利用されることもある。遺伝子のある特定の領域を数万倍にも増幅させる**PCR法**（§2・7・2参照）では、Thermus aquaticusやThermococcus kodakaraensis起源のポリメラーゼの耐熱性が上手に利用されている。酵母やカビの最適pHは微酸性（4.0〜6.0）であるが、バクテリアの最適pHは一般に中性または微アルカリ性（6.5〜8.0）である。しかし、酢酸菌などは低いpHに対して抵抗性があり、バクテリアリーチング（鉱業における銅やウランの金属溶出）に使用される硫黄酸化菌はpHが1〜4でよく増殖する。また、アルカリ性でよく増殖する好アルカリ性菌もいる。

2・2・3 酸 素

地球の大気は長い間無酸素の状態だったので、地球上には酸素に対して耐性がない嫌気性微生物がまず出現した。そして大気に酸素が含まれるようになってから、酸素に対する耐性のある微生物が出現した。酸素に対する特性で微生物を分類すると表2・6のように5種類に区別される。しかし、産業的には酸素を必要とする微生物を取扱うことが多く、その要求に見合うように酸素を供給する必要がある（第9章参照）。

表2・6 微生物の酸素に対する挙動

種類	特徴	例
偏性嫌気性菌	酸素を利用できないばかりでなく、酸素によって死滅する	Clostridium属, Methanobacterium属
耐性嫌気性菌	酸素を利用できないが、酸素によって死滅しない	Streptococcus属, Propionibacterium属
通性嫌気性菌	酸素を利用できる場合には利用するが、酸素なしでも増殖する	大腸菌, パン酵母
微好気性菌	空気よりかなり低い酸素濃度のみを必要とし、より高い酸素濃度では増殖できない	水素酸化菌
偏性好気性菌	増殖に酸素を必要とするが、空気より高い濃度は有害となる	酢酸菌, カビ

2・2・4 胞 子

環境条件が悪くなると内生胞子を形成して休眠状態になり、適切な環境条件になると再び栄養細胞に戻る微生物がいる。好気性菌ではBacillus属のバクテリアが、嫌気性菌ではClostridium属のバクテリアが代表的である。胞子は代謝をほとんど行っていない休止状態の細胞で、乾燥、熱、放射線、化学薬品などに対して強い耐性を示す。食品や培地の熱処理では、この点が問題となる。

2・3 動物細胞

動物細胞は、元来、生体の一部を構成する細胞であり、生体から取出した正常細胞を培養したものは**初代細胞**とよばれる。この初代細胞は、培養条件を工夫しても有限回の細胞分裂の後で生育が停止するので、物質生産には適していない。このため、正常細胞に適切な処理を行い、がん細胞と同じように無限に細胞分裂できるようにした**株化細胞**が物質生産には一般的に使用されている。物質生産によく用いられている株化細胞は、チャイニーズハムスターの卵巣由来のCHO（Chinese Hamster Ovary）細胞である。

動物細胞は表2・1の分類に従えば真核生物に属する。動物細胞の構造的な特徴は、細胞を強固にし、その形を保持するはたらきのある細胞壁がないことである。このため、微生物と比較すると一般的に物理的

なストレスに対して弱く，撹拌培養などで培養液の混合を行う場合には，§1・4・3で述べたように，せん断力による細胞の破断がないようにマイルドな撹拌を行うことが必要となる．培養するときの形態の違いに着目すると，培養皿や培養担体などの固体の表面に接着しながら増殖する**付着依存性細胞**（anchorage-dependent cell）と，固体表面に接着しなくても増殖していく**浮遊性細胞**（anchorage-independent cell）に分類することができる．前者の代表的なものは，生体内で結合組織を形成する細胞の一つである線維芽細胞である．**CHO 細胞**は，浮遊した状態での増殖も可能であるが，一般には付着依存性細胞に分類される．後者の代表的なものは，生体内では血液などに浮遊して存在している血球系の細胞である．生体内で抗体を産生する **B 細胞**と無限に増殖可能であるがん細胞のミエローマ細胞を融合させて作製される**ハイブリドーマ細胞**は，モノクローナル抗体の生産によく用いられている浮遊細胞である．モノクローナル抗体は，生命科学分野の研究における必須の分析用ツールや抗体医薬（§13・1・3参照）でも利用されるものである．

2・4 培地の設定

微生物や動物細胞を増殖させて，目的の物質生産を行う場合，生産性は培地の設定の良否で変わるので，培地の設定は大変重要である．10・2節で説明するように，培養期間中に栄養源濃度を制御する場合を除いて，回分培養を行う場合には，培地に含まれる物質の濃度を適切に決める必要がある．

微生物の培養に使用する代表的な培地の例を表2・7に示す．各種の栄養源が既知の化合物のみから構成されている培地を**合成培地**とよぶ．合成培地で，最小限の化合物から構成されている培地を**最少培地**とよぶ．これに対して，酵母エキスやポリペプトンのような天然物で，その組成が詳しくわかっていない成分を含む培地を**天然培地**とよぶ．一般的に合成培地の方が培地コストは高くなるが，生産性向上の検討や，培養後の目的物質の精製もしやすく，排水の処理コストも安くなる．培地の決定はこのように総括的な視点からなされる必要がある．

動物細胞の培養においては，増殖に必要なすべての因子が解明されていないため，それを培地に供給するために血清が用いられることが多い．この血清は非常に高価であることに加えて，ロットごとに差があることが大きな問題である．このため，血清の添加を必要とせず，含有物質の種類や濃度が厳密に制御された**無血清培地**の開発が進められている．§13・1・1も参照されたい．

表 2・7 代表的な培地の例

LB 培地（1 L 当たり）		FB 培地（1 L 当たり）	
ポリペプトン	10 g	KH_2PO_4	4 g
酵母エキス	5 g	K_2HPO_4	4 g
NaCl	5 g	$Na_2HPO_4 \cdot 12H_2O$	7 g
pH 7.0		$(NH_4)_2SO_4$	1.2 g
		NH_4Cl	0.2 g
		$MgSO_4 \cdot 7H_2O$	1 g
		$CaCl_2$	40 mg
		$FeSO_4 \cdot 7H_2O$	40 mg
		$MnSO_4 \cdot nH_2O$	10 mg
Davis 培地（1 L 当たり）		$CoCl_2 \cdot 6H_2O$	4 mg
K_2HPO_4	7 g	$Na_2MoO_4 \cdot 2H_2O$	2 mg
KH_2PO_4	2 g	$ZnSO_4 \cdot 7H_2O$	2 mg
$(NH_4)_2SO_4$	1 g	$AlCl_3 \cdot 6H_2O$	1 mg
$MgSO_4 \cdot 7H_2O$	50 mg	$CuCl_2 \cdot 2H_2O$	1 mg
炭素源	10 g	H_3BO_3	0.5 mg
pH 7.0		炭素源	10 g
		pH 7.0	

2・5 有用細胞の分離

有用細胞を分離することは，簡単なようで大変難しい．細胞に関する深い経験と洞察力が求められる．分離の重要なポイントとしては，微生物の場合には，分離源の適切な選定，栄養特性，分離用培地の設定，分離温度，遺伝的安定性，などがあげられる．動物細胞の場合には，細胞の大きさや密度，細胞表面のタンパク質などがあげられる．

2・5・1 有用微生物の分離

自然環境から微生物を分離する目的は，大別すれば，1）対象としている自然環境の微生物相の把握，および，2）特定の生理・生化学的活性をもつ微生物の単離，ということになろう．前者は微生物生態学の立場で，後者が応用微生物学的立場であり，本書もこの観点に立っている．

ある微生物環境に生息し，活動している微生物の種

類，数，その時点で発揮されている活性のすべてを正確に調査，把握することは，微生物の環境因子との相互関係，微生物間の相互関係を理解するために基本的に必要なことであり，その方法論については§2・1・3で述べた．その結果，従来の微生物培養法では自然界の微生物の1%程度しか培養できていないことがわかってきた．残された99%の未培養微生物はDNAベースでは存在が確認できるが，従来の微生物培養法では分離できていなかった訳である．このような未培養微生物を**微生物ダークマター**（microbial dark matter）とよび，未知の生理活性物質を生産する微生物が単離できる可能性があるので"宝の山"ともいえ，新規分離手法の開発などが進められている．

一般的にはカビ，酵母，バクテリア，放線菌あるいは微細藻類にそれぞれ適した培地を用い，**希釈平板法**により微生物相の解析が試みられている．しかしながらいかなる培地も選択的であり，すべての微生物を一様に分離することは不可能である．また，種々の条件を設定して分離培養を行うことは実際上不可能である．栄養的，物理的条件が設定されても，試料の希釈により生育している菌数が少ない微生物はコロニーを形成するに至らず，またある程度以上の菌数があっても，生育の遅い微生物では分離できないことがある．

目的とする菌株の有効な取得は，正確で簡便，迅速な活性の測定方法の設定，分離源の選定，および予想される微生物群の選定にかかっているといえよう．このような場合でも分離条件の巧みな設定により，活性測定にかける菌株数をしぼる工夫が可能かどうか試みるべきである．たとえば，基質のエルゴステロールに呼吸阻害剤を組合わせて分離し，ステロイド転換用の目的菌株を得た例がある．生育基質となりうるかどうかは選択分離法設定の有効性を左右する．目的とする基質と構造的に似た化合物を用いて，菌株の取得を分離の段階に移す工夫もある．分離したい微生物の生育を促す一方，他の微生物の生育を抑えるために，抗生物質や種々の薬剤を用いることも一般的に使われる手段である．

2・5・2　有用動物細胞の分離

動物細胞を使った物質生産では，CHO細胞のようなすでに樹立された株化細胞に遺伝子組換えを行うことで目的物質を産生するようにされた細胞が多く用いられる．この場合には，元来存在する生体から分離を行う必要がない．一方で，モノクローナル抗体を生産する際によく用いられるB細胞をミエローマ細胞と融合させて不死化することで得られるハイブリドーマ細胞の場合には，目的の抗体を産生するB細胞を生体から単離する必要があり，細胞表面の特異的な抗原に対する抗体を固定化した**磁気ビーズ**や，**フローサイトメトリー**による分離などが行われている．§13・1・3も参照されたい．

2・6　有用細胞の保存と種細胞の調製

有用な微生物や動物細胞が得られたら，それを保存しておき，必要な時に培養して使用する．

微生物の保存方法としては，冷蔵庫内での**低温保存法**，**凍結乾燥法**，**液体窒素保存法**などがある．動物細胞は，おもに液体窒素保存法で保存される．まず，**Master Cell Bank（MCB）**をつくり，保存法として最も安定な液体窒素保存法などで保存する．このMCBをもとに**Working Cell Bank（WCB）**を多数作成し，これも液体窒素保存法などで保存する．通常の培養は，この保存してあるWCBを使用し，培養中の微生物の変異を避けるために何度も継代培養しないようにする．

他の研究機関などで分離された微生物や動物細胞は，国内外のさまざまな保存機関より入手可能である．

微生物でWCBから種菌を調製する場合，種菌は他の微生物に汚染されていないことが絶対条件である．本培養の培地に接種したら，増殖誘導期がなく，すぐ増殖するように活発に増殖している状態でなければならない．しかし，抗生物質などを生産する放線菌やカビの場合には，本培養の培地とは違う培地（炭素源や窒素源が豊富な培地を使用して抗生物質の生産を抑制し，菌の増殖を高めるなど）を使用したり，本培養において抗生物質を生産したりしやすいような菌の形態（ペレットの大きさなど）を調製することがある．

種菌の液量と本培養の培地量との比は3ないし10%である．この比が小さすぎると，増殖誘導期が長くなることがある．大量の本培養を実施する場合には，何段階もの種菌の培養を続けることが必要となる．したがって，種菌の調製においては他の微生物の汚染と非生産性の変異株の出現を避ける工夫が必要となる．

2・7 育種のための遺伝子組換え技術とゲノム編集技術

　1960年代後半から1970年代初頭にかけて，DNA分子を扱うための基本となる酵素である制限酵素，連結酵素（リガーゼ）および逆転写酵素が発見され，1973年にS. Cohen, H. Boyer, P. Bergらによって組換えDNA作製のための基礎技術が完成した．1977年にはDNA塩基配列解析技術が開発され，遺伝子を扱うためのすべての技術が整い，遺伝子工学が確立した．遺伝子工学では，**遺伝子組換え技術（組換えDNA技術）**や遺伝子導入技術を使って，遺伝子を人工的に操作した細胞（組換え体）の作製を扱う．遺伝子工学の進展によって，遺伝子機能解析や遺伝子産物の大量生産が容易となり，生物学の進歩に寄与するとともに，現代のバイオ産業を支える重要な技術となっている*．さらに近年では，ゲノム編集技術の開発によって，細胞染色体の部位特異的な遺伝子改変が可能になってきたことから，細胞機能の精緻な改変や生物のデザインといった合成生物学の今後の発展を予見する状況が生まれてきている．

　ここでは，組換えDNA技術の基礎である遺伝子クローニング，試験管内での遺伝子増幅法であるPCR法，塩基配列解析技術，異種遺伝子発現，細胞の育種，ゲノム編集技術について解説する．

2・7・1　遺伝子クローニング

　細胞から取出したDNA断片を，遺伝子の運び屋となるベクターDNAと試験管内で連結させることによって組換えDNA分子を作製し，大腸菌などの宿主細胞への導入操作の後，組換えDNA分子を有する組換え体を選抜，細胞クローンとして増殖させる一連の操作を**遺伝子クローニング**という．

　組換えDNA実験の基本原理を図2・2に示す．遺伝子クローニングにおける操作は，① 制限酵素による遺伝子の配列特異的な切断，② ベクターDNA（プラスミド）へのリガーゼによる組込み，③ 組換えDNAの宿主細胞への導入，④ 組換えDNAをもつ細胞（組換え体）のスクリーニング，⑤ 組換え体のクローニングと増殖，から成っている．DNA材料の切貼りに利用する酵素とプラスミドベクターについて以下に説明する．

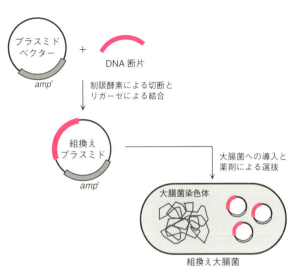

図2・2　遺伝子クローニングにおける組換えDNA実験の概要

a．制限酵素　　DNA鎖の中で隣り合ったヌクレオチド間のリン酸ジエステル結合を分解する酵素をヌクレアーゼというが，そのなかでも特定の塩基配列を

表2・8　代表的な制限酵素の認識配列と切断様式

制限酵素名	認識配列と切断様式	制限酵素名	認識配列と切断様式
*Bam*H I	-G↓G-A-T-C-C- -C-C-T-A-G↑G-	*Pst* I	-C-T-G-C-A↓G- -G↑A-C-G-T-C-
*Eco*R I	-G↓A-A-T-T-C- -C-T-T-A-A↑G-	*Sal* I	-G↓T-C-G-A-C- -C-A-G-C-T↑G-
*Eco*R V	-G-A-T↓A-T-C- -C-T-A↑T-A-G-	*Sma* I	-C-C-C↓G-G-G- -G-G-G↑C-C-C-
*Hin*d III	-A↓A-G-C-T-T- -T-T-C-G-A↑A-	*Xba* I	-T↓C-T-A-G-A- -A-G-A-T-C↑T-
Not I	-G-C↓G-G-C-C-G-C- -C-G-C-C-G-G↑C-G-	*Xho* I	-C↓T-C-G-A-G- -G-A-G-C-T↑C-

---

*　遺伝子組換え技術は，誤った使い方をすると生態系に重大な影響を及ぼしかねないため，日本では，"遺伝子組換え生物等の使用等の規制による生物の多様性の確保に関する法律"（通称"カルタヘナ法"）により，組換え生物の作製や扱いについて規制措置が講じられている．

認識して切断するものを**制限酵素**という．制限酵素は，バクテリアがバクテリオファージから自らを守るための機構として有しているものである．制限酵素により末端構造が決まったDNA断片を得ることが可能であり，組換えDNA分子の作製に好都合である．代表的な制限酵素を表2・8（前ページ）に示す．認識配列の異なる非常に多くの種類のものが見いだされており，遺伝子クローニングでは，4〜8塩基の回文配列（パリンドローム）を認識するものがよく使われる．制限酵素名称の初めの3文字は発見されたバクテリア名に由来する．

b. リガーゼ　　DNAリガーゼは，ATPに依存して，失われた隣り合ったヌクレオチド間のリン酸ジエステル結合を修復する酵素であり，すべての生物がもっている．遺伝子クローニングにおいて，末端がかみ合ったDNA断片同士を結合させて組換えDNA分子を作製するために，T4 DNAリガーゼが用いられる．

c. プラスミドベクター　　プラスミドは，染色体とは独立して存在する自律増殖可能な環状の二本鎖DNA分子であり，バクテリアにおいて天然に存在しており，バクテリアの生育に必須ではないが，稔性や薬剤耐性などに関わっている．プラスミドを人工的に改変してベクター化したものが**プラスミドベクター**である．遺伝子クローニング用のプラスミドベクターは，一般に図2・3に示すように，複製起点（ori），

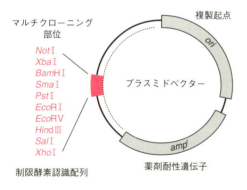

図2・3　**遺伝子クローニング用プラスミドベクターの基本構成**．点線の領域は外来遺伝子と置き換え可能である．

スクリーニング用の薬剤耐性遺伝子（amp^r），外来遺伝子挿入用のマルチクローニング部位（制限酵素の切断配列）から構成されている．

2・7・2　PCR法

上記の遺伝子クローニングによって，目的のDNA断片を導入したベクターをもつ組換え体を増殖させることで，そのDNA断片を増やすことが可能である．これは，細胞を使った遺伝子増幅法ということになる．一方で，1983年に報告された**PCR法**は，細胞を使わず試験管内の反応により目的のDNA断片を増やすことを可能にした．

PCR法による遺伝子増幅の概要を図2・4に示す．

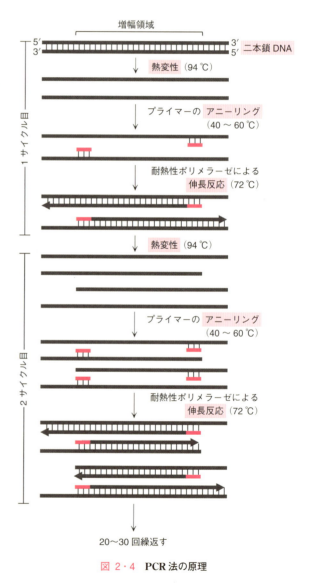

図2・4　**PCR法の原理**

PCR法では，① 鋳型DNAの熱変性，② 目的DNA断片を増幅するために設計されたプライマーのアニーリング，③ 耐熱性DNAポリメラーゼによるDNA鎖

の伸長反応，のステップから成り，これを繰返すことによって目的DNA領域を増幅することができるが，各ステップを温度変化によって繰返し行えるところに最大の特徴がある．これにより，極微量（原理的に1分子からも可能である）の遺伝子材料からも簡便かつ短時間で増幅が行えることから，遺伝子の検出，解析，クローニングなど，遺伝子を扱ううえで欠かせない技術となっている．

2・7・3 塩基配列解析技術

遺伝子は，DNA分子の4種類のヌクレオチドの塩基（アデニン［A］，グアニン［G］，シトシン［C］，チミン［T］）の配列順によって遺伝情報がコードされている．塩基配列解析法は，1977年に**ジデオキシ法〔サンガー（Sanger）法〕**と**化学分解法〔マクサム・ギルバート（Maxam-Gilbert）法〕**の二つの方法が開発された．ジデオキシ法は，チェーンターミネーター法ともよばれ，生体におけるDNA複製酵素であるDNAポリメラーゼを用いて，鋳型DNA鎖の塩基配列に応じて，あらたに生成されるDNA鎖が伸長する反応を利用して塩基配列を決定するものである．一方，化学分解法は，DNA鎖のヌクレオチド間のリン酸ジエステル結合の切断の化学反応を，塩基の修飾試薬と反応条件を巧みに調整することによってヌクレオチド塩基特異的に分解し，生じたDNA断片から配列を決定するものである．化学分解法は，現在ではほとんど用いられなくなっているが，ジデオキシ法は，その後に開発された自動塩基配列解析装置（DNAシーケンサー）の原理として利用されている．

ジデオキシ法による塩基配列決定の概要を図2・5に示す．DNAポリメラーゼによるDNA鎖の合成反応では，モノマー原料として4種類のデオキシリボヌクレオチド（dATP・dGTP・dCTP・dTTP）が必要であるが，DNA鎖の伸長反応を停止させるジデオキシリボヌクレオチドを少量混ぜることによって，ジデオキシリボヌクレオチドがDNA合成に利用された際には，伸長反応がそこで止まる．4種類のジデオキシリボヌクレオチド（ddATP・ddGTP・ddCTP・ddTTP；ddNTP）をそれぞれ別々にDNA合成反応で加えたものでは，それぞれのジデオキシリボヌクレオチドが末端に取込まれたさまざまな長さのDNA断片が生じることになるが，反応後に生じたDNA断片を電気泳動によって長さ順に分けることで元の伸長反応の鋳型となったDNAの塩基配列を決定することができる．

ジデオキシ法において生成したDNA断片の検出のために，プライマーやジデオキシリボヌクレオチドへ

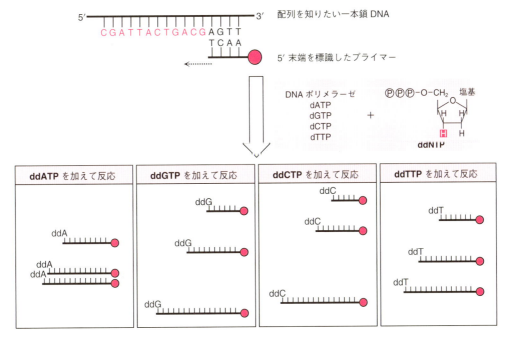

図 2・5　ジデオキシ法による塩基配列解析の原理

の標識が必要であるが，当初は，どのジデオキシリボヌクレオチドがDNA末端に取込まれたかを明確にするために4種類のジデオキシリボヌクレオチドを別々に加えた四つの反応が必要であった．それが，4種類のジデオキシリボヌクレオチドにそれぞれ異なる蛍光色素で標識することによって，一つの反応で取込まれたジデオキシリボヌクレオチドを区別できるようになった．このことによって，電気泳動によって連続的に長さ順に分離されたDNA断片を蛍光色素の色の違いで末端塩基を検出できるようになり，検出した塩基から元の鋳型となったDNAの塩基配列を直接決定することが可能となり，塩基配列解析の自動化のための**DNAシーケンサー**が開発されるに至った．数百～1000塩基の解析に3日程度必要であるが，省力化には大いに貢献することとなった．

DNAシーケンサーの登場によって，塩基配列解析が効率化されたため，さまざまな生物ゲノムの塩基配列が決定されるようになった．ヒトでは，24種類ある染色体に30億もの塩基配列が存在するが，**ヒトゲノム解読プロジェクト**により，DNAシーケンサーを使って約10年かけて2003年に配列決定が完了した．各個人による塩基配列の違いの同定（ハプロタイプマッププロジェクト）も2005年に完了している．

その後，米国立衛生研究所（NIH）が推進した"1000ドルゲノムプロジェクト"に後押しされて，**次世代シーケンサー**（Next Generation Sequencer, NGS）の開発が進み，2007年以降相次いで製品化された．次世代シーケンサーにおける塩基配列解析では，解析したいDNAを断片化して，調製した大量の短いDNA断片の配列解析を同時に行い，解析した配列のうち配列が重複している部分をもとに長鎖配列を復元していくものである．ヒトゲノム長程度の塩基配列解析に，当初は数カ月から半年必要であったが，その後の改良によって最速では，24時間以内での塩基配列解読とデータ解析が可能となっている．また，長鎖DNA断片の1分子レベルでのポリメラーゼ反応のモニタリングによる塩基配列決定に基づいた次世代シーケンサーも製品化されている．次世代シーケンサーにより大量の塩基配列解析が可能となったことから，配列ベースでの転写産物（mRNAなど）の網羅的解析（トランスクリプトーム解析），DNAメチル化やヒストン化学修飾のゲノム局在解析（エピゲノム解析）にも用いられている．

2・7・4 異種遺伝子発現

通常，地球上の生物種は，**遺伝子コード**（コドンに対して割り当てられたアミノ酸）を共有しているので，ある生物で生産されているタンパク質の遺伝子を単離・同定することができれば，他の生物種・細胞で，同じ遺伝子配列を使ってそのタンパク質を生産することができる．しかし，生物種によってタンパク質の翻訳後修飾が異なる場合があるため，目的に合った宿主−ベクター系を選ぶ必要がある．細胞で組換えタンパク質を生産させる場合には，遺伝子クローニングと異なり，宿主や発現様式に応じた**発現ユニット**（プロモーター−タンパク質構成遺伝子−ターミネーター）をベクター上に構成する．工業的な生産でよく用いられるタンパク質発現用の宿主は，大腸菌（*Escherichia coli*），パン酵母（*Saccharomyces cerevisiae*），メタノール資化酵母（*Pichia pastoris*），枯草菌（*Bacillus subtilis*）といった微生物，哺乳類細胞（CHO細胞，HEK293細胞）や昆虫細胞（sf9細胞，S2細胞）といった動物細胞である．異種遺伝子発現では，宿主に合わせたコドンの最適化（マイナーコドンの排除），細胞での遺伝子の導入形態〔染色体内に組込むか，染色体外（エピソーム）で働かせるか〕，発現様式（恒常発現か誘導発現か），生産形態（細胞内生産か分泌生産か）などが考慮される．大腸菌で真核生物由来のタンパク質を大量発現させると，多くの場合，**インクルージョンボディ**（**封入体**）とよばれる，本来の立体構造とは異なる不溶性の凝集体として細胞質に蓄積生産される．この場合には，活性型の生産物を得るために，インクルージョンボディを回収後，可溶化およびリフォールディングが必要となる．

遺伝子組換え技術を動植物個体に適用して，組換えタンパク質を生産させる**生体バイオリアクター**（transgenic bioreactor）が実用化されている．ヤギ，ヒツジなどの乳汁中にアンチトロンビンやアンチトリプシンといった医薬品タンパク質の生産が行われており，さらにニワトリの卵白中にセベリパーゼα，イチゴ果実中にインターフェロンαの生産が行われている．なお，動物細胞への遺伝子組換え技術などについては§13・1・2で詳しく述べる．

遺伝子からのタンパク質生産に，細胞抽出液を用い

た無細胞タンパク質合成系も利用されており，非天然アミノ酸を導入したタンパク質合成や変異ライブラリーからのタンパク質生産などに用いられている．

2・7・5 細胞の育種

人類は，かねてより動植物を交配による育種で品種改良を行い，生活に役立ててきた．微生物や細胞の場合は，よりよい性質のものとするためにどのような育種が可能であろうか．自然界から単離した微生物は，一般にはそのままでは工業的な生産には生産性や生産条件において不適切な場合が多く，また遺伝子組換え技術によって作出した細胞（生物）においても，工業生産に適した細胞とするための育種が必要である．通常は，微生物や細胞の育種では，突然変異による育種（**変異育種**）や遺伝子工学的な技術による育種（**分子育種**）が用いられる．

変異育種では，細胞を変異原〔放射線，紫外線，化学物質（塩基類似物質，アルキル化剤など）〕にさらすことによって，ゲノム上の遺伝子にさまざまな変異が誘発された細胞の混合物（変異細胞ライブラリー）を作成し，そのなかから目的に合った性質をもつ細胞をスクリーニングする方法がとられる．遺伝子工学や塩基配列解析技術の進歩によって，細胞での遺伝子の機能解析が進み，遺伝子ベースでタンパク質の設計や改変を行うことが可能である．分子育種では，これらの情報をもとに，機能既知の遺伝子を付加することによって細胞の高機能化がはかられる．近年では，ゲノム編集技術によって，細胞染色体の特定部位での遺伝子改変が容易となり，変異体作製や分子育種に用いられている．変異育種によって作製した生物やゲノム編集技術によって作製した生物でも，外来遺伝子を組込んだものでなければ組換え体とはみなされない．食品に関連した分野では，消費者の好みを反映して突然変異を利用する方法が依然として使われている．

近縁の細胞の場合は，**細胞融合**によって2種類の細胞の良い性質を併せもった細胞を生みだすことも行わ

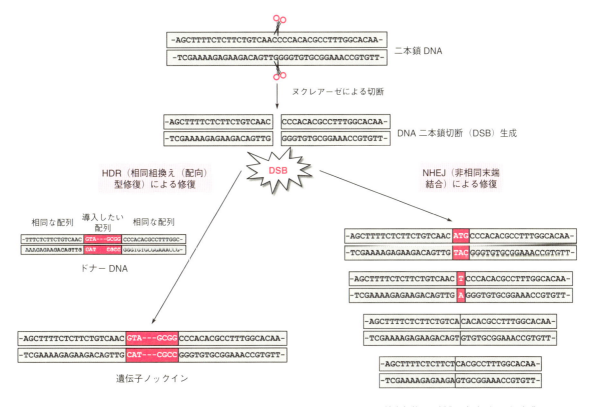

図 2・6　細胞での DSB（DNA 二本鎖切断）修復による遺伝子ノックアウトおよびノックイン．Indel（挿入・欠失）生成やドナー DNA のノックインによって該当の遺伝子はノックアウトされる．

れており，ワイン酵母の育種やモノクローナル抗体を生産するハイブリドーマ細胞作製に使われている．

2・7・6 ゲノム編集技術

次世代シーケンサーによって，さまざまな生物種の全ゲノムの塩基配列が明らかとなったが，ゲノムにコードされている遺伝子の機能を明らかにするためには依然として地道な作業が必要である．染色体上の遺伝子機能の解析のために，標的遺伝子の塩基配列が既知の場合は，**相同組換え**（homologous recombination）法によってその遺伝子機能を失わせること（**遺伝子ノックアウト**）が行われる．これは，任意のDNA断片を標的遺伝子と相同の配列をもつDNA断片で挟んだもの（**相同組換えドナーDNA**）を調製し細胞に導入すると，細胞の修復メカニズムによってある頻度で染色体上の標的遺伝子部位で置き換わる現象を利用したものである．相同組換え法は，染色体の長大な塩基配列中の特定の部位を改変するための有効な方法であり，マウスでは，遺伝子機能解析のために，ES細胞（胚性幹細胞）を用いた遺伝子ノックアウトマウスの作製に用いられている．しかし，哺乳類細胞などでは効率が低いため相同組換えされた細胞の取得は容易ではない．

ゲノム編集技術の登場によって，染色体の特定部位を改変することが容易となってきている．現在のゲノム編集技術として使われているものは，任意の遺伝子配列に対してDNA二本鎖を切断する**人工ヌクレアーゼ**である．制限酵素は特定の配列を認識してDNA鎖を切断するエンドヌクレアーゼであるが，ゲノム編集技術で使われる人工ヌクレアーゼは，切断する対象の塩基配列を任意に設定することができる．**DNA二本鎖切断**（DNA Double Stranded Break，**DSB**）は，細胞にとって有害であるため，修復メカニズムを備えている（前ページの図2・6）．細胞の修復メカニズムには，**HDR**（Homology-Directed Repair，相同組換え（配向）型修復）と**NHEJ**（Non-Homologous End Joining，非相同末端結合）の二つの経路がある．NHEJでは，切断箇所をそのまま結合する働きであるが，元通り修復されずに塩基の挿入・欠失（indel）が起こると遺伝子機能の喪失（遺伝子ノックアウト）につながる．HDRは，鋳型を基にして修復するメカニズムであるが，この際に，相同組換えドナーDNAの存在によって，染色体標的遺伝子部位へのドナーDNAの導入（**遺伝子ノックイン**）を行うことができる．相同組換えによる遺伝子導入の効率は，標的部位でのDSB生成によって数十〜数百倍上昇するといわれている．これまでにゲノム編集ツールとしてよく使われている人工ヌクレアーゼは，**ZFN**（Zinc Finger Nuclease，ジンクフィンガーヌクレアーゼ），**TALEN**（Transcription Activator-like Effector Nuclease，転写活性化因子様エフェクターヌクレアーゼ），および**CRISPR/Cas9**（Clustered Regularly Interspaced Short Palindromic Repeats / CRISPR associated protein 9）である（図2・7）．

ZFN（1996年〜）は，ターゲットとする塩基配列を自由に設定できる人工ヌクレアーゼの先駆けとなっ

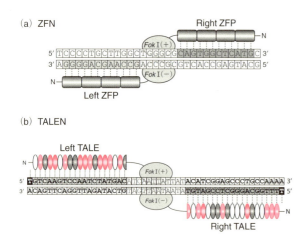
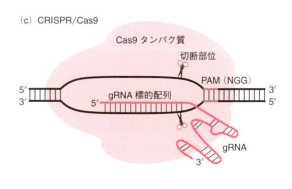

図2・7　ゲノム編集ツール（人工ヌクレアーゼ）

たものである．転写因子などのタンパク質におけるジンクフィンガーモチーフでのDNA結合の塩基配列指向性をもとに開発されたもので，三つの塩基を認識する一つのタンパク質ユニット（ZFP）をつなぐことで任意の塩基配列を認識するタンパク質を構成させ，これに制限酵素 *Fok* I の触媒領域を結合させたものである．DNA鎖の切断したい部位を挟む形で，二つの人工タンパク質を作用させることで，DNA切断を行うことができる．塩基配列認識のためのタンパク質配列の設計が単純ではないために，あまり使われなくなっている．

TALEN（2010年～）は，バクテリアが分泌する植物の病変形成に関わるタンパク質（TALE）の精密な塩基認識能を利用したもので，AGCTの四つの塩基をそれぞれ特異的に認識する，34アミノ酸から成るタンパク質領域を直列につなぐことで任意の塩基配列を認識するタンパク質を構成させ，*Fok* I の触媒領域を結合させたものである．ZFN と同様に，DNA鎖の切断したい部位を挟む形で，二つの人工タンパク質を作用させることで，DNA切断を行うことができる．

CRISPR/Cas9（2013年～）は，バクテリアが有している適応免疫のシステムを利用したもので，ZFNやTALENとはまったく異なる様式でDNA鎖の切断を行う．ZFNとTALENでは，塩基配列の認識をタンパク質で行っているが，CRISPR/Cas9では **gRNA（ガイド RNA）** とよばれるRNA鎖で行っている．gRNAの設計では，20～22塩基から成るターゲット配列に隣接した **PAM**（プロトスペーサー隣接モチーフ）配列（2～6塩基）を含まなければならないといった制約はあるものの簡単にデザインすることができる*．Cas9は機能タンパク質であり，ヘリカーゼ活性とヌクレアーゼ（ニッカーゼ）活性をもっており，gRNAと複合体を形成してターゲットとなるDNA鎖を切断する．Cas9を共通として複数の異なるターゲットのgRNAを同時に働かせることも可能である．生物種によらず，DNA切断効率が高く，簡単に扱えることから，さまざまな生物種の細胞に対して遺伝子ノックアウト・ノックインのためのゲノム編集ツールとして利用されている．点変異によってCas9タンパク質のヌクレアーゼ活性を消失させたdCas9やnCas9が開発されており，これらを利用した，ターゲット配列の一塩基置換ツール（base editor），染色体の任意のプロモーターに対する人工トランスアクチベーターやリプレッサーシステムが開発されており，CRISPR/Cas9は，単なる人工ヌクレアーゼだけではない応用の広がりをみせている．

演習問題

2・1 放線菌とカビは増殖して菌糸をつくる点は似ているが，互いに異なる特徴を列挙せよ．

2・2 線維芽細胞を分散させた培養液とB細胞を分散させた培養液を誤って混合してしまった．この溶液から，B細胞を含まない線維芽細胞のみの集団を得るための方法について考察せよ．

2・3 アーキアの *Pyrococcus furiosus* から分離されるDNAポリメラーゼは，PCR法にしばしば利用される．これはどのような理由によるものか考察せよ．

2・4 PCR法で遺伝子断片の増幅を行う．目的の500 bpの遺伝子配列を含む二本鎖DNA 1分子からPCR法によって目的遺伝子を増幅する．100 ngの目的遺伝子断片を得るのにだいたい何サイクルのPCR増幅が必要か．ヌクレオチドの平均分子量を330 g/molとして計算せよ．

2・5 ヒトゲノムの塩基配列は約30億塩基対であるが，その解読にはおよそ10年を要した．その場合，1日に何塩基読む必要があるか．また，当時のシーケンサーの性能を1日当たり5 kb解読できると考えて，何台のシーケンサーが必要だと考えられるか．

---

* gRNA内にはPAM配列は含まれない．

3 細胞の代謝と増殖収率

　我々の身近には非常に多くの種類の微生物が生育している．そのなかから目的に合った微生物をスクリーニングして工業的に利用していくためには，微生物の細胞内でどのような生体反応が進行しているかを理解することが重要である．微生物は通常，数少ない炭素源を利用して生命活動を維持するためのエネルギーを獲得すると同時に，無数の細胞内の構成成分をすべて生合成している．特に，エネルギー獲得のための経路は多くの微生物に共通することが多く，詳しく調べられている．そこで本章では微生物が取込んだ基質がどのように代謝されていくか（**物質代謝**），そしてその経路内でどのようにエネルギーが獲得されていくか

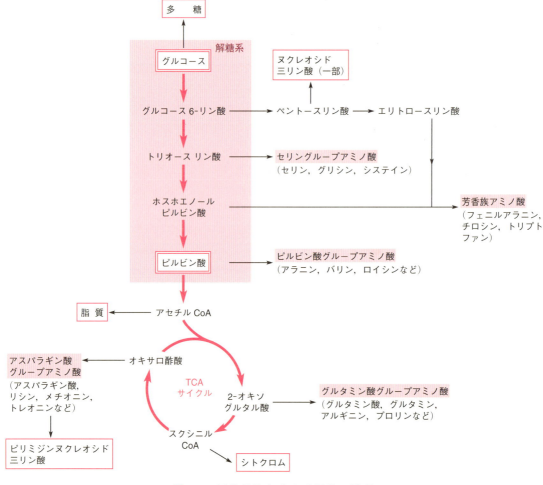

図 3・1　異化経路と生合成経路の関係

（エネルギー代謝），またどのように増殖とつながっていくか（**増殖収率**）について述べる．なお，動物細胞や植物細胞の場合も，基本的な代謝経路は同じである．

3・1 細胞の代謝反応

微生物や動物細胞内では，1000以上の代謝反応が進行している．これらは相互に密接に関連しているため，個々の反応を他と切り離して考えることはできない．そのため，大まかなブロックごとに解説されることが多い．特に，グルコースを出発物質とする**解糖系**（glycolysis），その後の **TCA サイクル**〔tricarboxylic acid cycle，クエン酸サイクルあるいはクレブス（Krebs）サイクル〕は代謝反応の根幹にあたる重要な経路である．

個々のブロックについて述べる前に，物質代謝の全体像を眺めてみる．多くの微生物はグルコースを唯一の炭素源として生育することができる．これは微生物がグルコースから生体内構成成分のすべてを生合成（**同化**）できること，またエネルギーを獲得できること（**異化**）を示している．図3・1はこれらの概要を示している．

エネルギー獲得は解糖系やTCAサイクルを経由してグルコースが酸化分解される際のATP*やNADH*の生産によって行われる．酸化分解される途中の種々の代謝中間体から細胞内構成成分が生合成される経路が存在する．構成成分として重要な核酸はグルコース6-リン酸からペントースリン酸を経由して合成される．脂質はおもにアセチルCoA*から，また種々のアミノ酸がピルビン酸や2-オキソグルタル酸（α-ケトグルタル酸），オキサロ酢酸などから合成される．

3・1・1 解糖系

微生物や動物細胞によって取込まれたグルコースはエネルギー獲得のため，大半，解糖系へと流れる．解糖系は微生物によって多少の変化はあるが，ここでは後述するアルコール発酵やホモ乳酸発酵などに関連して，代表的な解糖系として**エムデン・マイヤーホフ・パルナス**（Emden-Meyerhof-Parnas, **EMP**）**経路**について説明する．また微生物によって利用される炭素源としてはグルコースをはじめとしてフルクトース，マンノース，ガラクトースなどの単糖類，スクロースなどの二糖類などがあるが，いずれも酵素反応によっ

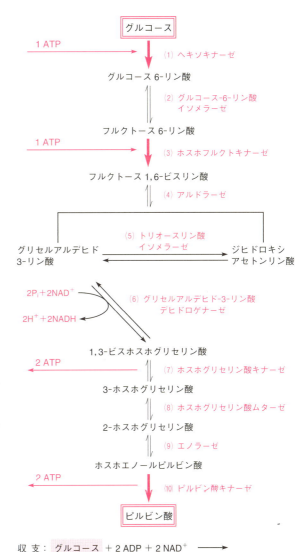

図3・2　解糖系（EMP経路）

---

* 〔略号〕ATP：アデノシン三リン酸，ADP：アデノシン二リン酸，NADH：ニコチンアミドアデニンジヌクレオチド（還元型），NAD⁺：ニコチンアミドアデニンジヌクレオチド（酸化型），NADPH：ニコチンアミドアデニンジヌクレオチドリン酸（還元型），NADP⁺：ニコチンアミドアデニンジヌクレオチドリン酸（酸化型），FADH₂：フラビンアデニンジヌクレオチド（還元型），FAD：フラビンアデニンジヌクレオチド（酸化型），FMN：フラビンモノヌクレオチド，GTP：グアノシン三リン酸，GDP：グアノシン二リン酸，CoAまたはCoA-SH：補酵素A，P$_i$：無機リン酸

てグルコース代謝経路の中間体に変換された後，グルコース代謝経路に合流するため，ここではグルコースを出発物質とする．

解糖系は図3・2（前ページ）に示すように，グルコースからピルビン酸までの10段階の反応（10個の酵素反応）で表される．この図で1本の赤い矢印で示してあるステップは不可逆反応であることを表す．この三つの不可逆的酵素反応（ヘキソキナーゼ，ホスホフルクトキナーゼ，ピルビン酸キナーゼ）は解糖系の速度を調節している．第4番目の酵素アルドラーゼはC_6化合物であるフルクトース1,6-ビスリン酸1 molからC_3化合物であるグリセルアルデヒド3-リン酸2 molを生成するため，以降はピルビン酸までの経路を2回通過することになる．1番目のヘキソキナーゼと3番目のホスホフルクトキナーゼでは高エネルギー結合物質であるATPを利用してリン酸化が起こる．

しかしその後6, 7, 10番目のグリセルアルデヒド-3-リン酸デヒドロゲナーゼ，ホスホグリセリン酸キナーゼおよびピルビン酸キナーゼが触媒する酵素反応によってNADHの生産およびATPの再生が起こるために全体としてはエネルギーを獲得できることになる．解糖系全体の物質収支は以下の式で表される．

$$\text{グルコース} + 2\,ADP + 2\,NAD^+ \longrightarrow$$
$$2\,\text{ピルビン酸} + 2\,ATP + 2\,NADH + 2\,H^+$$
(3・1)

ここで生成するピルビン酸はさらに代謝される．好気的条件下ではTCAサイクルへ流れてさらに酸化分解を受けて，エネルギー獲得に寄与する．TCAサイクルについては後述する．

一方，嫌気的条件下では図3・3に示すように種々の物質へ還元代謝される．乳酸菌による**ホモ乳酸発酵***ではピルビン酸から1段階で乳酸が生成する．乳

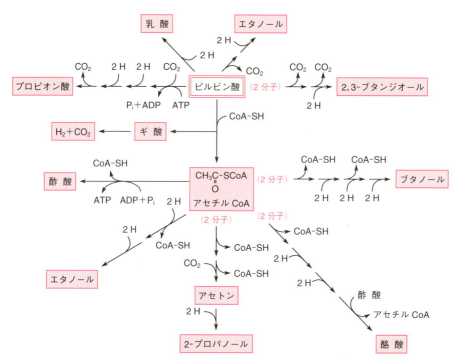

図3・3　ピルビン酸の還元代謝生産物の一部．図中の（2分子）は2分子の化合物が縮合して最初の中間体が生成することを示す．また，2 HはNADHなどの還元力を必要とすることを示す．

---

*　ホモ乳酸発酵とは糖質から主として乳酸のみをつくる発酵形式である．*Lactococcus*属（チーズのスターター乳酸菌），*Pediococcus*属（みそやしょうゆの乳酸菌），*Streptococcus*属（虫歯菌やヨーグルトの乳酸菌）などがこのタイプの乳酸発酵菌である．これに対して，乳酸のほかに酢酸，エタノール，二酸化炭素も生成する発酵を**ヘテロ乳酸発酵**といい，*Leuconostoc*属や*Bifidobacterium*属（ビフィズス菌）が含まれる．

酸生産は乳酸デヒドロゲナーゼによって以下のように進む．

$$ピルビン酸 + NADH + H^+ \longrightarrow 乳酸 + NAD^+ \tag{3・2}$$

また酵母の嫌気的アルコール発酵（**エタノール発酵**）では2段階でエタノールが生産される．ここで，ピルビン酸はピルビン酸デカルボキシラーゼの作用によってアセトアルデヒドに変換され，さらに以下のようにアルコールデヒドロゲナーゼによりエタノールが生成する．

$$ピルビン酸 \longrightarrow アセトアルデヒド + CO_2$$
$$アセトアルデヒド + NADH + H^+ \longrightarrow エタノール + NAD^+ \tag{3・3}$$

これらの反応ではいずれもNADHの還元力を利用して反応が進行し，その結果としてNAD$^+$が再生される．このような反応は共役反応とよばれ，図3・4

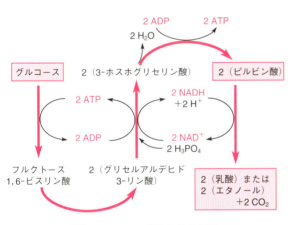

図3・4　EMP経路の共役反応

のようにまとめることができる．ホモ乳酸発酵でもエタノール発酵でも1 molのグルコースから2 molのATPが生産される．

解糖系の中間体は種々の細胞構成成分の合成にも用いられる（図3・1）．トリアシルグリセロールの合成に必要なグリセロール3-リン酸はジヒドロキシアセトンリン酸がグリセロール-3-リン酸デヒドロゲナーゼにより還元されてできる．3-ホスホグリセリン酸は動植物ではセリンに変換され，さらにグリシン，システインを生じる．アラニンはピルビン酸のアミノ転移で生成される．ホスホエノールピルビン酸とペン

トースリン酸経路（後述）のエリトロース4-リン酸が縮合するとシキミ酸経路のC$_7$化合物が生じる．植物や微生物では，ここから芳香族アミノ酸（フェニルアラニン，チロシン，トリプトファン）が合成される．動物にはこの経路が存在しないため，これらの芳香族アミノ酸は必須アミノ酸であり外界から摂取する必要がある．

EMP経路以外の解糖系として知られているものに，**エントナー・ドゥドロフ**（Entner-Doudoroff, **ED**）**経路**（図3・5）などがある．ED経路はホスホフルク

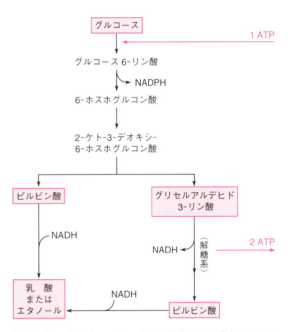

図3・5　エントナー・ドゥドロフ経路によるグルコースの嫌気代謝．ATP収得は1 mol．グリセルアルデヒド3-リン酸からピルビン酸に至る反応は解糖系と同じである．

トキナーゼ（図3・2の(3)）がないある種の細菌（*Zymomonas, Pseudomonas, Azotobacter*など）にみられる経路である．これらの菌では図3・5に示したように，グルコースは6-ホスホグルコン酸から2-ケト-3-デオキシ-6-ホスホグルコン酸に代謝され，これがアルドラーゼ型酵素でピルビン酸とグリセルアルデヒド3-リン酸に分解される．ED経路でのATP獲得は1 molである．

3・1・2　ペントースリン酸経路

§3・1・1で説明した解糖系はいずれもグルコースを嫌気的に分解してエネルギーを得る経路である．し

かし解糖過程にはエネルギー獲得だけでなく，これと密接に関連して細胞の成長に必要な化合物を生産する機能もある．そのような重要な物質合成経路の一つが**ペントースリン酸経路**である．

図3・6にペントースリン酸経路によるグルコースの酸化を示す．グルコース6-リン酸からフルクトース6-リン酸とグリセルアルデヒド3-リン酸が生成するまでのステップには7種類の酵素反応が関与する．この反応は互いに入り組んでいて一見複雑に見えるが，これらのうちの非酸化系の4反応（異性化反応と転移反応）をまとめると，ペントース3分子からヘキソース2分子，トリオース1分子をつくる反応であることがわかる．その後，フルクトース6-リン酸とグリセルアルデヒド3-リン酸はEMP経路の酵素の作用によってグルコース6-リン酸に戻る．しかしこの経路を6分子のグルコース6-リン酸が通るとそのうちの1分子が完全酸化を受けることになる．

この経路の重要な機能は，第1および第3番目の酵素反応の結果，$NADP^+$が還元されてNADPHが生成することである．NADPHは重要な細胞内化合物である．細胞内で還元を伴う生合成反応に使われる補酵素は例外なくNADPHであり，NADHではない．たとえば長鎖脂肪酸やステロイドの生合成，グルコースからソルビトールへの変換，テトラヒドロ葉酸の生合成，不飽和脂肪酸の形成などに関与している．

もう一つの重要な機能は，ヌクレオチドの合成に必要なリボース5-リン酸の供給であり，DNA，RNAをはじめとして各種補酵素やATPの原料となる．

ある微生物でNADPHのみが必要である場合，グルコース6-リン酸6 molから12分子のNADPHが得られ，余剰の5 molのグルコース6-リン酸は解糖系に戻されることになる．ただし，ペントースが必要であれば経路から抜ける分子があるため，必ずしも12分子は生成しない．

3・1・3 TCAサイクル

ピルビン酸は好気的条件下でピルビン酸デヒドロゲナーゼ複合体の触媒作用により，アセチルCoAに変換される．

$$\text{ピルビン酸} + \text{CoA-SH} + NAD^+ \longrightarrow$$
$$\text{アセチル CoA} + NADH + H^+ + CO_2 \quad (3・4)$$

アセチルCoAは図3・7に示すTCAサイクルに流れ込む．

この経路は8種類の酵素反応から成っている．アセチルCoAはクエン酸シンターゼ（図3・7の(1)）の作用によってオキサロ酢酸とともにクエン酸に変換される．さらに酵素反応が進行することによってオキサロ酢酸に戻ってくるが，この間に二つの炭素原子が二酸化炭素として酸化放出される．この結合エネルギーがNADH，$FADH_2$，GTP（ATPとエネルギー的に等価）の生成に使われる．ピルビン酸以降のTCAサイクルの物質収支は（3・5）式のようにまとめられる．

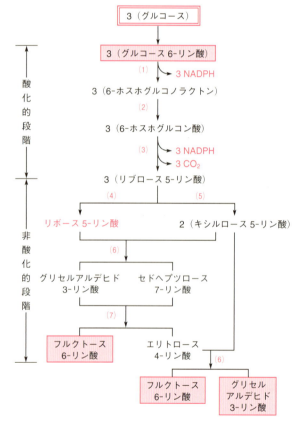

(1)グルコース-6-リン酸デヒドロゲナーゼ，(2)6-ホスホグルコノラクトナーゼ，(3)6-ホスホグルコン酸デヒドロゲナーゼ，(4)リボースリン酸イソメラーゼ，(5)リブロースリン酸3-エピメラーゼ，(6)トランスケトラーゼ，(7)トランスアルドラーゼ

図3・6　ペントースリン酸経路によるグルコースの酸化

ピルビン酸 + 4 NAD$^+$ + FAD + GDP ⟶
　　　3 CO$_2$ + 4 NADH + 4 H$^+$ + FADH$_2$ + GTP
　　　　　　　　　　　　　　　　　　(3・5)

　細胞構成成分のいくつかはTCAサイクルから派生して合成される．2-オキソグルタル酸はイソクエン酸からイソクエン酸デヒドロゲナーゼ（図3・7の(3)）によって1段階で合成されるが，この物質はグルタミン酸，オルニチン，プロリンの炭素骨格となる．スクシニル CoA はヘモグロビン，シトクロムなどに含まれるポルフィリンの合成中間体である．
　TCAサイクルはグルコースのエネルギーの大部分を獲得する経路であり，この経路への炭素化合物の流入量はおもにピルビン酸デヒドロゲナーゼキナーゼ（(3・4)式の酵素）という酵素複合体によって調節される．この酵素は解糖系，脂質代謝，TCAサイクルの中心に位置する．この酵素を含めてTCAサイクルへの炭素化合物の流入量はATP/ADP比，NADH/NAD比，アセチルCoA/CoA比およびスクシニルCoA/CoA比などによって複雑に調節されている．これらの比が10：1と高ければ，細胞はエネルギーに余裕があり，生合成，細胞分裂などにエネルギーを消費できる．逆に，これらの比率が1：1以下と低ければ，細胞はエネルギー欠乏の状態でTCAサイクルへの流入量を多くするように調節される．
　TCAサイクル自体の律速段階は前述のイソクエン酸デヒドロゲナーゼである．この酵素反応はADPで促進され，ATP，NADHで阻害される．

3・1・4 電子伝達系

　解糖系やTCAサイクルで得られたNADHとFADH$_2$の電子は形質膜（原核生物）やミトコンドリア内部のマトリックス（真核生物）で多数の中間電子伝達体を経た後で，分子状酸素に伝達されて水を生成する（**電子伝達系**）．この際これらの還元型補酵素は酸化されてNAD$^+$，FADが再生される．これら一連の反応を**呼吸鎖**という．呼吸鎖は図3・8に示すように四つの複合体から成る．NADHからの電子伝達を還元型補酵素の側からみると反応は以下のように表される．

NADH + H$^+$ + CoQ ⟶ NAD$^+$ + CoQH$_2$
　　　　　　　　　　　　　　　　　　(3・6)

CoQH$_2$ + 2 Cyt c(Fe^{3+}) ⟶
　　　CoQ + 2 Cyt c(Fe^{2+}) + 2 H$^+$　(3・7)

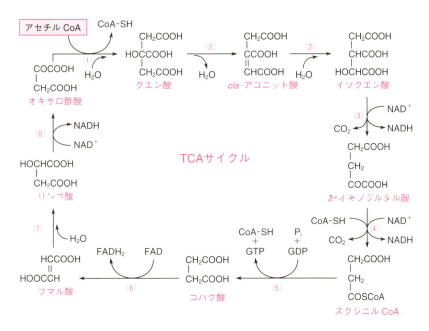

(1) クエン酸シンターゼ　(4) 2-オキソグルタル酸デヒドロゲナーゼ　(7) フマル酸ヒドラターゼ
(2) アコニット酸ヒドラターゼ　(5) スクシニル CoA シンテターゼ　(8) リンゴ酸デヒドロゲナーゼ
(3) イソクエン酸デヒドロゲナーゼ　(6) コハク酸デヒドロゲナーゼ

図3・7　**TCAサイクル**

$$2\,\text{Cyt}\,c(\text{Fe}^{2+}) + 2\,\text{H}^+ + \frac{1}{2}\text{O}_2 \longrightarrow$$
$$2\,\text{Cyt}\,c(\text{Fe}^{3+}) + \text{H}_2\text{O} \quad (3\cdot8)$$

ここで，**CoQ** は呼吸鎖の補酵素，**シトクロム c**（Cyt c）は鉄ポルフィリンを補欠分子族とする複合タンパク質である．Cyt c（Fe^{2+}）を**還元型シトクロム**，Cyt c（Fe^{3+}）を**酸化型シトクロム**とよぶ．(3・6)式から(3・8)式をまとめると，(3・9)式が得られる．

$$\text{NADH} + \text{H}^+ + \frac{1}{2}\text{O}_2 \longrightarrow \text{NAD}^+ + \text{H}_2\text{O} \quad (3\cdot9)$$

この反応は標準状態（25 ℃ = 298.15 K，1 atm = 1.013×10^5 Pa，pH = 7.0）の自由エネルギー変化（以下標準自由エネルギー変化，$\Delta G'_0$）が大きな負の値（-220 kJ/mol）である．一方，ATP の加水分解反応

$$\text{ATP} + \text{H}_2\text{O} \longrightarrow \text{ADP} + \text{H}_3\text{PO}_4 \quad (3\cdot10)$$

の標準自由エネルギー変化は -30.5 kJ/mol であるため，(3・9)式で得られるエネルギーを利用して ATP が生成する．このように，電子伝達に共役する ATP 生成を**酸化的リン酸化**とよぶ．一方，解糖系などの代謝反応の結果，ATP が生成する場合を**基質レベルのリン酸化**とよんで区別する．

(3・9)式を，酸化的リン酸化による ATP 生成も含めて書き直すと，(3・11)式が得られる．

$$\text{NADH} + \text{H}^+ + \frac{1}{2}\text{O}_2 + 3\,\text{ADP} + 3\,\text{H}_3\text{PO}_4$$
$$\longrightarrow \text{NAD}^+ + 3\,\text{ATP} + 4\,\text{H}_2\text{O} \quad (3\cdot11)$$

この式から，1 mol の NADH から ATP 3 mol が生成することがわかる．

フラビンタンパク質の補欠分子族である FAD や FMN は NAD^+ とは異なり，酵素と強く結合している．TCA サイクルの酵素であるコハク酸デヒドロゲナーゼ（図 3・7 の(6)）の場合も FAD は酵素に共有結合している．ミトコンドリア内膜で起こっている電子伝達では，図 3・8 に示すように，FADH_2 の酸化も CoQ を経由する．しかし，複合体 I に対応する部分が異なり，リン酸化される部位がないため，次の式のように FADH_2 1 mol から 2 mol の ATP が生産される．

$$\text{FADH}_2 + \frac{1}{2}\text{O}_2 + 2\,\text{ADP} + 2\,\text{H}_3\text{PO}_4 \longrightarrow$$
$$\text{FAD} + 2\,\text{ATP} + 3\,\text{H}_2\text{O} \quad (3\cdot12)$$

微生物が解糖系（EMP 経路）および TCA サイクルを経由してグルコースを酸化する場合の ATP 生成をまとめると表 3・1 のようになる．

すなわち，解糖系の基質レベルのリン酸化で 2 mol，NADH の生成に伴う酸化的リン酸化で 6 mol が生成する．さらに，ピルビン酸からアセチル CoA の生成に関して酸化的リン酸化で 6 mol が生成する．TCA サイクルでは基質レベルのリン酸化で 2 mol，NADH の酸化的リン酸化で 18 mol，FADH_2 の酸化的リン酸化で 4 mol が生成する．このように，理論上 1 mol のグルコースの完全酸化で合計 38 mol の ATP が生成することになる*．嫌気条件下で TCA サイクルに入らない場合，グルコース 1 mol からは解糖系の基質レベルのリン酸化により 2 mol の ATP が生成するのみであるから，好気条件下での ATP 生成量ははるかに大きいことがわかる．また，次式で示されるグルコースの完全酸化

$$\text{グルコース} + 6\,\text{O}_2 \longrightarrow 6\,\text{CO}_2 + 6\,\text{H}_2\text{O} \quad (3\cdot13)$$

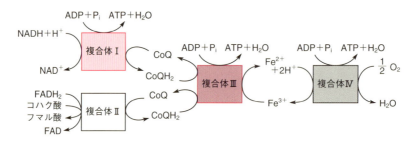

図 3・8 呼吸鎖と酸化的リン酸化

---

* ここでは，化学量論的に合成される ATP 数を見積もっているが，酸化的リン酸化において ATP 合成のエネルギー源となるプロトン濃度勾配はプロトンの汲み出し，ATP 合成産物の輸送にも消費されるので，これより少ないことがわかっている（最大 32 分子程度）．

表 3・1 微生物がグルコース（1 mol）を解糖系（EMP 経路）および TCA サイクルで酸化するとき生成する ATP の数

反応		生成する ATP [mol]	
		真核生物	原核生物（推定値）[†2]
解糖系（EMP 経路） 　グルコース → 2 ピルビン酸	基質レベルのリン酸化 2 NADH + 2 H$^+$ の酸化[†1]	2 2×3 = 6	2 2×1 = 2
TCA サイクル 　ピルビン酸 → 3 CO$_2$ + 3 H$_2$O 　スクシニル CoA → 1 ATP	4 NADH + 4 H$^+$ の酸化[†1] 1 FADH$_2$ の酸化[†1] 	4×3 = 12 1×2 = 2 　　　　　1	4×1 = 4 　　　　　1 　　　　　1
したがって 　2 ピルビン酸 → 6 CO$_2$ + 6 H$_2$O		小計　　15 2×15 = 30	小計　　6 2×6 = 12
収支：グルコース + 6 O$_2$ → 6 CO$_2$ + 6 H$_2$O		合計　　38	合計　　16

[†1] NADH の再酸化では 3 mol の ATP，FADH$_2$ の再酸化では 2 mol の ATP が生成するとして計算した．
[†2] 原核生物においても電子伝達系の複合体はきちんと機能するはずである．しかし，実際には酸化的リン酸化に伴う ATP 生成の効率が悪い．ここでは 1 mol の NADH から 1 mol の ATP が生成するとして計算している．

では標準自由エネルギー変化は −2870 kJ/mol であるので，ATP 生成により蓄えられたエネルギーは（3・10）式からこのうちの約 40% にあたることもわかる．

上述の ATP の生産様式は多様な微生物の生産様式のごく一部である．ATP 生産は微生物の種類や生育条件によって種々異なる．これらをまとめると表 3・2 のようになる．

3・2 増殖収率と反応熱

通常，パンをつくるためにはパン酵母を添加して発酵させる必要がある．パン酵母はドライイーストとして市販されており，パン酵母自体が生産物である．したがって，グルコースを炭素源としてパン酵母を培養した場合，どの程度の微生物菌体が得られるかを知ることは重要である．

グルコースなどの基質の消費に対して生成した菌体量の比を**増殖収率**とよぶ．基質が炭素源の場合，炭素源に対する増殖収率 $Y_{X/S}$（あるいは Y_S と表記して**菌体収率**とよばれることもある）は次式で定義される．

$$Y_{X/S} = \frac{\Delta X}{\Delta S} \qquad (3 \cdot 14)$$

ここで，ΔX は ΔS の基質消費があったときの細胞の生成量である．

前述したように多くの微生物はグルコースを唯一の炭素源とする最少培地中で生育し，グルコースから生体内構成成分のすべてを生合成（同化）し，かつエネルギーを獲得（異化）する．一方，タンパク質やアミ

表 3・2 ATP の 生 産 様 式

ATP 生産様式	電子供与体	電子受容体	ATP 合成の生化学的機構
発 酵	有機化合物	有機化合物	基質レベルのリン酸化
呼 吸 　好気的呼吸 　　化学合成従属栄養微生物 　　化学合成独立栄養微生物 　嫌気的呼吸	 有機化合物 無機化合物 H$_2$，CO，NH$_3$， NO$_2^-$，Fe^{2+}，H$_2$S，S，S$_2$O$_3^{2-}$ 有機化合物	 O$_2$ O$_2$ 無機化合物 NO$_3^-$，NO$_2^-$，SO$_4^{2-}$，およびまれに有機化合物	 電子伝達と一部は基質レベルのリン酸化 電子伝達 電子伝達と一部は基質レベルのリン酸化
光合成（循環的光リン酸化）	反応中心クロロフィル	酸化型反応中心クロロフィル	電子伝達

ノ酸を含む天然培地では，生体内構成成分の多くは生合成する必要がなく，外界から摂取できるため，一般的にはすべてのグルコース分子を ATP 生産のために利用することができるようになる．したがって，基質としてのグルコース消費量（ΔS）は，異化代謝で消費される量（ΔS_C）と同化代謝される量（ΔS_A）に分けて考えることができ，その割合は微生物の種類や培養条件によって異なることとなる．

$$\Delta S = \Delta S_C + \Delta S_A \qquad (3 \cdot 15)$$

いま，基質の炭素含量を w_S（g 炭素／g 基質），細胞の炭素含量を w_X（g 炭素／g 乾燥細胞）とし，同化代謝された炭素が細胞中の炭素量に等しいとおくと次式が得られる．

$$\Delta S_A = \left(\frac{w_X}{w_S}\right)\Delta X \qquad (3 \cdot 16)$$

このときの基質消費量のうちで，異化代謝による消費量の割合は，(3・15)式および(3・16)式より次のように表される．

$$\frac{\Delta S_C}{\Delta S} = 1 - \frac{\Delta S_A}{\Delta S} = 1 - \left(\frac{w_X}{w_S}\right)Y_{X/S} \qquad (3 \cdot 17)$$

先に定義した増殖収率（$Y_{X/S}$）は炭素源の種類にかかわらず単位重量，または単位 mol 当たりの生成菌体量を表すものであり，増殖収率の実測値の例を表 5・4 に示す（p.47）．表 5・4 から使う基質と微生物が決まっていても，培養条件を変えれば増殖収率は異なることがわかる．また，微生物が決まっていても，使う基質が変われば，代謝が異なるから増殖に使えるエネルギー量も異なり，増殖収率は変わる．このように，単純に $Y_{X/S}$ を用いて菌体の生成効率を比較することはできない．したがって，炭素源の種類を考慮して，同一基準で比較できる増殖収率が必要である．そこで，炭素源のもつエネルギー量の指標として有効電子当量，異化代謝，そして生成する ATP 基準での増殖収率が提案されている．

3・2・1 有効電子当量基準の増殖収率 Y_{AVE}

細胞の代謝によって炭素源が分解され，CO_2 や H_2O に異化代謝される過程で放出されたエネルギーは，直接 ATP 生成に使われるほか，NADH などに電子として保存される．この電子は電子伝達系による ATP 生成に利用され，最終的に酸素を還元して水を生成する．したがって，炭素源を H_2O，CO_2 にまで完全に分解するときに必要とされる電子の数（**有効電子当量**）は炭素源がもつエネルギー量を反映している．1 有効電子当量は経験的に 111 kJ のエネルギー変化（保有エネルギー量）に相当する．このような理由で炭素源の有効電子当量を菌体の生成効率を比較するための基準として使うことができる．**有効電子当量基準の増殖収率**を Y_{AVE} で表すと，

$$Y_{AVE} = \frac{Y_{X/S}}{\text{炭素源 1 mol 当たりに含まれる有効電子当量}} \qquad (3 \cdot 18)$$

ここで，炭素源 1 mol 当たりに含まれる有効電子当量は炭素源中の原子について，一つの原子当たり，$C = +4$，$O = -2$，$H = +1$，$N = -3$ として計算できる．たとえば，グルコース（$C_6H_{12}O_6$）1 mol 当たりに含まれる有効電子当量は $6 \times (+4) + 6 \times (-2) + 12 \times (+1) = +24$ となる．

3・2・2 異化代謝基準の増殖収率 $Y_{X/C}$

異化代謝の目的は生体の増殖および維持に必要なエネルギーをおもに ATP の形で得ることである．細胞内における ATP 生成は，グルコースなどの糖類が用いられる場合，基質レベルのリン酸化および酸化的リン酸化によりおもに行われる．

基質レベルのリン酸化の一例として，グルコースが解糖系で異化代謝されて乳酸発酵した場合を考えると，化学的変化は，

$$C_6H_{12}O_6 \longrightarrow 2\,C_3H_5O_3^- + 2\,H^+$$
$$\Delta G'_0 = -198.3 \text{ kJ/mol} \qquad (3 \cdot 19)$$

この反応を生化学的に記述すると以下の式となる．

$$C_6H_{12}O_6 + 2\,ADP + 2\,H_3PO_4 \longrightarrow$$
$$2\,C_3H_5O_3^- + 2\,H^+ + 2\,ATP + H_2O \qquad (3 \cdot 20)$$

ATP の ADP への加水分解においては $\Delta G'_0 = -30.5$ kJ/mol なので，(3・19)式と(3・20)式を比較すると，この乳酸発酵では約 30% のエネルギーが ATP として蓄えられたことになる．なお，ATP 生産に使われなかったエネルギーのほとんどは熱として放出される．天然培地での培養を考えると，上述したように炭素源はすべて異化されるので，ATP 合成に使われる基質のエネルギー量は (3・21)式で表される．

$$\Delta H_C = \Delta H_S \Delta S - \sum \Delta H_P \Delta P \quad (3 \cdot 21)$$

ここで，ΔH_C は異化代謝における培養液当たりの遊離熱量（kJ/L），ΔH_S，ΔH_P はそれぞれ基質，生産物の燃焼熱（kJ/mol）である．ΔH_C はエネルギー源として菌体生成に用いられるので，これを基準として菌体収率を比較できる．このような**異化代謝基準の増殖収率** $Y_{X/C}$（g 乾燥細胞/kJ）は次式で定義される．

$$Y_{X/C} = \frac{\Delta X}{\Delta H_C} = \frac{\Delta X}{\Delta H_S \Delta S - \sum \Delta H_P \Delta P}$$
$$= \frac{Y_{X/S}}{\Delta H_S - \sum \Delta H_P Y_{P/S}} \quad (3 \cdot 22)$$

ここで，$Y_{P/S}$ は炭素源消費量当たりの生産物生成量であり，**生産物収率**とよぶ．

3・2・3 ATP 基準の増殖収率 Y_{ATP}

微生物は生命活動に必要なすべてのエネルギーを基質の酸化によって得ている．しかし前節で説明したように，つねに完全酸化が行われているわけではなく，同じ基質から細胞内構成成分をつくったり（同化代謝），培地中に代謝産物を生産したりする．このような菌体同化および生産物に固定化されたエネルギーを差引いた正味の異化代謝に使えるエネルギーが，上述の ΔH_C である．しかし生物は，この異化代謝で遊離するすべての自由エネルギーを余すところなく利用できるわけではなく，ATP として回収できるもののみが生命活動のエネルギーとして利用できる．

したがって，ある基質における増殖収率とは，その基質から生成する ATP を消費して生成した細胞量，つまり ATP 基準の増殖収率（Y_{ATP}）にほかならない．

ここで，炭素源は異化代謝と同化代謝に利用されるが，同化では ATP 生成は起こらないと仮定すると，ATP 生成量 $(\Delta ATP)_{form}$ は，異化代謝による生成量 $(\Delta ATP)_C$ と生産物生成に伴う ATP 生成量 $(\Delta ATP)_P$ との和で表される．

$$(\Delta ATP)_{form} = (\Delta ATP)_C + (\Delta ATP)_P \quad (3 \cdot 23)$$

生成した細胞内の ATP は蓄積されるわけではなく，同化代謝などの生命活動のためにただちに利用される（$(\Delta ATP)_{cons}$）．大部分は，増殖のためのタンパク質，核酸などの高分子物質の生合成（同化代謝）に利用される（$(\Delta ATP)_G$）が，それ以外にも，細胞内でたえず起こっている細胞構成成分のターンオーバー（分解と再生），外界からの物質の取込み（能動輸送）や鞭毛運動といった維持代謝のために利用される（$(\Delta ATP)_M$）．消費された ATP は ADP となってまた新たな ATP 生産のための基質として利用される．ATP の生成と消費に関しては次の式が成立する．

$$(\Delta ATP)_{form} = (\Delta ATP)_{cons}$$
$$= (\Delta ATP)_G + (\Delta ATP)_M \quad (3 \cdot 24)$$

消費される ATP と細胞増殖について考えると，ATP 消費量当たりの単位細胞生成量は，次の **ATP 基準の増殖収率** Y_{ATP} によって評価される．

$$Y_{ATP} = \frac{\Delta X}{(\Delta ATP)_{cons}} = \frac{\Delta X}{(\Delta ATP)_{form}}$$
$$= \frac{\Delta X/\Delta S}{(\Delta ATP)_{form}/\Delta S} = \frac{Y_{X/S}}{Y_{ATP/S}} \quad (3 \cdot 25)$$

ここで，$Y_{ATP/S}$ は炭素源消費量当たりの ATP 生成量であり，**ATP 生成収率**とよぶ．

表 3・3 ATP 生成収率 $Y_{ATP/S}$ と ATP 基準の増殖収率 Y_{ATP}（嫌気培養）[a]

微生物	基質	分解経路	$Y_{ATP/S}$ [mol ATP/mol 基質]	Y_{ATP} [g 乾燥細胞/mol ATP]
Enterococcus (*Streptococcus*) *faecalis*	グルコース	ホモ乳酸発酵	2.0	9.3〜11.5
Enterococcus faecalis	リボース	ペントースリン酸経路と EMP 経路	1.67	12.6
Enterococcus faecalis	アルギニン	オルニチン経路	1.0	10.0〜10.5
Saccharomyces cerevisiae	グルコース	EMP 経路	2.0	10.5
Zymomonas mobilis	グルコース	エントナー・ドゥドロフ経路	1.0	8.3

a) T. Bauchop, S. R. Elsden, *J. Gen. Microbiol.*, **23**, 466（1960）.

ATPの寿命は約1秒といわれ，動的な代謝回転をしており，ATPの生成量を直接測定することはできない．このためY_{ATP}は実際には基質消費量などから推定することになる．

微生物は，使用する培地や培養条件によって細胞内の代謝経路をさまざまに変えながら増殖する．このため，ATP生成に関与する経路を確定することは難しい．しかし，ただ一つの炭素源を含む最少培地を使用して嫌気培養した場合には，以下の式を用いてY_{ATP}を決定することができる．

$$Y_{ATP} = \frac{\Delta X}{(\Delta ATP)_{form}} = \frac{\Delta X}{(\Delta ATP)_C + (\Delta ATP)_P}$$

$$= \frac{Y_{X/S}}{Y_{ATP/S}(\Delta S_C/\Delta S) + Y_{ATP/P} Y_{P/S}} \quad (3 \cdot 26)$$

ここで，$Y_{ATP/P}$は生産物生成量当たりのATP生成量である．

さまざまな微生物を種々の条件で培養したときのY_{ATP}の値を前ページの表3・3に示す．この表からY_{ATP}の値は微生物や炭素源によらずほぼ10g乾燥細胞/mol ATPであることがわかる．

生産物収率は培地や培養法によって変化するが，その一例を表3・4に示す．

好気条件で培養した場合は次のように考えられる．同じような組成をもつ細胞を生産するためには同じ程度のATPが必要であると仮定すれば，好気条件でのY_{ATP}は嫌気条件とほぼ同じと考えられる．さらに，有機酸やエタノールなどの嫌気発酵特有の生産物は考えなくてもよくなるが，逆に酸化的リン酸化によるATP生成$(\Delta ATP)_O$を考慮する必要がある．このように考えると，次式が導出できる．

$$Y_{ATP} = \frac{\Delta X}{(\Delta ATP)_C + (\Delta ATP)_O}$$

$$= \frac{Y_{X/S}}{Y_{ATP/S}(\Delta S_C/\Delta S) + 2 R_{P/O} R_{O/S}} \quad (3 \cdot 27)$$

ここで，$R_{O/S}$は単位基質消費量当たりの酸素消費量，また$R_{P/O}$は酸素1原子当たりのATP生成量である．$R_{P/O}$は酸化的リン酸化が完全に進めば，(3・11)式より3となる．逆に(3・24)式を使って，Y_{ATP}を嫌気条件下での値と同じと仮定して，$R_{P/O}$を測定すれば酸化的リン酸化の進行程度を推しはかることができる．

3・2・4 反応熱（代謝熱）

ここまで，微生物の増殖収率について，基質基準とエネルギー基準での観点から述べてきた．エネルギー基準で増殖収率を考えることで，異なる基質の間での増殖効率を比較することができる．エネルギー基準で増殖収率を考えると，増殖に使われなかったエネルギーについても考えることができる．つまり，ある基質のもつエネルギーΔH_Cのうち，増殖に使われなかったエネルギーの大部分は反応熱として細胞外に排出されるので，(3・21)式の右辺に対してさらに菌体合成に使われたエネルギー（＝ATP合成に使われたエネルギー）を差引けば，培養時に発生する**反応熱**Qを計算できる．

$$Q = \Delta H_S \Delta S - \sum \Delta H_P \Delta P - \Delta H_X \Delta X \quad (3 \cdot 28)$$

表3・4 増殖収率$Y_{X/S}$と生産物収率$Y_{P/S}$の例[a]

微生物の種類と炭素源	$Y_{X/S}$ [g 乾燥細胞/g 基質]	$Y_{P/S}$ [mol 生産物/mol 基質]			
		乳酸	酢酸	エタノール	ギ酸
Lactobacillus casei	天然培地で好気培養				
グルコース	0.34	0.05	1.05	0.94	1.76
マンニトール	0.22	0.40	0.22	1.29	1.60
Zymomonas mobilis	各培地で嫌気培養				
グルコース（最少培地）	0.023	0.20	−	1.50	−
グルコース（合成培地）	0.028	0.20	−	1.53	−
グルコース（天然培地）	0.044	0.20	−	1.57	−

a) 合葉修一，永井史郎，"生物化学工学 —反応速度論—"，p.72，科学技術社（1975）．

ここで，ΔH_X は細胞の燃焼熱を示す．この値の大小は微生物の代謝の様子も反映しているので代謝熱ともよばれる．細胞内にポリマーや油脂などの蓄積生産物が多い場合には，ΔH_X は大きな値をとることになる．ある培養条件で基質および生産物の濃度を測定し，反応熱 Q を正確に測定できれば，培養途中での ΔH_X を，さらには異化代謝の割合を推定できる．ΔH_X の平均的な値として g 乾燥細胞当たり 22.2 kJ が提唱されている．

単位基質消費量当たりの反応熱 q（$= Q/\Delta S$）を導入すると（3・28）式は次式になる．

$$q = \Delta H_S - \sum \Delta H_P Y_{P/S} - \Delta H_X Y_{X/S} \quad (3・29)$$

好気的な培養条件下で，生産物が二酸化炭素のみであるような場合，反応熱 Q は酸素消費量 ΔO_2 を使って次式で表される．

$$Q = \Delta H_O \Delta O_2 \quad (3・30)$$
$$q = \Delta H_O \Delta R_{O/S} \quad (3・31)$$

ここで，ΔH_O は酸素消費量 1 mol 当たりの反応熱を意味し，一般的に 520 kJ/mol O_2 であるといわれている．図 3・9 に酸素消費速度に対する発熱速度の測定結果を示す．この図の傾きから，ΔH_O を計算することができる．Q 値は培養工学的には非常に意味がある．つまり，この値は培養槽での発熱量を示しているので，培養槽への冷却水の温度や流量などの冷却条件を決定できることとなる．Q 値推定のため，実用面では酸素消費速度の測定も重要である．

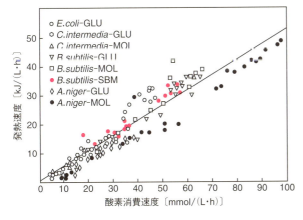

図 3・9 酸素消費速度と発熱速度の関係．GLU: グルコース培地，MOL: 糖蜜培地，SBM: ダイズかす培地．〔C. L. Cooney et al., *Biotechnol. Bioeng.*, **11**, 269（1969）〕

演習問題

3・1 グルコースを単一炭素源として得られた通性嫌気性微生物を乾燥し，その 10.00 g を元素分析したところ，炭素 4.51 g，窒素 1.03 g，水素 0.64 g の測定値が得られた．さらに，強熱残渣により灰分（細胞中の C, H, N, O 以外のミネラル分などの無機成分）は 0.079 g/g 乾燥細胞であった．この微生物の見かけの分子量（$CH_pO_nN_q$）を求めよ．

3・2 ある微生物を，0.1 g 乾燥細胞/L を初発菌体濃度として，30 g/L のグルコースを単一基質とする最少培地で嫌気培養した．培養後，3 g/L のグルコースが培地中に残存し，3.0 g/L の菌体が得られた．消費グルコースの異化に利用された分率を計算せよ．ただし，細胞の炭素含量は 0.5 g 炭素/g 乾燥細胞とする．

3・3 あるバクテリアを，グルコースを唯一の炭素源とする最少培地で好気的および嫌気的に培養した．細胞濃度が 10 g/L のとき，1 時間当たりの細胞やグルコースなどの生成量，消費量は下表のようになった．

	嫌気培養	好気培養
増殖量 ΔX〔g 乾燥細胞〕	4.0	4.0
基質消費量 ΔS〔mol グルコース〕	0.15	0.065
生産物生成量 ΔP〔mol 酢酸〕	0.10	0
酸素消費量 ΔO_2〔mol O_2〕	―	0.11

この結果をもとに，本菌の酸化的リン酸化における ATP 生成量〔mol ATP/mol O〕を求めよ．ただし，本菌は，解糖系においてグルコース 1 mol から ATP 2 mol を，酢酸 1 mol の生成に伴って ATP 1 mol を生成し，さらに酸化的リン酸化によっても ATP を生成する．細胞の炭素含量は 0.5 g 炭素/g 乾燥細胞とする．

3・4 容積 50 L の培養槽に培地 30 L を仕込んで，酵母 *Saccharomyces cerevisiae* を培養する．培地はグルコースを唯一の炭素源とする合成培地であり，培養は好気的で，グルコースは完全酸化されるとする．また，増殖速度は 7.0 g 乾燥細胞/（L・h）にまで達し，細胞の増殖収率は 0.53 g 乾燥細胞/g グルコースとする．1 時間当たりの発熱量を求めよ．

4 酵素反応速度論と反応装置

第3章で触れたように，微生物や動物細胞など生物においては，数百〜数千の酵素がさまざまな化学反応を触媒し，効率的に進行させることで生命が維持されている．これらの酵素を物質生産に利用するうえでは，その特性を十分に理解しておく必要がある．このため，第4章では酵素の基本的な事項と，酵素反応の反応速度論および，酵素を効率的に物質生産に利用するための担体への固定化方法や，それを用いたバイオリアクターについて述べる．

4・1 酵素とその分類

4・1・1 酵素の特性

酵素は生体触媒であり，その立体構造中には酵素活性の源となる**活性中心**を含む．そして，一般的な化学反応における触媒と同じように，① 熱力学的には反応の活性化エネルギーを低下させて反応を促進する，② 反応の前後で変化しない，③ 反応の平衡定数に影響を与えない，という特性をもつ．一般的な化学反応に用いられる触媒と比較すると，常温・常圧・中性近傍という元来生物が存在する穏和な条件で高い反応効率を示すという特徴をもっている．なお，高温・高圧・中性近傍以外のような特殊な環境中に生存する生物には，そのような条件下でも高い反応効率を示す酵素が含まれ，それらの酵素は特殊な条件下で物質生産を行いたい場合に有用である．

酵素の特性のなかで，その利用において特に重要とされるのが，"鍵と鍵穴"の関係で説明される基質に対する高い特異性であり，多くの酵素は，非常に近い構造をもつ化合物のみを基質とする反応だけを触媒する．さらに，副反応がほとんどないことも特徴である．これらは，一般的な化学反応プロセスに対する酵素を使った反応プロセスの利点である．一方で，高価であることが酵素の産業分野での用途拡大を阻害している要因の一つである．酵素を用いた反応プロセスの構築にあたっては，熱や圧力などの物理的な要因や酸や塩基，有機溶剤との接触など化学的な要因により**失活**（活性を失うこと）が生じることを考慮しておく必要がある．なお，酵素が反応を触媒する際の最適な温度を**最適温度**（または至適温度），最適なpHを**最適pH**（または至適pH）という．

4・1・2 酵素の分類命名法

酵素も微生物と同じように，世界共通の分類命名法がある．4組の系統番号（酵素番号，EC番号）の付与は，国際生化学分子生物学連合によって公式に採用された分類法により行われる．1番目の数字はその酵

表4・1 酵 素 の 分 類

EC 番号	分 類 名	触媒する化学反応
EC 1.x.x.x	酸化還元酵素 (oxidoreductase)	酸化還元反応
EC 2.x.x.x	転移酵素 (transferase)	化合物中の特定の基を別の化合物へ転移する反応
EC 3.x.x.x	加水分解酵素 (hydrolase)	加水分解反応
EC 4.x.x.x	脱離酵素 (lyase)	特定の基の脱離もしくは二重結合への特定の基の付加反応
EC 5.x.x.x	異性化酵素 (isomerase)	特定の分子の異性体への変換反応
EC 6.x.x.x	合成酵素 (ligase または synthetase)	二つの分子を結合させる反応
EC 7.x.x.x	転位酵素 (translocase)	配置転換を促す反応

素が触媒する反応の種類の大分類を示し，表4・1のような分類がなされている．2番目の数字は，基質特異性により分類されたものであり，作用する結合の種類などの反応様式に基づいて付与される．3番目の数字は基質特異性によりさらに副分類されて付与され，基質の種類や必要となる補酵素などの反応様式を表す．4番目の数字は，3番目の数字が表す群の酵素の通し番号である．

酵素の命名は，基質名と触媒する反応の名称を連結し，最後に -ase を付けることでなされる．たとえば，グルコースの酸化反応を触媒する酵素は，グルコースオキシダーゼ（glucose oxidase）となる．なお，グルコースオキシダーゼのEC番号は，EC1.1.3.4 である．ただし，パパインやアミラーゼのように，古くに発見され命名された酵素については，上述の規則によるものではなく当時の名称がそのまま使用されている．

4・2 酵素反応速度論

酵素を用いて物質生産を行う場合には，反応条件の設定や最適化，それらを考慮した反応容器の設計は必須である．このためには，使用する酵素について，基質に対する親和性などを明らかにし，反応がどのような速度で進行するのかを理解しておくことが重要である．

4・2・1 ミカエリス・メンテンの式

基質Sが酵素Eと結合して不安定な酵素-基質複合体ESを生成し，この複合体が不可逆的に分解して生成物Pができる以下の素反応過程を考える．

$$\mathrm{E + S} \underset{k_{-1}}{\overset{k_{+1}}{\rightleftharpoons}} \mathrm{ES} \xrightarrow{k_{+2}} \mathrm{E + P} \qquad (4 \cdot 1)$$

ここで k_{+1}，k_{-1}，k_{+2} は各素反応の反応速度定数である．

この反応の速度式を考えるにあたっては，基質濃度 [S] は酵素濃度 [E] に対して過剰であり，酵素分子中には一つの基質結合部位が存在するものとする．このような条件下では，酵素-基質複合体の濃度 [ES] は，反応開始直後に定常状態に達し，その後一定になるとみなせる（定常状態法）．すなわち，その状態では酵素-基質複合体の生成速度と分解速度は等しい．これは次式のように表せる．

$$\frac{d[\mathrm{ES}]}{dt} = k_{+1}[\mathrm{E}][\mathrm{S}] - (k_{-1} + k_{+2})[\mathrm{ES}] = 0 \qquad (4 \cdot 2)$$

この式から，

$$\frac{[\mathrm{E}][\mathrm{S}]}{[\mathrm{ES}]} = \frac{(k_{-1} + k_{+2})}{k_{+1}} \equiv K_\mathrm{m} \qquad (4 \cdot 3)$$

また，(4・1)式において，生成物の生成速度 v_p は [ES] に比例し，以下のように書ける．

$$v_\mathrm{p} = k_{+2}[\mathrm{ES}] \qquad (4 \cdot 4)$$

酵素の全濃度 $[\mathrm{E_{all}}]$ については次式が成立する．

$$[\mathrm{E_{all}}] = [\mathrm{ES}] + [\mathrm{E}] \qquad (4 \cdot 5)$$

(4・3)式と(4・5)式より [ES] は以下の式で与えられる．

$$[\mathrm{ES}] = \frac{[\mathrm{E_{all}}][\mathrm{S}]}{K_\mathrm{m} + [\mathrm{S}]} \qquad (4 \cdot 6)$$

これと (4・4)式から，(4・8)式に示される最大反応速度 V_max を含む (4・7)式が得られる．

$$v_\mathrm{p} = \frac{k_{+2}[\mathrm{E_{all}}][\mathrm{S}]}{K_\mathrm{m} + [\mathrm{S}]} = \frac{V_\mathrm{max}[\mathrm{S}]}{K_\mathrm{m} + [\mathrm{S}]} \qquad (4 \cdot 7)$$

$$V_\mathrm{max} = k_{+2}[\mathrm{E_{all}}] \qquad (4 \cdot 8)$$

(4・7)式は，**ミカエリス・メンテン（Michaelis-Menten）の式**，K_m は**ミカエリス定数**とよばれる．v_p と [S] の関係を図示すると，図4・1(a) 中の赤い実線のように [S] の増加に伴い v_p が V_max に漸近する飽和型の曲線となる．なお，K_m は濃度の単位をもつ．また，$K_\mathrm{m} = [\mathrm{S}]$ であるとき $v_\mathrm{p} = V_\mathrm{max}/2$，すなわち最大反応速度の半分の反応速度を与える．$K_\mathrm{m}$ が大きいほど反応速度を上げるために高い基質濃度が必要であることは，K_m が大きいほど酵素の基質に対する

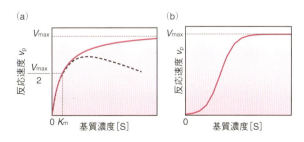

図 4・1 **基質濃度と反応速度の関係**．(a) ミカエリス・メンテンの式に従う場合（赤い実線）と基質阻害がある場合（破線），(b) アロステリック酵素の場合

親和性が低く，その逆は高いことを意味する．すなわち，K_m は酵素と基質の親和性を理解するうえでの尺度である．なお，[S] が K_m に対して十分大きいときには

$$v_p \cong V_{max} \quad (4 \cdot 9)$$

となり，反応速度は基質濃度に対する 0 次反応と近似することができる．ただし，現実には基質濃度を高くしていくと，後述するように，基質による酵素の変性やアロステリック効果などが生じたり，基質の溶解度による制限が生じたりする．このため，基質濃度が K_m に対して十分大きい条件で実験を行い，V_{max} を求めることは困難な場合が多い．基質濃度が K_m に対して十分小さいときには，反応速度は基質濃度に対して次式で表される一次反応と近似することができる．

$$v_p \cong \left(\frac{V_{max}}{K_m}\right)[S] \quad (4 \cdot 10)$$

K_m と V_{max} の値は酵素や基質の種類，反応条件によって変化する．これらの値は，種々の基質濃度のもとで反応速度を求める実験の結果からグラフを作成する図解法によっても決定することができる．代表的なものとして，(4・7)式のミカエリス・メンテン式を変形した (4・11)式に基づいて反応速度の逆数 $1/v_p$ と

$$\frac{1}{v_p} = \frac{K_m}{V_{max}[S]} + \frac{1}{V_{max}} \quad (4 \cdot 11)$$

基質濃度の逆数 $1/[S]$ をプロットする**ラインウィーバー・バーク**（Lineweaver-Burk）**プロット**がある（図 4・2）．測定点が直線上に並べば横軸上の切片から $-1/K_m$ が求まり，縦軸上の切片から $1/V_{max}$ が求まる．

一方，(4・7)式を反応時間 $t=0$ で $[S]=[S_0]$ の初期条件のもと，次の積分を行うことにより，(4・13)式が得られる．

$$V_{max}\int_0^t dt = -\int_{[S_0]}^{[S]} \frac{K_m + [S]}{[S]} d[S] \quad (4 \cdot 12)$$

$$V_{max} t = K_m \ln\left(\frac{[S_0]}{[S]}\right) + ([S_0] - [S]) \quad (4 \cdot 13)$$

(4・13)式を用いると，基質濃度の経時変化のデータより K_m と V_{max} が求まる．

4・2・2 アロステリック酵素とその反応速度

アロステリック効果とは，タンパク質の機能がエフェクターとよばれる化合物により調節されることであり，これにより酵素の触媒機能が調節される酵素を**アロステリック酵素**という．アロステリック酵素の多くは，生物が代謝物質の量を適切にコントロールするための調節機構の一つとして重要な役割を果たしている．たとえば，アスパラギン酸カルバモイルトランスフェラーゼは，ピリミジンヌクレオチド合成経路の最初の段階の反応を触媒するアロステリック酵素である．

多くのアロステリック酵素は，多量体のタンパク質であり，基質の結合部位が複数存在する．その結合部位に基質が結合すると酵素の立体構造が変化し，これにより生じる構造変化により反応速度の変化がもたらされる．このため反応速度と基質濃度をそれぞれ縦軸と横軸にプロットすると，S 字形の曲線となる（図 4・1 b）．このようなアロステリック酵素の反応速度式としては，経験式である (4・14)式の**ヒル**（Hill）**の式**が知られている．

$$v_p = \frac{V_{max}[S]^n}{K_m + [S]^n} \quad (4 \cdot 14)$$

ここで n は**ヒル係数**とよばれ，ある結合部位への基質の結合が他の結合部位での基質の結合に与える影響を表す．n が 1 より大きい場合は初めに結合した基質分子が他の活性部位への別の基質分子の親和性を高めることを意味し，1 より小さい場合はその逆を意味する．なお，$n=1$ の場合ミカエリス・メンテンの式と一致する．

4・2・3 各種阻害様式とその反応速度

反応系に存在することで，酵素の活性低下や失活を生じさせる物質を**酵素阻害剤**といい，阻害剤を反応系から除去することで酵素の活性が回復するものを**可逆的阻害剤**，反応系から除去しても酵素の活性は失われ

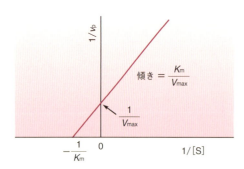

図 4・2　ミカエリス・メンテンの式のラインウィーバー・バークプロット

たままとなるものを**不可逆的阻害剤**という．なお，酵素活性を増加させる物質も存在し，それらは活性化剤とよばれる．可逆的阻害剤は，水素結合，イオン結合，疎水性相互作用などの非共有結合により酵素分子の特定の部位に可逆的に結合し，反応速度を低下させる．可逆的阻害剤による阻害様式は，**拮抗阻害（競争阻害）**，**不拮抗阻害（反競争阻害）**，**混合阻害・非拮抗阻害（非競争阻害）**に大別される．(4・2)式の素反応に加え，これらの阻害様式では表4・2に示すように酵素E，酵素–基質複合体ESおよび阻害剤Iの相互作用を考える．表4・2には対応する反応速度式も示す．

表 4・2 各阻害様式における阻害反応式と速度式

	阻害反応式 （平衡定数）	速度式
拮抗阻害	$E + I \rightleftharpoons EI$ (K_{EI})	$v_p = \dfrac{V_{max}[S]}{K_m\left(1+\dfrac{[I]}{K_{CI}}\right)+[S]}$
不拮抗阻害	$ES + I \rightleftharpoons ESI$ (K_{ESI})	$v_p = \dfrac{V_{max}[S]}{K_m+[S]\left(1+\dfrac{[I]}{K_{UI}}\right)}$
混合阻害と 非拮抗阻害	$E + I \rightleftharpoons EI$ (K_{EI}) $ES + I \rightleftharpoons ESI$ (K_{ESI})	混合阻害 $v_p = \dfrac{V_{max}[S]}{K_m\left(1+\dfrac{[I]}{K_{CI}}\right)+[S]\left(1+\dfrac{[I]}{K_{UI}}\right)}$ 非拮抗阻害（$K_{CI} \cong K_{UI}$の場合） $v_p = \dfrac{V_{max}[S]}{(K_m+[S])\left(1+\dfrac{[I]}{K_{NI}}\right)}$
基質阻害	$ES + S \rightleftharpoons ESS$ (K_{ESS})	$v_p = \dfrac{V_{max}[S]}{K_m+[S]\left(1+\dfrac{[S]}{K_{SI}}\right)}$

各速度式中におけるK_{CI}，K_{UI}，K_{NI}，K_{SI}は阻害定数で，それぞれ対応する平衡定数の逆数である．基質阻害においては，反応速度v_pの最大値は$[S]=(K_m K_{SI})^{1/2}$のときに得られる．

a. 拮抗阻害（competitive inhibition） 阻害剤Iは酵素Eのみに結合し，酵素–阻害剤複合体EIを形成すると考える．この阻害様式における反応阻害の程度は，酵素分子の結合部位に対する阻害剤の親和性に左右される．基質濃度が増加すると阻害剤の作用は低減される．すなわち，拮抗阻害によりK_mは増加するが，V_{max}は変化しない．

なお，生成物が反応阻害をひき起こす**生成物阻害**（product inhibition）の場合，拮抗阻害の速度式中の[I]を[P]と置き換えた式が適用されることが多い．

b. 不拮抗阻害（uncompetitive inhibition） 酵素分子中に基質Sと阻害剤Iのそれぞれが別々に結合できる部位があるが，阻害剤の結合は，酵素–基質複合体ESに対してのみ起こると考える．すなわち，ESの濃度が減少することになり，K_mもV_{max}も減少する．

c. 混合阻害（mixed inhibition）**と非拮抗阻害**（noncompetitive inhibition） 酵素Eにも酵素–基質複合体ESのいずれにも阻害剤Iの結合が起こると考える．特に，二つの平衡反応の平衡定数が等しいとみなせる場合を非拮抗阻害とよぶ．混合阻害ではK_mの増加とともにV_{max}は小さくなり，非拮抗阻害ではK_mは変化しないがV_{max}は小さくなる．

d. 基質阻害（substrate inhibition） 基質濃度を上げていくと，それまで増加していた反応速度が低下する場合がある（図4・1a中の破線参照）．このような阻害様式を**基質阻害**とよぶ．基質阻害は，溶液の物性変化や酵素の構造変化が原因の非特異的阻害と，基質が特異的に酵素に阻害剤として作用する特異的阻害に分けられる．

特異的基質阻害においては，表4・2に示すように，(4・1)式の反応に加えて，酵素–基質複合体ESに基質が結合して複合体ESSが形成される反応が進行し，これが酵素の構造変化を招く結果，酵素が不活性化するためと考える．

4・2・4 二基質反応

ミカエリス・メンテンの式は，一基質一生成物の反応を扱ったものである．しかし，生体で生じている酵素反応は，基質，生成物とも複数である場合が多い．このような複数基質，複数生成物の反応系の反応速度式が複雑となることは容易に推察できる．このなかでも最も考えやすいのが，基質がA, Bと二つある二基質反応である．二基質反応の場合でも，基質Aが大過剰に存在する場合には，基質Bについての一基質一生成物の反応と同じ挙動になる．このとき，反応速度の逆数$1/v_p$を基質濃度の逆数$1/[S]$に対してプロットすると，基質Bに対するK_mとV_{max}を求めることができる．

基質 A, B から生成物 P, Q が生成する二基質二生成物の酵素反応の機構には, 基質と酵素の結合順序と生成物の生成順序から, **三重複合体** (ternary complex) **機構**と**ピンポン** (ping-pong) **機構**がある. 三重

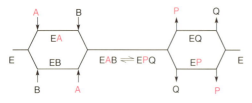

(a) 三重複合体機構（基質が結合する順序が決まっていない場合）

(b) ピンポン機構

図 4・3 酵素 E により基質 A, B から生成物 P, Q が生成する二基質二生成物反応

複合体機構では, 二つの基質 A, B が同時に酵素 E に結合し, 複合体 EAB を形成する. さらに, 基質が結合する順序が決まっていない場合 (random-order, 図 4・3a) と決まっている場合 (ordered) に分けられる. ピンポン機構では, 酵素 E と基質 A が複合体 EA を形成し, 複合体 E′P と平衡関係にある. 複合体 E′P から生成物 P が外れ, 酵素 E′ と基質 B が複合体 E′B を形成し, 複合体 EQ と平衡関係にある. 複合体 EQ から生成物 Q が外れ, 酵素 E が再生する (図 4・3 b).

4・3 酵素の固定化

酵素を用いて工業的に物質生産を行う場合, 一般に酵素は高価であるため繰返し使用できる方が望ましい. このためには, 酵素と生成物を容易に分離する必要がある. 一般的なアプローチは, 溶媒に不溶な担体への酵素の固定化であり, おもな方法には, 担体結合法, 包括法, 架橋法がある (図 4・4).

a. 担体結合法　担体結合法は, 担体表面に酵素を結合させるものであり, グルタルアルデヒドのような官能基の活性化剤を使って共有結合により結合させる共有結合法, ファンデルワールス力や水素結合, 疎水性相互作用などにより吸着させて固定化する物理吸着法, イオン交換樹脂やイオン交換体を担体として静電的に酵素を固定化するイオン結合法に分類され

る. これらのなかで操作が簡単なのは, 物理吸着法とイオン結合法であり, イオン結合法の方が強い結合力である. 一方で, いずれの方法でもその結合は可逆的であるため, 担体への安定的な酵素の固定化という点では優れていない. 共有結合法は, 酵素を安定に固定できる一方で, 酵素分子中の官能基が結合によって変化することもあり, 固定化により酵素活性が低下することがある. 共有結合法の担体にはポリアクリルアミドや多孔質ガラスなどが用いられることが多く, 物理吸着法の担体には活性炭や多孔質シリカなどが用いられる.

b. 包括法　包括法は, ポリアクリルアミドなどの合成高分子ゲルや, 寒天, ゼラチン, アルギン酸カルシウムなどの天然高分子ゲルや, ナイロン, エチルセルロースなどの高分子膜から成るマイクロカプセル, リポソーム, 逆ミセルなどに酵素を包埋する方法である. 基質は酵素に到達する前にゲルや半透膜を透過する必要があり, 生成物も同様であるため, 基質や生成物の透過速度が遅い材料を選択すると, 反応速度が大きな影響を受ける. また, 担体の材料が基質や生成物と相互作用する場合には, その影響も反応速度に

1. 担体結合法

(a) 物理吸着法　　(b) イオン結合法　　(c) 共有結合法

2. 包 括 法

(a) 高分子ゲルマトリックスに包み込む　　(b) 半透膜ポリマー内に封入する

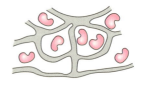 

3. 架 橋 法

図 4・4 酵素の固定化法

影響を与える．なお，高分子ゲルや高分子膜の網目が大きいと酵素が流出する．このため，酵素の大きさを考慮して担体を選定する必要がある．

c. 架橋法 複数の酵素をグルタルアルデヒドのような二官能性試薬や，多官能性試薬と反応させることで結合し，不溶性の凝集物とする方法である．共有結合法の場合と同じく，架橋によって酵素活性が低下することがある．

酵素を固定化することは，単に生成物との酵素の分離を容易にするだけでなく，熱やpH，酸やアルカリ，有機溶媒のような外的な因子による不可逆的な構造不安定化により生じる失活の抑制につながることもある．また，固定化は基質特異性や反応特異性を変化させることもある．このため，担体と固定化法の選択は，使用する酵素と固定化酵素を適用する反応系に応じ，長所と短所の理解に基づいて決定される必要がある（§1・4・1参照）．固定化により酵素の安定性が向上する要因としては，酵素が多点で担体と結合させられたことや担体中に包括されたことによる分子運動の抑制により，酵素が堅い構造となるためとされている．ただし，すべての酵素に対して有効というわけではないことや，安定性向上の一方で活性の低下が生じることがあることは考慮しておく必要がある．

4・4 固定化酵素バイオリアクター

4・4・1 バイオリアクター形式と操作方式

酵素を用いるバイオリアクターの形式は，反応器の形状から槽型，管型，膜型に大別される．固定化酵素を用いる場合には，反応器の形式は担体の形状などによって適したものとそうでないものがある．たとえば，槽型反応器には分散して使用することができる粒子状の酵素固定化担体が適している．固定化酵素を充填して使用する管型反応器では，粒子状の担体のサイズを小さくして充填しすぎると，圧力損失が高くなるという問題が生じる．操作方式は，反応器に酵素と基質を入れて反応を開始し，一定時間後に反応液からすべて取出す**回分操作**（batch operation）と，基質を反応器に連続的に供給するとともに，生成物を連続的に取出す方式の**連続操作**（continuous operation）に大別することができる．その操作様式の特徴から，回分操作は少量多品種の生産に，連続操作は多量少品種の

生産に向いている．

4・4・2 槽型バイオリアクター

酵素固定化担体を反応液中に懸濁して使用する槽型のバイオリアクターは，回分操作と連続操作のいずれにも適している．連続操作の場合には，反応器出口にフィルターを設置するなどして，酵素固定化担体の流出を防ぐ必要がある．以下に，ミカエリス・メンテンの式に従う酵素反応を伴う回分操作および連続操作に関する反応器および反応操作の設計式の導出を示す．

ある成分jに着目したときの，一般的な槽型反応器（図4・5）における物質収支式は次式となる．

$$(流入速度：F_{j,in}) + (反応による生成速度：G_j)$$
$$- (流出速度：F_{j,out}) = \left(蓄積速度：\frac{dn_j}{dt}\right)$$
$$(4・15)$$

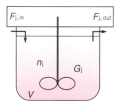

図4・5 槽型反応器における成分jの物質収支

この反応系の体積をV，反応系内を均一な完全混合とみなし反応速度をr_jとすると，

$$G_j = r_j V \qquad (4・16)$$

なお，G_jもr_jも成分jが減少する基質成分である場合には，通常，マイナス符号をつける．

ここで，固定化酵素を使うバイオリアクターでは，体積Vの反応懸濁液には担体も含まれる．したがって，固定化担体の空隙率*をεとすると，溶液体積は$V\varepsilon$，担体体積は$V(1-\varepsilon)$である．また，担体の粒子径が大きくなると担体内部の基質濃度は担体表面の基質濃度より低くなり，全体としての反応速度は低下する．その度合いは，触媒有効係数ηとして（4・17）式のように定義される．

---

* 不溶性の担体に対し，次式で定義される．

$$空隙率 = \frac{(反応懸濁液の体積) - (固形部分の体積)}{(反応懸濁液の体積)}$$

$$\eta = \frac{\text{酵素固定化担体粒子1個当たりの実際の反応速度}}{\text{粒子全体における基質濃度が粒子外溶液中濃度と同じ場合の理想的反応速度}} \quad (4\cdot17)$$

a. 回分操作　回分操作においては原料の流入と生成物の流出は考えなくてよい（$F_{j,\text{in}} = F_{j,\text{out}} = 0$）．したがって，(4・13)式を導いた考え方の中に，溶液体積 $V\varepsilon$，担体体積 $V(1-\varepsilon)$，触媒有効係数 η を導入すれば，ミカエリス・メンテンの式を適用して次式のように書くことができる．

$$V\varepsilon \frac{d[S]}{dt} = -V(1-\varepsilon)\eta \frac{V_{\max}[S]}{K_m + [S]} \quad (4\cdot18)$$

η が一定であれば，反応時間と基質濃度の関係は，以下の式で表される．

$$\frac{(1-\varepsilon)\eta}{\varepsilon} V_{\max} t = K_m \ln \frac{[S_0]}{[S]} + ([S_0] - [S]) \quad (4\cdot19)$$

また，(4・20)式で与えられる反応率 x（転化率ともよぶ）を含む式として，(4・21)式で表すこともできる．

$$x = \frac{[S_0] - [S]}{[S_0]} \quad (4\cdot20)$$

$$\frac{(1-\varepsilon)\eta}{\varepsilon} V_{\max} t = -K_m \ln(1-x) + [S_0]x \quad (4\cdot21)$$

b. 連続操作　連続撹拌槽型バイオリアクター（Continuous Stirred Tank Reactor, **CSTR**）では，反応器内は定常状態で操作される．すなわち，(4・15)式において，右辺の dn_j/dt がゼロとなる．このため，バイオリアクター入口の基質供給速度を $F_{S_{\text{in}}}$，出口の基質流出速度を $F_{S_{\text{out}}}$ とすると，バイオリアクター内の基質濃度は出口濃度 $[S_{\text{out}}]$ と等しいことから，(4・22)式が得られる．

$$F_{S_{\text{in}}} = F_{S_{\text{out}}} + V(1-\varepsilon)\eta \frac{V_{\max}[S_{\text{out}}]}{K_m + [S_{\text{out}}]} \quad (4\cdot22)$$

η が一定とみなせる場合には，(4・23)式となる．

$$\left(\frac{V}{F}\right)(1-\varepsilon)\eta V_{\max} = ([S_{\text{in}}] - [S_{\text{out}}]) + K_m \frac{[S_{\text{in}}] - [S_{\text{out}}]}{[S_{\text{out}}]} \quad (4\cdot23)$$

また，以下の反応率 x を含む式として (4・25)式が得られる．

$$x = \frac{[S_{\text{in}}] - [S_{\text{out}}]}{[S_{\text{in}}]} \quad (4\cdot24)$$

$$\left(\frac{V}{F}\right)(1-\varepsilon)\eta V_{\max} = \left(\frac{x}{1-x}\right)\{K_m + [S_{\text{in}}](1-x)\} \quad (4\cdot25)$$

4・4・3　管型バイオリアクター

管型バイオリアクター（Plug Flow Reactor, **PFR**）の反応液の流れは，ピストンで押し出されるような流れ（栓流）であるとして取扱う．したがって，軸方向にのみ基質や生成物の連続的な濃度分布が生じる．そこで，反応器入口から軸方向に沿って $z=z$ から $z=z+dz$ までの微小区間での物質収支を考える．反応器の断面積を A，反応液の流速を u，空隙率 ε とすれば，

$$u[S]\varepsilon A = \{u[S] + d(u[S])\}\varepsilon A + (1-\varepsilon)\eta v_p A dz \quad (4\cdot26)$$

すなわち，

$$u\frac{d[S]}{dz} + \frac{1-\varepsilon}{\varepsilon}\eta v_p = 0 \quad (4\cdot27)$$

したがって，

$$\frac{dz}{u\varepsilon} = -\frac{d[S]}{(1-\varepsilon)\eta v_p} \quad (4\cdot28)$$

反応器入口（$z=0$）と出口（$z=L$）の基質濃度を $[S_{\text{in}}]$ と $[S_{\text{out}}]$ とする．$V=AL$，$u\varepsilon A = F$ であるので，

$$\frac{V}{LF} dz = -\frac{1}{(1-\varepsilon)} \frac{K_m + [S]}{\eta V_{\max}[S]} d[S] \quad (4\cdot29)$$

より

$$\left(\frac{V}{F}\right)(1-\varepsilon)\eta V_{\max} = ([S_{\text{in}}] - [S_{\text{out}}]) + K_m \ln \frac{[S_{\text{in}}]}{[S_{\text{out}}]} \quad (4\cdot30)$$

すなわち，(4・24)式で表される反応率 x を用いて，

$$\left(\frac{V}{F}\right)(1-\varepsilon)\eta V_{\max} = [S_{\text{in}}]x - K_m \ln(1-x) \quad (4\cdot31)$$

と書ける．また，任意の位置 z と基質濃度 $[S]$ の関係は次式で表すことができる．

$$z = \frac{F}{A(1-\varepsilon)\eta V_{\max}} ([S_{\text{in}}] - [S]) + K_m \ln \frac{[S_{\text{in}}]}{[S]} \quad (4\cdot32)$$

4・4・4 膜型バイオリアクター

膜型バイオリアクターは，適当な細孔径をもつ半透膜を用いて物質の分離を行う**膜分離**（§11・5・2参照）を適用し，酵素反応と反応系からの生成物の分離を同時に達成することができる反応器である．膜の使用方式により，**拡散方式，限外沪過方式，接触方式**に大別できる．膜型バイオリアクターとしてよく使用される**中空糸膜型（ホローファイバー型）バイオリアクター**（図4・6）と遊離の酵素を用いる場合のそれら

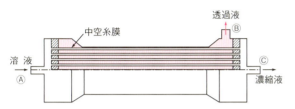

図4・6 中空糸膜型バイオリアクター．上半分は内部の断面を示しており，下半分は外部のジャケットを示している．

各方式の適用例を次に示す．

拡散方式では，基質水溶液は中空糸膜の内側（図4・6Ⓐ）にやや加圧されながら流され，酵素水溶液は中空糸膜と容器の間に閉じ込められる（図4・6Ⓑは閉じられている）．中空糸の内側の基質は膜を透過して酵素水溶液中に入り，酵素との接触により生成物を生じる．その後，膜を透過して中空糸膜内側に回収される（図4・6Ⓒ）．

限外沪過方式においては，酵素と基質の混合水溶液が中空糸膜の内側（図4・6Ⓐ）に加圧されながら流される．中空糸膜の内側で生じる生成物は，膜を透過して膜の外側の水相（図4・6Ⓑ）に回収される．なお，図4・6Ⓒは閉じられている．

接触方式は，相互に混和しない2相（気相と液相あるいは親油相と親水相）間で膜を介して物質のやり取りを行い，酵素反応を行わせるものである．接触方式の膜型バイオリアクターを用いた物質生産については

§1・4・1に述べた．なお，膜型バイオリアクターは，酵素が溶液に溶解した状態であっても，膜によってリアクター内の特定の部分に酵素が保持されることから固定化酵素バイオリアクターと考えることができる．さらに，図4・4に示した方法により，膜表面や膜内に酵素を固定化して利用することもある．

なお，動物細胞用に類似のバイオリアクターを用いた例は，§7・3・4および§8・2・2で紹介する．

■ 演習問題

4・1 ミカエリス・メンテン型の酵素反応において，基質濃度が0.3 mMのとき反応速度120 mM/minであり，ミカエリス定数K_mは5 mMである．この酵素反応の最大反応速度を求めよ．

4・2 ミカエリス・メンテン型の酵素反応について，基質濃度を変化させた場合の反応初速度に関するデータが下表のように得られた．最大反応速度とミカエリス定数K_mを求めよ．

基質濃度〔mM〕	2	4	6	8	10
反応初速度〔mM/min〕	3.03	3.76	4.08	4.26	4.38

4・3 ミカエリス定数K_mは，酵素と基質の親和性を知る尺度である．このことを，(4・1)式の素反応における速度定数に基づいて考察せよ．

4・4 空隙率εが0.5となるよう反応器に仕込んだ固定化酵素を用いて，ある酵素反応を行わせる．反応器へは基質濃度10 mMの原料を10 L/minで供給し，95％の基質が反応に消費された溶液として反応器出口から取出したい．酵素を包括する担体内部の基質濃度は溶液中の基質濃度と同じであり，反応速度式は最大反応速度2.0 mM/min，ミカエリス定数K_m 1.5 mMのミカエリス・メンテン式で表せるとする．反応器がCSTRとPFRである場合について各反応器の体積を求めよ．

5 微生物反応速度論

第1章でも紹介したように優れた性質をもつ微生物を工業的に利用して生産物を得るためには，第3章のように個々の代謝反応に関して理解することも重要であるが，微生物の増殖様式を知ったうえで，その時間変化，すなわち増殖速度を取扱うことも重要である．このため，この章では，培養環境に対するダイナミックな変化を理解し，微生物集団の増殖をマクロに記述することを目的とする．このため，増殖に関する速度式と基質消費および生産物生成に関する速度論について説明する．なお，本章で述べる微生物反応速度論の大半は動物細胞にも適用することができる．

5・1 微生物反応の分類

微生物は培地中で増殖しながら有用物質を生産するが，微生物反応は物質生産の様式によっていくつかの型に分けることができる．炭素源の消費様式で分類したものを表5・1に，生産様式の時間依存性で分類したものを表5・2に示す．酵母による嫌気的な環境下でのエタノール生産は，通常，炭素源の消費に比例し，一定の収率でエタノールが生産され，**増殖連動型生産様式**ともよばれる（図5・1a）．一方，ペニシリンやストレプトマイシンなどの抗生物質の生産は炭素源の消費には無関係であり，微生物の増殖が停止するころから抗生物質の生産が始まるという典型的な**増殖非連動型生産様式**である（図5・1b）．表5・2の分類に対応する培養の経時変化の様子を図5・2に示す．なお，2種類の炭素源を利用した場合に観察される階段状の増殖様式を**ジオーキシー増殖**という．

増殖非連動型の生産様式を示すものは，直接エネル

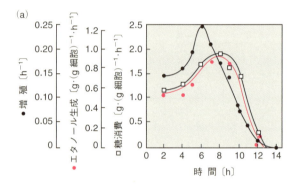
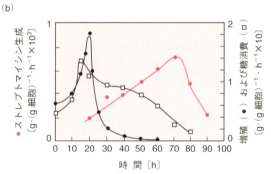

図5・1　Gadenの分類によるタイプⅠの微生物反応とタイプⅢの微生物反応の実例（いずれも比速度で表してある）．(a) タイプⅠ：エタノール生成反応 [R. Leudeking, "Biochemical and Biological Engineering Science", ed. by N. Blakebrough, Vol. 1, p. 203, Academic Press (1967)]．(b) タイプⅢ：ストレプトマイシン生成反応 [E. L. Gaden, *J. Biochem. Microbiol. Technol. Eng.*, **1**, 421 (1959)]．

表5・1　Gadenによる発酵型式の分類[a]

型　式	生産物の生成と炭素源の消費様式との関係	例
タイプⅠ	比例関係あり	エタノール発酵
タイプⅡ	直接比例しない	クエン酸発酵
タイプⅢ	無関係	ペニシリン発酵

a) E. L. Gaden, *Chem. Ind.*, No.7, 154, London (1955).

5・2 増殖速度式

表 5・2 Deindoerfer による発酵型式の分類[a]

型式	生産様式の時間依存性
(a) 単純反応型	中間生成物を経ることなく基質は直接,一定収率で生産物へ変換される
(b) 同時反応型	中間生成物を経ることなく基質は生成物に変換するが,その収率が変動する
(c) 逐次反応型	中間生成物が集積し,ひき続いて生産物が生成される
(d) 階段的反応型	基質が中間生成物に完全に変換された後,生産物の生成が始まる.または,特定の基質が選択的に生産物に変換される

a) F. H. Deindoerfer, *Ind. Eng. Chem.*, **52**, 63 (1960).

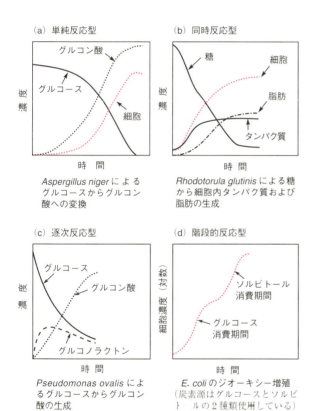

図 5・2 増殖と物質生産の型式. 表 5・2 も参照.

微生物を培養すると,培養液 1 mL 当たり 10^8 から 10^{10} 個の細胞になる.このような集団の増殖速度を取扱うため,種々の**増殖モデル**(増殖速度式)が提案されている.

微生物集団は厳密には個々の細胞の年齢や大きさ,生理機能なども差があり,不均一な集団である.このため増殖速度も確率論的に取扱う方が正確といえる.しかし,確率論的取扱いは煩雑であり,現象を理解するうえでは平均的な均一集団として,決定論的な取扱いで十分である.

カビなどの糸状菌を除いて単細胞の微生物をフラスコ中で液体培養した場合,図 5・3 のような**増殖曲線**

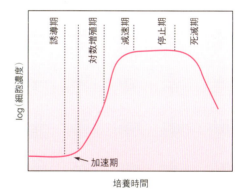

図 5・3 回分培養における細胞濃度の経時変化

を描く.培養途中で何も添加しないこのような培養を**回分培養**という.種菌の状態があまり良くないと,種菌を接種した後,ほとんど増殖しない**誘導期**が観察される.したがって,工業的な培養では種菌を良好な状態で接種し,誘導期がほとんどないようにしなければならない.その後,加速期を経て,微生物は爆発的に増殖し,栄養物質が欠乏してきたり,pH が低下したりして,培養環境が悪くなると増殖速度は減速し,増殖が停止し,最後は**死滅期**に至る.旺盛に増殖している微生物は基本的に**対数増殖**する.対数増殖期には,増殖速度はそのときの細胞濃度 X に比例するという考え方で,次の式で表現できる.

$$\frac{dX}{dt} = \mu X \qquad (5・1)$$

ここで,μ は比例定数であり,**比増殖速度**とよばれる.

ギー獲得や生体内構成成分の生合成に関連する代謝産物(一次代謝産物)ではなく,一次代謝産物から派生した二次的な経路(二次代謝)で生産される二次代謝産物であることが多い.産業的には二次代謝産物の方が重要な生産物が多く,グルコース濃度が高いと生産が抑制される場合が多い.目的生産物の生産様式をよく理解しておくことが重要である.

この式を積分すると(5・2)式が得られる.

$$\mu = \frac{\ln(X/X_0)}{t-t_0} \quad (5・2)$$

ここで,X_0は時間t_0での細胞濃度を示す.比増殖速度が決まると,細胞が2個に分裂するまでの世代時間t_d(倍加時間,分裂時間ともよばれる)は次式で求めることができる.

$$t_d = \frac{\ln 2}{\mu} \quad (5・3)$$

比増殖速度μは基質である炭素源が十分にあれば大きく,少なくなれば小さくなる.増殖モデルとはこの比増殖速度と基質濃度の関係を記述した式である.

微生物の増殖速度と栄養源濃度の関係をおおむね説明でき,汎用されている関係式はJ. Monodが提案したモデル式(**モノーの式**)である.

$$\mu = \frac{\mu_{\max} S}{K_s + S} \quad (5・4)$$

この式で,$\mu_{\max}$は基質Sが十分にあるときの比増殖速度に対応し,**最大比増殖速度**とよばれる.またK_sは**飽和定数**とよばれ,基質濃度がこの値に等しいとき,比増殖速度μは$\mu_{\max}$の半分の値となる.同じ微生物でも,利用する基質が異なれば違ったK_sを示す.種々の微生物のK_s値をまとめて表5・3に示す.いずれの基質の場合もかなり小さい値をとることがわか

る.K_s値が小さいということは,その微生物がその基質に対して高い親和性を示すことを意味する.

モノーの式は第4章で述べた酵素反応速度論でのミカエリス・メンテン(Michaelis–Menten)の式のアナロジーである.このことも多くの人々の賛同を得た一因である.そして,(4・7)式のミカエリス・メンテンの式と同様,モノーの式では,基質濃度SがK_sに比べて非常に大きい場合には,$\mu = \mu_{\max}$となり,Sに関して0次反応となる.またSがK_sに比べて小さい場合には,$\mu = \mu_{\max} S/K_s$となり,一次反応の式となる.

なお,**対数増殖期**だけでなく,基質が欠乏してきて増殖速度が減速した場合(pHが低下したりして,培養環境が悪くなって増殖速度が減速した場合でない)も,モノーの式によって**減速期**まで説明できる.

微生物は増殖が旺盛な状況でも,その一部は死滅するといわれている.したがって(5・1)式も死滅を考慮して次のような式で表現する場合もある.

$$\frac{dX}{dt} = \mu X - k_d X \quad (5・5)$$

ここでk_dは**死滅速度定数**である.一般に増殖に適した環境ではk_dは無視できるが,栄養源が欠乏してくる培養後期では無視できない.事実,培養後期で自己溶解によって細胞濃度が減少する様子(対数増殖期に対して,これを特に死滅期とよぶ)はよく観察される.このような状況の場合には,(5・4)式のμは$\mu - k_d$と置き換えて取扱うとよい.

微生物が生産する代謝産物が,その微生物の増殖を阻害する場合がある.このような阻害様式を表現するために,いくつかの式が提案されている.増殖速度が阻害的な代謝産物の濃度Pの増加に対して指数関数的,双曲線的あるいは直線的に減少する場合はそれぞれ次のような式で表現される.

指数関数的: $\mu = \mu_{\max}\exp(-kP)$ (5・6)

双曲線的 : $\mu = \mu_{\max}\dfrac{K_P}{K_P + P}$ (5・7)

直線的 : $\mu = \mu_{\max}(1 - qP)$ (5・8)

k, K_P, qはいずれも実験定数である.

乳酸菌の代謝産物はその名のとおり乳酸である.図5・4に乳酸菌の乳酸に対する増殖阻害を示す.非解離の乳酸濃度によって強く阻害され,その阻害様式は

表5・3 種々の基質を利用する微生物増殖の飽和定数[a]

微生物	基質	K_s [μM]
Saccharomyces cerevisiae	グルコース	$3.1×10^4$
Halorubrum saccharovorum	グルコース	$7.8×10^2$
Escherichia coli	グルコース	0.28
Pseudomonas sp. strain T2	トルエン	0.48
Cycloclasticus oligotrophus	トルエン	0.11
Escherichia coli	ロイシン	12
Sphingomonas sp. strain RB 2256	アラニン	4.9
Corynebacterium glutamicum	チロシン	3.0
Escherichia coli	グルコン酸	26
Pseudomonas sp. strain B13	3-クロロ安息香酸	43
Cycloclasticus oligotrophus	酢酸	$3.3×10^2$
Escherichia coli	p-ニトロフェニルリン酸	$1.2×10^2$

[a] D. K. Button, *Microbiol. Mol. Bio. Rev.*, **62**, 636 (1998).

ほぼ直線として近似できることがわかる．酵母 *Saccharomyces cerevisiae* は嫌気状態ではエタノールを生産する．酵母によるエタノール阻害も同様に(5・8)式で表される．しかし，微生物の培養で，阻害物質濃度が徐々に高くなる場合，微生物が生産物濃度の上昇に適応して，通常より高い濃度まで耐えるということもある．このような場合には，生産物阻害は増殖のみでなく，生産物の生成速度に関しても成り立つ．酵母のエタノール発酵のように，できるだけ高濃度のエタノールを生産させたい場合，最終的にエタノール濃度が15%を超えることもある．逆に，酵母が長期間高いエタノール濃度にさらされていると，しだいにエタノール生産速度が低下するという現象も知られている．したがって，酵母のエタノール発酵では，エタノール生産速度をエタノールにさらされていた時間の積分値として下記のように評価する式も提案されている．

$$\frac{dP}{dt} = \left\{ \alpha \mu_{max}\left(1 - \frac{P}{P_{1m}}\right) \exp\left(-k_1 \int P\,dt\right) + \beta\left(1 - \frac{P}{P_{2m}}\right) \exp\left(-k_2 \int P\,dt\right) \right\} X \quad (5 \cdot 9)$$

ここで α および β はエタノール生産における増殖連動および増殖非連動生産項の定数（後述，p.49），P_{1m}，P_{2m} はエタノールの阻害定数，k_1，k_2 は積分項の定数である．

なお，微生物の増殖は，グルコースなどの基質が過剰に存在する場合にも生理代謝に影響が生じて阻害（基質阻害）を受けることがある．すなわち，基質濃度 S が大きくなると比増殖速度 μ が急激に減少する

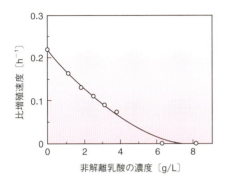

図 5・4 乳酸菌 *Lactobacillus delbrueckii* NRRL B-445 の乳酸による増殖阻害 [H. Honda *et al.*, *J. Ferment. Bioeng.*, **79**, 589 (1995)]

ことになる．これを表す簡単な式としてモノーの式をベースとした，**基質阻害定数**とよばれる定数 K_i を含む，(5・10)式が提案されている（表4・2参照）．

$$\mu = \mu_{max} \frac{S}{K_s + S + S^2/K_i} \quad (5 \cdot 10)$$

5・3 基質の消費速度および生産物生成速度

微生物が増殖する，あるいは生産物が生成するとき，マクロにみると基質 S が消費され，ある割合で細胞あるいは生産物が生産される．この割合を収率因子として取扱う．

ある限られた時間 Δt で，基質濃度が S_1 から S_2 に減少し，微生物細胞濃度が X_1 から X_2 に増加したとすると，**増殖収率** $Y_{X/S}$ は次式で定義される．

$$Y_{X/S} = -\frac{X_1 - X_2}{S_1 - S_2} \quad (5 \cdot 11)$$

増殖収率の実測値の例を表5・4に示す．グルコースを好気的環境で利用する場合など，おおむね0.5（g 乾燥細胞/g 消費炭素源）を中心とした値であるが，同じ微生物を同じ基質で培養しても，嫌気的な条件で培養した場合と好気的な条件で培養した場合とで得られる増殖収率は異なる．これは第3章で説明したように，嫌気的な条件では主として解糖系における ATP

表 5・4 増殖収率の実測値[a]

微 生 物	基 質	$Y_{X/S}$[†]
Saccharomyces cerevisiae	グルコース（好気）	0.53
	グルコース（嫌気，最少培地）	0.14
Aerobacter aerogenes	グルコース（好気，最少培地）	0.40
	リボース	0.35
	グリセロール	0.45
	乳 酸	0.18
	ピルビン酸	0.20
Candida utilis	グルコース	0.51
	酢 酸	0.36
	エタノール	0.68
Candida lipolytica	n-アルカン	0.90
Methylomonas methanolica	メタノール	0.48
Pseudomonas methanica	メタン	0.56

[†] $Y_{X/S}$ の単位は〔g 乾燥細胞/g 消費炭素源〕
[a] 山根恒夫，"生物反応工学（第3版）"，p.174，産業図書（2002）．

生成によるエネルギー獲得のみが起こり，好気的な条件では効率の高い酸化的リン酸化によってエネルギーが獲得されるためである．

前出の (5・1) 式と同様にして，基質の**比消費速度** ν を次のように定義することができる．

$$\frac{dS}{dt} = -\nu X \tag{5・12}$$

第3章で説明したように，微生物によって取込まれた基質は，種々の生体反応を経た後，ある部分は生命活動維持のためのエネルギー獲得に向け完全酸化され，ある部分は生体内構成成分に生合成される．この両者を区別して，生体内での基質の流れをある程度推定するために，基質消費速度を次のように2項に分けて記述することができる．

$$\begin{aligned}
-\frac{dS}{dt} &= \left(-\frac{dS_G}{dt}\right) + \left(-\frac{dS_m}{dt}\right) \\
&= \frac{dX}{dt}\left(-\frac{dS_G}{dX}\right) + \frac{(-dS_m/dt)}{X}X \\
&= \frac{dX}{dt}\left(\frac{1}{Y_G}\right) + mX
\end{aligned} \tag{5・13}$$

あるいは，さらに変形して次式となる．

$$\nu = \left(\frac{1}{Y_G}\right)\mu + m \tag{5・14}$$

ここで S_G は増殖に利用された基質，S_m は生命活動維持のために消費された基質を示す．したがって，第1項は細胞内構成成分に変換された量に対応し，Y_G は**真の増殖収率**と定義される．増殖収率 $Y_{X/S}$ との違いに注意されたい．また，第2項はエネルギー獲得のために利用された基質消費に対応し，m は**維持定数**とよばれる．

図5・5に遺伝子組換え大腸菌のトリプトファンの比消費速度 ν と比増殖速度 μ の関係を示す．この直線関係の切片と傾きから，維持定数 m と増殖収率 Y_G を求めることができる．この場合，グルコース濃度が比較的高いと Y_G が大きく（傾きが小さい）なるが，維持定数 m はグルコース濃度によって変わらないことが読みとれる．維持定数 m の実測値を表5・5に示す．微生物の種類によっても，培養条件によっても変化することがわかる．

生産物の生成速度に関しては，(5・1) 式および (5・12) 式と同様に，**比生成速度** π として次式で定義できる．

$$\frac{dP}{dt} = \pi X \tag{5・15}$$

生産物の生成も (5・13) 式と同様に，細胞濃度 X に比例した項と増殖速度 dX/dt に比例した項に分けて (5・16) 式で説明される．

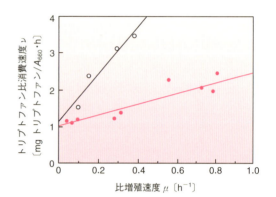

● : 高グルコース濃度（2 g/L 以上）の場合
$m = 1$ mg トリプトファン/$A_{660} \cdot$h，
$Y_G = 0.7\ A_{660}$/mg トリプトファン
○ : 低グルコース濃度（2 g/L 以下）の場合
$m = 1$ mg トリプトファン/$A_{660} \cdot$h，
$Y_G = 0.16\ A_{660}$/mg トリプトファン

図 5・5 数回の流加培養から算出されたトリプトファン比消費速度．直線の傾き，切片よりそれぞれ Y_G, m が求められる．A_{660} とは波長 660 nm で測定した培養液の濁度を表し，細胞濃度に比例する．[H. Honda et al., *J. Chem. Eng. Jpn.*, **27**, 627 (1994)]

表 5・5 グルコースをエネルギー源とした場合の微生物の維持定数[a]

微生物	培養条件	維持定数[†] m
Aerobacter cloacae	好気，グルコース制限	0.094
Klebsiella aerogenes	嫌気，トリプトファン制限，NH_4Cl 2 g/L	2.88
Klebsiella aerogenes	嫌気，トリプトファン制限，NH_4Cl 4 g/L	3.69
Saccharomyces cerevisiae	嫌気	0.036
Saccharomyces cerevisiae	嫌気，NaCl 1.0 M	0.360
Penicillium chrysogenum	好気	0.022
Azotobacter vinelandii	窒素固定，溶存酸素濃度 6 mg/L	1.5
Azotobacter vinelandii	窒素固定，溶存酸素濃度 0.6 mg/L	0.15

† 維持定数の単位は [(g エネルギー源)・(g 乾燥細胞)$^{-1}$・h^{-1}]
a) S. J. Pirt, "Principles of Microbe and Cell Cultivation", p.69, Blackwell Scientific Publications (1975).

$$\frac{dP}{dt} = \alpha \frac{dX}{dt} + \beta X \tag{5・16}$$

あるいは

$$\pi = \alpha\mu + \beta \tag{5・17}$$

これは，**ルーデキング・ピレー（Leudeking–Piret）の式**とよばれ，生産様式を理解するモデルとしてよく利用される．生産が完全に増殖に連動する場合には β は 0 となり，増殖とまったく関連ない場合は α が 0 となる．多くの発酵生産に対して (5・17) 式が成り立つといわれている．エタノール発酵などのように生産物阻害が認められる場合には，阻害物質の増殖速度に与える影響を考え，(5・6) 式から (5・8) 式までのような生産物の生成速度の低下を考慮した式を組合わせる必要があり，さらには阻害物質にさらされていた時間の積分値も考慮した (5・9) 式の取扱いが必要なこともある．

大変複雑な生合成過程を経て生産される生成物の場合にも，実験的に (5・17) 式がよく合う場合がある．グルタミン酸発酵では比増殖速度の低下に応じて生産性が高くなるが，このような場合は α を負とおく．すなわち (5・17) 式は生産物の生成速度は増殖活性に依存する部分と一定の部分に分けられるということを示して，現象を数式で表現するには使いやすい．

また，複雑な式ではあるが (5・18) 式も知られており，酵素生産やアミノ酸生産で適用されている．

$$\pi = k_1 + k_2\mu + k_3\mu^2 \tag{5・18}$$

右辺第 3 項に関して生物的な意味は特にない．各係数も実験的にのみ決定できる．しかし，実験的によく一致する式が見つかれば，培養の最適制御方策を決定する道具として役に立つ．前出のモノーの式は非線形な関数であるため，培養プロセスの制御を目的とする場合には微分可能で線形な式が使いやすい．(5・19) 式，(5・20) 式も同様に線形な関係式ではないが，実際に代表的な二次代謝産物であるペニシリンの最適生産方策の決定に用いられた式である．

$$\frac{dX}{dt} = k_1 X\left(1 - \frac{X}{k_2}\right) \tag{5・19}$$

$$\frac{dP}{dt} = k_3 X - k_4 P \tag{5・20}$$

(5・20) 式の右辺は生産速度が細胞の増殖速度ではなく細胞濃度に比例し（二次代謝産物生産の特徴），かつ生産速度に対して生産物阻害が直線的に作用することを示している．各係数は培養温度の関数として詳しく調べられ，これらの式を用いて培養温度の最適制御方策が決定された．

5・4 酸素の消費速度

工業的に有用な微生物は遺伝子組換え菌も含めて好気的環境で培養されることが多い．このような微生物では酸素も重要な基質である．このため微生物の工業的利用に際して，酸素と微生物の関わり合いについて十分に理解しておくことが重要である．特に，第 9 章で詳しく説明するが，培養槽への酸素供給の問題は微生物のタンク培養が実現され，いわゆる微生物利用工業が開花した 1950 年代当初から今日に至るまで変わらず重要視されている．培養槽内への酸素移動速度に関しては第 9 章で詳しく説明する．本節では，第 9 章の序章として，微生物培養における酸素の取扱いの基本について触れておく．

微生物は酸素を気相から直接利用するのではなく，培養液中に溶解している酸素を細胞内に取込んで利用する．このため，酸素の利用は**溶存酸素（Dissolved Oxygen：DO）濃度**で評価する．空気と平衡状態にある水中の飽和 DO 濃度は 37℃ で 6.8 mg/L しかないので，他の基質はその濃度が比較的高いことを考えると，DO 濃度が増殖を制限することがある．特に高い細胞濃度まで培養をめざす場合には，培養槽への酸素供給速度が律速となり，DO 濃度低下により培養が終了することが多い．

微生物による**酸素比消費速度** Q_{O_2} は，モノーの式の形で次のように表される．

$$Q_{O_2} = \frac{(Q_{O_2})_{max}[DO]}{K_s + [DO]} \tag{5・21}$$

ここで，$(Q_{O_2})_{max}$ は最大酸素比消費速度，K_s は酸素に対する飽和定数，[DO] は DO 濃度である．

好気性微生物によって酸素が消費される場合，酸素は最終の電子受容体として炭素源の完全酸化に利用され，二酸化炭素が生成する．酸素の消費量 ΔO_2 と二酸化炭素の生成量 ΔCO_2 の比を**呼吸商 RQ（respiratory quotient）**といい，(5・22) 式で定義する．

$$RQ = \frac{\Delta \mathrm{CO_2}}{\Delta \mathrm{O_2}} = \frac{Q_{\mathrm{CO_2}}}{Q_{\mathrm{O_2}}} \qquad (5\cdot 22)$$

ここで $Q_{\mathrm{CO_2}}$ は二酸化炭素の比生成速度を示す．グルコースの完全酸化では RQ は1となる．したがって，この RQ をモニターすることで培養を通して代謝反応を推定することも可能である．たとえば，パン酵母の培養では酵母自体が生産物であり，エタノールは生成されない方がよいが，グルコース濃度が高い場合や嫌気的条件下ではエタノールが生成する．この場合，RQ は1.0より大きくなる．RQ を培養の指標として利用することについては §7・2・2 で記述する．

演習問題

5・1 フラスコ中で液体培養を行った場合に，多くの細胞に関して観測される細胞濃度の対数と培養時間の関係を表す増殖曲線の概略図を示せ．また，増殖曲線の，誘導期，対数増殖期，停止期，死滅期が生じる理由を述べよ．

5・2 世代時間が2時間のある微生物を，細胞数 1.0×10^4 個にて培養を開始した．2, 12, 24 時間後の細胞数を求めよ．なお，この培養期間中に世代時間は変化しないものとする．

5・3 エタノールを炭素源として含む最少培地を用いてある微生物の培養を行ったところ，表に示すデータを得た．対数増殖期における比増殖速度と世代時間を求めよ．

培養時間〔h〕	細胞濃度〔個/mL〕
0	1.0×10^4
4	1.3×10^4
6	1.0×10^5
8	6.4×10^6
10	9.0×10^8
12	4.0×10^9
14	4.2×10^9

5・4 グルコースを炭素源としたある微生物の培養において，その増殖過程は次式で表された．

$$1.11\,\mathrm{C_6H_{12}O_6} + 2.1\,\mathrm{O_2} \longrightarrow \mathrm{C_{3.92}H_{6.5}O_{1.94}} + 2.75\,\mathrm{CO_2} + 3.42\,\mathrm{H_2O}$$

(a) 重量基準の増殖収率 $Y_{\mathrm{X/S}}$ を求めよ．
(b) 呼吸商 RQ を求めよ．

5・5 (5・1)式で定義される μ は比増殖速度とよばれる．なぜ増殖速度とよばないのか，その理由を示せ．

5・6 パン酵母の培養で，グルコース濃度が高いとエタノールが生成する．その場合，なぜ RQ は1より大きくなるのか，その理由を示せ．

6 培養の準備過程

微生物を顕微鏡で認識できるようになるよりはるか以前から，知らず知らずのうちに微生物を培養し，アルコールあるいは乳酸などの代謝産物を利用して，食品や飲料を生産してきた．当時はもちろん微生物という小さな生き物についての知識があるわけもなく，"培養"は微生物自体によりつくり出される環境により，他の微生物の増殖を抑えつつほぼ純粋培養として行われていたものと思われる．しかし，近代微生物学の発展により，多くの病原性微生物が発見されるとともに，ペニシリン発酵に代表される微生物利用工業の発展により，多くの有用微生物が単離，育種されてきた．このため，現在実施されている工業的な微生物の培養では，目的生産物を効率的に取出すために他の微生物の混入を抑えることにより**純粋培養**が行われている．

純粋培養のためには，培養する前に，使用する培地中に含まれる雑菌を死滅させる必要がある．また培養中は培地に送入される空気を除菌し，空気中からの雑菌汚染を防ぐ必要がある．この章ではこれらの雑菌の除去方法を説明するために，主として微生物の無菌操作方法について述べると同時に，汎用される蒸気滅菌による微生物の死滅について取扱う．

6・1 無菌操作

微生物の入っている試料溶液を，栄養源の入った寒天培地上に塗布し培養する（**平板培養法**）と，一晩で$10^5 \sim 10^6$個程度の微生物から成る集落（**コロニー**）が観察できる．コロニーの一つ一つはもとは1個の微生物からスタートしており，同じ遺伝的バックグラウンドをもつ同じ微生物であるが，コロニー同士はそれぞれ異なる微生物である．特定のコロニーをつり上げることにより微生物を単離できる．以降は，この特定微生物を純粋に培養することが重要となる．このため，使用する培養器や使用する培地，および微生物を取扱う環境中の雑菌を除く必要がある．これは微生物培養のみならず動物細胞や植物細胞の培養にも共通する．

雑菌の侵入を防ぐ方法を表6・1に示す．殺菌法に

表 6・1 殺菌あるいは雑菌の侵入を防ぐ方法

1. 殺　菌
    a) 熱殺菌：高温殺菌，低温殺菌，乾熱殺菌，湿熱殺菌，高周波加熱，赤外線加熱
    b) 冷殺菌
        ・薬剤殺菌：液体殺菌剤，ガス殺菌剤
        ・放射線殺菌：β線，γ線，X線，紫外線
        ・その他：超音波，超高圧，電気的衝撃
2. 除　菌
    濾過（フィルター），沈降（遠心分離），洗浄，電気的除菌
3. 静　菌
    a) 低温保持：冷蔵，冷凍
    b) 水分低下：乾燥，濃縮
    c) 酸素除去：真空，脱酸素剤，ガス置換
    d) 化学物質添加：食塩，糖，有機酸，防腐剤
4. 遮　断
    包装，コーティング，クリーンベンチ

は殺菌対象によって種々な方法があるが，一般的な培養器や，微生物用培地など液体の殺菌には大量かつ迅速に処理できるため，**熱殺菌法**がとられる．特に培地の熱殺菌に関しては，回分操作または連続操作（後述）を行う．動物細胞用の培地は熱に不安定な血清などを含むことが多いため，フィルターなどを用いた**濾過除菌**が汎用される．環境中，特に空気中の殺菌には濾過除菌の後で熱殺菌または紫外線殺菌が，また食品分野での殺菌にはγ線が用いられる．おもに動物細胞の培養に使われるシングルユース（単回使用，詳細は§8・2・1を参照）の培養器の殺菌には，**ガス殺菌**や**γ線殺菌**が用いられる．ガス殺菌では，酸化エチレン

（エチレンオキシド）ガス，ホルムアルデヒドガス，過酸化水素ガスなどが使われる．酸化エチレンやホルムアルデヒドはアルキル化剤であり，雑菌を構成する生体高分子の$-NH_2$, $-NH-$, $-COOH$, $-SH$, $-OH$などと不可逆的に反応して雑菌を死滅させると考えられている．γ線殺菌では，コバルト60などの放射性同位元素を含む線源からのγ線を照射する．γ線によりDNAに損傷を加えることで雑菌を死滅させる．

6・2 熱死滅速度

盛んに増殖している微生物は通常60℃程度の温度条件下で速やかに死滅する．これは常温で生育する微生物の場合，細胞を構成しているタンパク質や核酸が熱によって変性するためと考えられている．しかし，温泉土壌中には80℃程度でも生育できる好熱性の微生物が存在していることも知られている．これらの好熱性微生物では生産される酵素も耐熱性が高い．またDNAもGC含量[*]が高く，二重らせん構造の安定性が増していることが原因と考えられる．

しかし，同じ微生物でも胞子の形態をとると，一般に熱処理に対して高い抵抗性を示すようになり，120℃で10分程度の熱処理をしないと死滅しにくくなる（図6・2bを参照）．胞子は生育環境の変化に対して抵抗性を示し，種を保存するために編み出された分化形態である．胞子の耐熱性の機構は生化学的にも注目されており，水分含量が低いこと，および胞子に多量存在するジピコリン酸の作用によるものと推察されている．

微生物の熱死滅率測定装置を図6・1に示す．試験

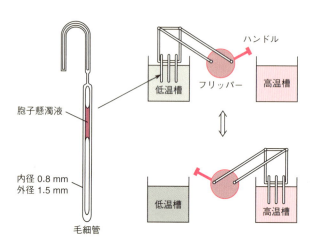

図6・1 熱死滅率測定装置（手動式）．比較的低温処理の場合に用いられる．

微生物の入った毛細管はフリッパーで瞬時に低温側（死滅は起こらない）から高温側へ移行できる．試験温度（高温側）に所定時間さらした後，フリッパーで低温側に戻し，速やかに除熱して残存している生細胞個数を平板培養法などによって計測する．

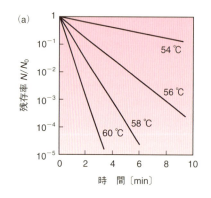
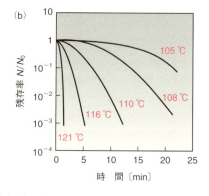

図6・2 微生物の熱死滅過程（片対数グラフ）．(a) 緩衝液に懸濁したE. coliの死滅曲線．(b) *Geobacillus stearothermophilus* Fs 7954の胞子を蒸留水に懸濁した試料についての胞子の死滅曲線．胞子の耐熱性は大きく，対数死滅法則にあてはまらない場合もある．特に，熱処理の初期にはそれが著しい．[S. Aiba *et al.*, "Biochemical Engineering", p. 241, Univ. of Tokyo Press (1965)]

---

[*] DNA中の塩基グアニン（G）とシトシン（C）の含量のこと．DNAが相補鎖を形成する際，GC間は3本，AT（アデニンとチミン）間は2本の水素結合が形成されるため，GC含量の高い生物のDNAは比較的高い温度まで安定といわれている．

このような装置で測定した残存率 $n\,(=N/N_0)$ の処理時間 θ に対する変化を，処理温度をパラメーターとして図 6・2 に示す．ただし，N は残存生細胞個数，N_0 は熱処理前の初期生細胞個数の値を示している．図 6・2 (a) では，残存率の対数に対しておおむね直線関係が得られる．これは微生物の熱による死滅が，残存生細胞個数の一次式として次式のように表現できることを示している．

$$\frac{dN}{d\theta} = -k_d N \tag{6・1}$$

$$N = N_0 \exp(-k_d \theta) \tag{6・2}$$

$$k_d = \frac{1}{\theta}\ln\left(\frac{N_0}{N}\right) \tag{6・3}$$

ただし，k_d は**熱死滅速度定数**である．N が $1/10$ に減少する時間を特に **D 値**という．

$$\frac{1}{10} = \exp(-k_d D) \tag{6・4}$$

$$D = \frac{2.303}{k_d} \tag{6・5}$$

熱殺菌反応が真の対数死滅法則にあてはまるとすれば，N を 0 とするためには無限大の時間となるので，理論的には完全な殺菌はできないことになる．しかし，残存生細胞個数が 1 以下になれば実際には生きた菌は生存しないことになる．この時間を**死滅時間** θ_d とおくと，k_d は次のようになる．

$$k_d = \left(\frac{1}{\theta_d}\right)\ln N_0 \tag{6・6}$$

熱死滅速度定数 k_d は，図 6・2 から処理温度に依存することがわかる．この温度依存性はアレニウス（Arrhenius）の式，$k_d = A\exp(-E/RT)$ で整理できる．熱死滅速度定数のアレニウスプロットを図 6・3 に示す．アレニウスの式の常用対数をとると (6・7) 式が得られる．

$$\log k_d = -\frac{E}{2.303 RT} + C \tag{6・7}$$

ここで，E は活性化エネルギー，$R = 8.314\,\mathrm{J/(K\cdot mol)}$，$C$ は定数である．

ヒトに対して極微量でも致死性の毒を生産する嫌気性微生物のボツリヌス菌 *Clostridium botulinum* の胞子は熱殺菌の実験で重要である．この胞子の中性液中での熱死滅試験では，活性化エネルギー E は $2.72\times10^5\,\mathrm{J/mol}$ であり，定数 C は 35.5 が得られている．一般に熱死滅過程の活性化エネルギーは $(2.0\sim5.0)\times10^5\,\mathrm{J/mol}$ 程度である．これは通常の酵素反応の活性化エネルギーよりもはるかに大きく，タンパク質や酵素の失活に対する値に匹敵する．

培地中の栄養源などの成分の熱変性過程に関してもおおむね (6・2) 式と類似の関係が成り立つ．図 6・4

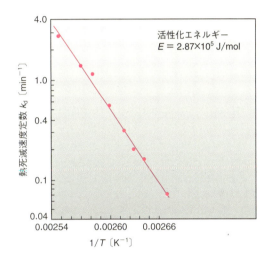

図 6・3　*Geobacillus stearothermophilus* **Fs 7954** の**熱死滅速度定数 k_d と温度 T との関係**（片対数グラフ）[S. Aiba *et al.*, "Biochemical Engineering", p. 241, Univ. of Tokyo Press (1965)]

はグリーンピースの加熱処理におけるクロロフィルの損失を示したものである．熱処理時間に対して残存クロロフィル量の対数値は直線的に低下しており，(6・2) 式と類似の関係式が成り立つことがわかる．

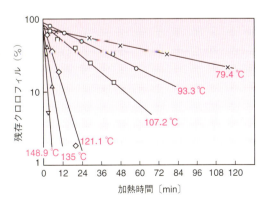

図 6・4　**グリーンピースの加熱処理によるクロロフィルの損失**（片対数グラフ）[D. B. Lund, "Nutritional Evaluation of Food Processing", p.75, AIV (1975)]

ビタミンCの熱処理実験によれば，ビタミンCは115℃，15分の熱処理で50%が破壊され，その活性化エネルギーは1.09×10^5 J/mol，(6・7)式の定数Cは13.36である．(6・3)式を使って熱変性速度定数k_{115}は次のように求められる．

$$k_{115} = \frac{1}{15}\ln\left(\frac{1.0}{0.5}\right) = 0.046 \text{ min}^{-1} \quad (6・8)$$

これらの結果は，過度に加熱しすぎると培地成分も熱変性することを示している．培地成分が熱変性してしまっては良好な培養結果が得られなくなることを意味している．実際のバイオプロセスでは必要にして十分な熱殺菌時間を決定することが重要である．

【計算例】 果実搾汁液を加熱殺菌する．*C. botulinum*の胞子が10^5個/L含まれると仮定し，胞子濃度を$1/10^5$倍まで減少させる時間として殺菌時間を決定することとする．ビタミンCを50%残存させるためには何℃で殺菌すべきか．

〚解〛 胞子の熱死滅速度定数k_spore [min^{-1}] は次の式で表され，

$$\log k_\text{spore} = -\frac{14200}{T} + 35.5$$

ビタミンCの熱破壊速度定数k_C [min^{-1}] は次の式で表される．

$$\log k_\text{C} = -\frac{5690}{T} + 13.36$$

それぞれの温度での速度定数を求めたのち，胞子に関しては(6・3)式より必要な殺菌時間を決定する．たとえば120℃では$k_\text{spore} = 0.233$ min^{-1}，$k_\text{C} = 0.0761$ min^{-1}であるから

$$\theta = \left(\frac{1}{0.233}\right)\ln 10^5 = 49.4 \text{ [min]}$$

この時間で殺菌したときの残存するビタミンCの割合pは(6・3)式から次のように求められる．

$$\ln\left(\frac{1}{p}\right) = 0.0761 \times 49.4$$

$$p = 0.0233 (= 2.33\%)$$

この計算を各温度ごとに行い，pが50%になる温度を求める．表6・2に計算結果をまとめて示す．この結果，134℃が求める温度であることがわかる．なお，この計算から，胞子の熱死滅速度定数は熱処理温度に依存しやすく，高温で急速に大きな値になるが，ビタミンCはそれほど依存しないことがわかる．その結果，ビタミンCの加熱分解を防ぎながら殺菌するためには，高温で短時間殺菌すればよいことがわかる．

実際の培養槽での回分式の加熱殺菌（**回分殺菌**）では加熱および冷却に要する時間も考慮して次の式で評価される．

$$\nabla_\text{total} = \ln\left(\frac{N_0}{N}\right) = \nabla_\text{heating} + \nabla_\text{holding} + \nabla_\text{cooling}$$
$$(6・9)$$

ただし

$$\nabla_\text{heating} = \ln\left(\frac{N_0}{N_1}\right) = \int k\,d\theta$$

$$\nabla_\text{holding} = \ln\left(\frac{N_1}{N_2}\right) = \int k\,d\theta = A\theta_2 \exp\left(-\frac{E}{RT_2}\right)$$

$$\nabla_\text{cooling} = \ln\left(\frac{N_2}{N}\right) = \int k\,d\theta$$

ここで，∇_heating，∇_holding，∇_coolingはそれぞれ加熱，定温保持，冷却のそれぞれの期間での$k_\text{d}\theta$に対応しており，N_1は加熱期間後の残存生細胞個数，N_2は定温保持期間後の残存生細胞個数である．加熱および冷却をどのような方法で行うかによって，図6・5に示す

表6・2 必要な胞子殺菌時間とビタミンC残存割合の各温度での計算結果

温度		胞子のk_spore [min^{-1}]	必要な殺菌時間 [min]	ビタミンCのk_C [min^{-1}]	残存ビタミンCの割合 (%)
[K]	[℃]				
383	110	0.0266	433	0.0319	1.00×10^{-4}
393	120	0.233	49.4	0.0761	2.33
403	130	1.84	6.26	0.174	33.6
406	133	3.35	3.44	0.221	46.8
407	134	4.08	2.82	0.240	50.8
413	140	13.1	0.879	0.383	71.4

ように温度と時間の関係が変わる．このように加熱方法によって温度上昇パターンが異なり，そのことを考慮して必要で，かつ十分な殺菌時間を決定することが重要である．

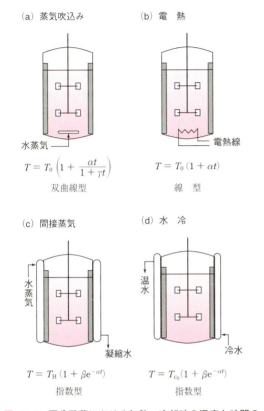

図 6・5　回分殺菌における加熱・冷却時の温度と時間の関係．T_0 は培地初期温度，T_H は恒温熱源温度，T_{c_0} は冷却水初期温度．α, β, γ はパラメーターであり，加熱方式ごとに異なる．加熱は (a), (b) または (c) の方式で実施し，冷却は (d) の方式で実施する．[F. H. Deindoerfer, A. E. Humphrey, *Appl. Microbiol.*, **7**, 256 (1959)]

培養槽が大型になっても，培養槽そのものの殺菌は回分式で行われる．しかし，培地などの大量の溶液を殺菌する場合は，液混合が十分に行われないと局所的に過度の殺菌条件にさらされることになり，上述のように培地成分の熱分解が起こることになる．また，局所的に温度上昇が十分でない部分もできるので，このようなところでは胞子が生き残ってしまうこともありうる．したがって，培養槽中の培地を撹拌しながら殺菌処理を行うことが必要である．これは培地の粘度が高い場合に特に必要なこととなる．また，ここでは培養液の殺菌を議論しているが，医療機関での殺菌を考えると，注射器などの各種の固体や粘度が高い物質が

混入した状況での病原菌などの殺菌を考慮することが必要となって，この場合には不完全な殺菌部分が残ることは絶対に避けなければならないこととなる．

もし，撹拌しなかった場合にどのようになるのかを図 6・6 に示す．8 L の培地をガラス容器に加え，水

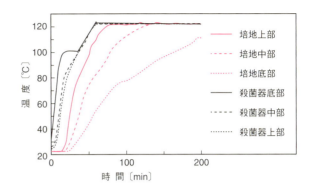

図 6・6　小型蒸気殺菌器での容器内の温度上昇．直径 195 mm×350 mm のガラス容器に 8 L の液体を入れて蒸気殺菌した．[H. Honda et. al., *J. Ferment. Bioeng.*, **81**, 570 (1996)]

酸化アルミニウムが浮遊したアルミニウムゲル溶液（ワクチン製造でよく用いられ，粘度が高い）を対象にして小型蒸気殺菌器（**オートクレーブ**）で蒸気殺菌したときの，培地上部，中部，底部の温度上昇を示す．オートクレーブは，実験室で頻繁に用いられており，蒸気殺菌器底部のヒーターで水を加熱し，水蒸気殺菌する．ガラス容器上部の培地は，水蒸気に直接ふれるため，昇温しやすいが，中部，底部は伝導伝熱で徐々に温度が上がるので，昇温しにくい．殺菌操作は蒸気殺菌器内の温度（培地中ではない）が，加圧して 121 ℃ に達した後，定温に保持した．この図から，蒸気殺菌器内の温度が殺菌温度である 121 ℃ に 60 分で達しているが，ガラス容器中部の培地は 130 分になってようやく 121 ℃ に達し，ガラス容器低部の培地は 200 分経過しても 110 ℃ になっただけであり，まだ十分な殺菌温度に達していないことがわかる．逆にガラス容器上部は十分に昇温しているのでこれ以上の殺菌時間は培地成分の変性をもたらす．この実験は小型オートクレーブに 8 L もの大量の培地を使用しているために，通常より殺菌経過時間はゆっくりであるが，回分殺菌でこのような温度の不均一を防ぎ，溶液すべてを均質に加熱殺菌するためには，機械的に撹拌することの重要性がよくわかる．

大量の培地を均質に加熱殺菌するために，図6・7に示すような**連続殺菌**が利用される．連続殺菌では培地を短時間に高温で加熱処理できるため，栄養源の失活を抑え，かつ培地成分のいずれも同じ殺菌効果を得ることができる．また連続操作は回分操作に比べて運転，制御が比較的簡単である．実際の連続殺菌での処理液の温度履歴を図6・8に示す．回分殺菌でよく用いられる121℃よりも高い140℃から150℃での熱処理時間が短くて済み，その前後の予備加熱および冷却期間も非常に短くなる．

連続殺菌操作では，管内の軸方向で残存生細胞個数が変化する．管出口での生細胞個数は（6・2）式から次のように求められる．

$$\frac{N}{N_0} = \exp(-k_d \tau) \quad (6 \cdot 10)$$

ここで，τは平均の加熱処理時間を示す．プロセス工学的には平均滞留時間とよばれ，管長L，液の平均の線流速をUとすると，$\tau = L/U$で与えられる．

管出口での生細胞個数は，（6・10）式で決定することもできるが，厳密には管内での液の混合（特に軸方向での逆混合）が起こるため，個々の細胞ごとに管内での滞留時間が異なる．このため連続殺菌での残存率n（$= N/N_0$）を推定するためには，厳密には粒子（微生物）の滞留時間を考慮して次の式を解く必要がある．

$$E_z \frac{\partial^2 N}{\partial X^2} - U \frac{\partial N}{\partial X} = \frac{\partial N}{\partial \theta} (= k_d N) \quad (6 \cdot 11)$$

ここで，E_zは粒子の軸方向の拡散係数，Xは管入口からの距離を示している．第2項は液流れによる出口方向への流れを，第1項は逆混合により管入口方向への逆の流れの程度を示す．この式から次の無次元式が得られる．

$$\frac{d^2 n}{dx^2} - Pe_B \frac{dn}{dx} - Pe_B N_r n = 0 \quad (6 \cdot 12)$$

ただし，

$x=0$のとき　　$\frac{dn}{dx} + Pe_B(1-n) = 0$

$x=1$のとき　　$\frac{dn}{dx} = 0$

ここで，$n = N/N_0$，$x = X/L$，$Pe_B = UL/E_z$（ペクレ数），$N_r = k_d L/U$（ヌードル数）であり，Lは加熱処理される管の長さである．この式の解は次のようになる．

$$n_{x=1} = \left(\frac{N}{N_0}\right)_{X=L}$$

$$= \frac{4\zeta \exp\left(\frac{Pe_B}{2}\right)}{(1+\zeta)^2 \exp\left(\zeta \frac{Pe_B}{2}\right) - (1-\zeta)^2 \exp\left(-\zeta \frac{Pe_B}{2}\right)}$$
$$(6 \cdot 13)$$

ただし，　　$\zeta = \left(1 + \frac{4 N_r}{Pe_B}\right)^{1/2}$

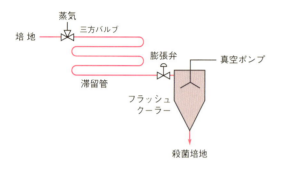

図6・7　連続殺菌装置

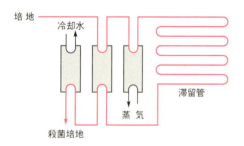

図6・8　連続殺菌装置における温度経過曲線

残存率 n ($= N/N_0$) を N_r ($= k_d L/U$) に対してプロットすると，図 6・9 が得られる．この図から $Pe_B = \infty$，すなわち逆混合がまったくない理想状態の**栓流**（plug flow）では，同じ残存率を達成するのに必要な管長は最短になることがわかる．

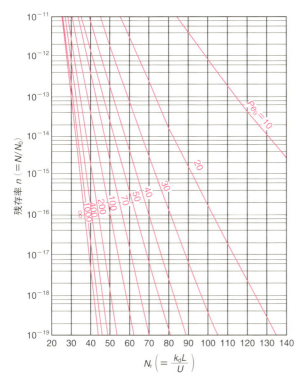

図 6・9 流れの状態（Pe_B）による管出口での残存率の変化（片対数グラフ）

6・3 空気の除菌

空気中には 10^4 個/m^3 程度の微生物が浮遊している．溶液中の汚染微生物濃度に比べればはるかに小さいが，工業的によく用いられる好気性微生物の培養では，連続的に通気撹拌するため，空気の除菌も重要である．

空気を圧縮機で加圧し，培養槽に吹込む場合，この圧縮過程は断熱圧縮と考えてよく，加圧空気は温度が上がる．この温度上昇による殺菌効果も考慮されてよいが，一般的には図 6・10 に示されるような工業用フィルターが用いられ，空気中の微粒子が捕集される形として除菌する．**除菌フィルター**としては，初期はガラスウールやポリビニルアルコール（PVA）製のものが用いられた．その後，ポリエーテルスルホン酸やポリテトラフルオロエチレン製のフィルターが開発され，耐熱性が高く，繰返し蒸気殺菌が可能になっている．

微生物の捕集の機構はブラウン運動や慣性力によると考えられる．このため，除菌の速度論は粒子の捕捉に関する式で評価される．

A. G. Blasewitz らはガラスフィルターによる粒子捕集に関して，次の実験式を提案している．

$$\log(1-\eta) = -\alpha L_F^\beta \rho_b^\gamma V_s^\delta \qquad (6\cdot14)$$

ただし，η は**捕集効率**であり，L_F はフィルターの厚さ，ρ_b はガラス繊維の充填密度，V_s は空気の見掛けの線速度，α，β，γ および δ は実験的に決まる係数である．したがって（6・14）式はフィルター層での捕集粒子の軸方向の分布を示している．

捕集分布にこの対数法則が適用できるとして，繊維層フィルターの効率も次の式で評価できる．

$$\eta = 1 - \exp(-S) = 1 - \exp(-K L_F) \qquad (6\cdot15)$$

ここで，S は粒子捕捉の際の**停止の目安**（stopping criterion），K は**停止の因子**（stopping factor）である．

除菌フィルターの性能は，η の実測値を使って（6・15）式の K 値を求めて評価する．K 値は V_s に依存するため，実際には詳しく調べる必要がある．捕集効率 η と空気の見掛け線速度 V_s の関係を，図 6・11 に示す．

実際の発酵工業で要求される K 値は $10^3 \sim 10^4$ m^{-1}

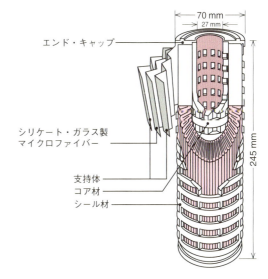

図 6・10 工業用フィルター［アドバンテック東洋(株)カタログより］

であることを考えると，PVAフィルターは孔径20～30 μmの場合，厚さ0.2～0.3 cmで十分である．

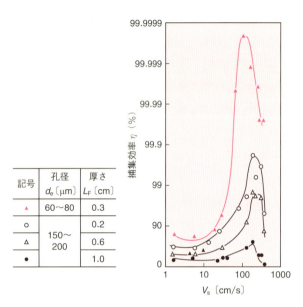

図6・11　捕集効率 η と空気の見掛けの線速度 V_s との関係（対数正規確率グラフ）[S. Esumi, K. Ashida, *J. Ferment. Technol.*, **44**, 529 (1966)]

6・4　遺伝子組換え菌の取扱い

遺伝子組換え技術が発展し，組換え菌の培養が頻繁に行われるようになってきた．このような現状のなかで雑菌汚染対策とともに培養槽からの組換え菌の漏出防止対策がきわめて重要となる．組換え菌を環境中にまき散らすことは法律で禁じられているからである．

一般的な通気撹拌培養槽から培養した微生物が漏出する危険性のあるおもな部分は，排ガス，メカニカルシール，サンプリング，種菌を接種する植菌操作である．

a. 排ガス　排ガスには大量の**エーロゾル**が含まれており，また激しく通気した場合は泡とともに組換え菌が排ガスラインに流出することもある．一般に培養が進むにつれて漏出量は増加する．大腸菌の場合は培養液中の細胞濃度が高いため，酵母に比べて約10倍漏出するといわれている．

発泡が激しいときなどは泡とともに微生物が系外に漏出するのを防ぐため，また外部からの雑菌の侵入を防ぐため，排ガスラインに**排ガストラップ**が取付けられることも多い．トラップの中にはNaOHなどのアルカリ性薬剤が加えられることもある．しかし，トラップだけでは不十分なので，組換え菌の漏出を防ぐためには排ガスをヒーターで200 ℃程度まで加熱する方法が有効である．

b. メカニカルシール　通常の微生物の培養では，外部から培養槽に雑菌が侵入しないように，培養槽を少し加圧し，回転部分と接触している部分で，外部からの微生物の侵入を防ぐためにメカニカルシールがされている．遺伝子組換え菌を培養する場合には，外部からの雑菌の侵入を防止するだけでなく，培養槽の内部から外部への遺伝子組換え菌の漏出も防止するために，メカニカルシールを二重にして，図6・12に示すように用いられる．ダブルメカニカルシールでは無菌水を培養槽内圧よりも高い圧力で加圧してメカニカルシール部に送り，潤滑液として使用している．この場合，上部，下部いずれかのメカニカルシールが漏れたとしても外部に培養液が漏れる危険性はない．

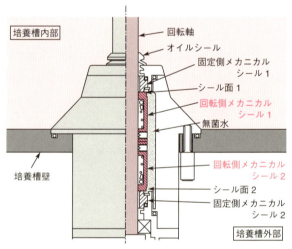

図6・12　ダブルメカニカルシール（**下部撹拌方式***）．図の右半分は装置内部の断面を示している．[日本発酵工学会編，"バイオエンジニアリング"，p.224，日刊工業新聞 (1986)]

c. サンプリング　遺伝子組換え菌の培養液からのサンプリングにはサンプルラインの殺菌，無菌水での洗浄，無菌空気を使った液の排出などを繰返す必要があり，操作が複雑になるため，図6・13に示すよう

---

*　小型の培養槽と100 L以上の大型培養槽では，図8・1に示すように上部撹拌方式が多いが，中型の培養槽（20～100 L）では，培養槽の下部に撹拌モーターが設置されている下部撹拌方式が多い．

な自動サンプリング装置が用いられることが多い．

d．植菌操作　一般の培養槽では植菌口のまわりにアルコールを入れ，火をつけて炎の中を通して培養槽内に種菌を注ぎ込む方法がとられる．しかしこのとき，培養液が突沸したり，炎に触れてエーロゾルを発生したりする可能性がある．簡単な方法としては種菌側と培養槽とをチューブでつないで無菌空気で加圧して圧送する方法がある．また，安全キャビネット内で植菌用ポットに種菌を移して培養槽に接続し，接続部を蒸気殺菌してから槽内に送り込む方法もある．

演習問題

6・1　ある微生物を 120 ℃ において加熱殺菌したところ，その残存細胞濃度が 1/10 となる時間である D 値は 3 min であった．

(a) この微生物を 10^4 個/L 含む果汁が 10 L ある．99.9% の微生物を殺菌するために必要な処理時間を算出せよ．

(b) この微生物を 10 個/L 含む果汁 10^3 L について，残存微生物数が 1 個以下になるためには何分以上処理する必要があるか．

6・2　120 ℃ における熱死減速度定数 k_{d120} が 1.7 $\min^{-1}$ の微生物を 1 L 当たり 1.6×10^5 個含む培地がある．

(a) 同じ培地 1.5 L の培養液に含まれる 99% の微生物を殺菌するには，120 ℃ で何分加熱する必要があるか．有効数字 2 桁で答えよ．

(b) 設問 (a) の条件で殺菌した培養液を用いると微生物 B の培養が成功することが知られている．操作を誤り，100 倍長い時間加熱してしまったところ，その培養液では微生物 B がまったく増殖しなかった．考えられる理由を簡潔に説明せよ．

6・3　ある微生物の胞子が 1.0×10^3 個/L 含まれる果汁溶液 10 L を，連続加熱殺菌する．この胞子の各温度での熱死減速度定数は次のようになった．以下の問いに答えよ．

温度〔℃〕	100	110	120
熱死減速度定数 k_d〔$\min^{-1}$〕	0.0537	0.5300	4.652

(a) この胞子の熱死減速度定数の温度依存性を表すアレニウス式を求めよ．

(b) 加熱殺菌のための平均滞留時間は 99.9% の胞子を殺菌する時間として設定する．5 分以内に殺菌を済ませるためには，少なくとも何 ℃ 以上で加熱処理する必要があるか．昇温のためにかかる時間は無視できるとする．

6・4　ある微生物が含まれる溶液を，長さ 1.0 m のプレート式熱交換型殺菌装置で殺菌処理したところ，残存率 (N/N_0) が 2.0×10^{-14} となった．Pe_B 数 ($=UL/E_z$) は 20 であった．図 6・9 を用いて次の問いに答えよ．

(a) 同じ装置で，平均線流速を 2 倍にしたとき，Pe_B 数および N_r はいくつになるか．

(b) このときの残存率をグラフから読み取って答えよ．

(c) この平均線速度で同じ残存率（2.0×10^{-14}）を得るためには管長はどのくらいにすべきか．有効数字 2 桁で答えよ．

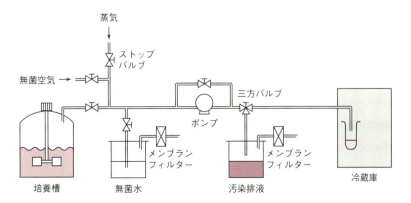

図 6・13　**自動サンプリング装置**〔日本発酵工学会編，"バイオエンジニアリング"，p.227，日刊工業新聞 (1986)〕

7 培養操作

　微生物や動物細胞の代謝反応については第3章で，その速度論については第5章でふれた．さらに第6章では，実際に培養を始める前に必要な殺菌および除菌の過程について概説した．つぎの第8章では，培養装置の特徴を液体培養と固体培養に分けて説明することとし，本章では，実際の培養操作に絞って解説する．

　微生物や動物細胞の培養操作は，工業的には回分操作および半回分操作で行われることが多い．これに対して，化学プロセスでは通常は連続操作が行われる．連続操作の方が運転コストが低くなるが，目的とする微生物のみを純粋に培養することを前提に考えると，連続操作では，培養が長期化すると遺伝的な変異が起こりやすく，目的の生産物をあまり生産しない菌株に置き換わってしまう危険があり，また雑菌やバクテリオファージなどの汚染を受けやすいという欠点がある．活性汚泥法による排水処理プロセスは，活性汚泥という微生物菌叢で集団としての機能を発揮するため，一つの微生物が変異したとしても，その影響を全体として受けにくいという特徴をもつ．このような場合およびある程度の期間だけに限定する場合には，連続培養が可能になる．そこで，本章では，回分培養，半回分培養および連続培養について，典型的な培養例をあげつつ説明する．なお，本章で述べる微生物の培養操作の大半は動物細胞にも適用することができる．

　図7・1にそれぞれの操作における培養中の基質濃度の変化，および細胞濃度変化について示す．**回分培養**とは，培養前に培養槽に仕込まれた培地をそのまま利用する培養操作である．このため，基質濃度は細胞濃度の増加とともに単調に減少する．**連続培養**は培地を連続的に供給・流出させる培養操作である．**半回分培養**は，その中間であり，培養途中にグルコースのような基質を培地中に供給するが，目的生成物は培養終了時まで抜取らない培養操作と定義される．このように培地成分の供給という点を強調するために，**流加培養**ともよぶ．しかし，現在では複雑な操作が可能になり，後述のように，目的生成物を何らかの方法で系外に抜取ることもできるので，これらの操作も半回分培養に加えて説明する．

(a) 回分培養

 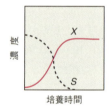

(b) 半回分培養（流加培養）

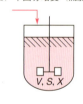 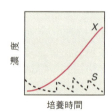

(c) 連続培養

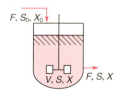 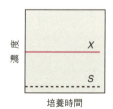

図7・1　培養方法の模式図と制限基質濃度 S（破線），細胞濃度 X（赤い実線）の変化の様子．V は培養液量を，F は培地供給速度を表す．

7・1 回分培養

7・1・1 回分培養とは

第5章で示したように，回分培養では，増殖の誘導期，加速期，対数増殖期，減速期，停止期および死滅期に分けられる（図5・3）．回分培養で対数増殖が続かないのは，培地中の成分が枯渇することによることが多い．もちろん，有機酸の蓄積によるpHの極端な低下が起これば，それが原因になることもある．しかし，回分培養といっても培地中のpHはモニターし，pH調整液の添加で調整されることも多い．培地中の成分は数種類が一気に欠乏するということは考えにくく，通常，ある特定の成分の枯渇が起こる．このように，微生物の培養で，増殖速度を制限してしまう成分のことを**制限基質**という．制限基質は多くの場合，グルコースなどの炭素源であるが，培地によっては，窒素源などの他の成分になるときもある．培地中の成分はそのすべてが増殖に必要な基質である．ある成分が制限基質になるかどうかは，その成分の増殖収率 $Y_{X/S}$ と培地中の濃度，およびその成分の生育に対する飽和定数に依存している．炭素源と窒素源以外の成分が制限基質になる場合には，培地に添加する量を増やせば制限基質にはならなくなる．炭素源あるいは窒素源が制限基質になる場合には添加する量が多いので，添加量を増やすと浸透圧が高くなりすぎたり，培地のpHが変化するため，回分培養ではある程度の限界があることとなる．

微生物細胞の元素分析によれば，乾燥重量の約50%が炭素，ついで，30%が酸素，13%が窒素，約7%が水素であり，その他の元素も必須であるが，必要量はきわめて少ない．このため，第5章でみてきたように，増殖収率 $Y_{X/S}$ も炭素源が，約0.2から1と最も小さい．一方，炭素源として最も頻繁に使われるグルコースを培地中に多量に入れると，カタボライト抑制を受け，目的の生産物がほとんど生成しないことがある（§2・2・1参照）．他の炭素源でも，同様の代謝抑制を生じることがある，あるいは浸透圧が高くなりすぎるといった理由から，生育阻害を示す場合もある．このため，生育に対する要求量の最も大きい炭素源が制限基質になりやすい．

培地中の成分の何が制限基質になっているかは，各成分の濃度を一つずつ段階的に減らした培地を作製して，実際に培養してみるとわかる．ある成分が制限基質でない場合，最終的な細胞濃度はほとんど変化しないが，ある成分が制限基質になっている場合には，細胞濃度もその成分の減少とともに低下する．その様子を図7・2に示す．この現象は微生物を使った微量栄

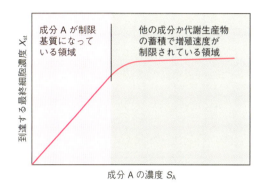

図7・2 制限基質濃度と最終細胞濃度

養物質の定量に応用することができる．ある種の微生物では増殖にビタミンを要求するものがある．しかし，その必要量はきわめて低く，飽和定数が時に μg/L のレベルに達する．逆に，他の培地成分は十分にあるが，目的のビタミンのみ制限されている培地でその微生物を培養すると，ビタミン濃度に応じて微生物の濁度を測定することでビタミンの濃度を推定することができる．*Lactobacillus plantarum* はビオチン要求性である．図7・3に示すように，この菌を検定菌として使用するとビオチン濃度が 10～100 ng/mL の

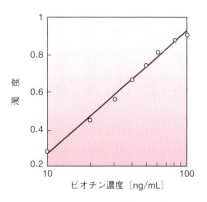

図7・3 *L. plantarum* を用いたビオチンのバイオアッセイ（比濁法）．縦軸は波長660 nm での濁度．

範囲で波長660 nmの濁度は直線的に増加するため，バイオアッセイに使える．

実際の培養では，細胞増殖が停止する前に増殖速度の低下が観察される．微生物を培養した場合の各成分の経時変化の模式図を図7・4に示す．この場合，制

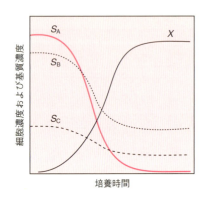

図7・4 細胞増殖と各成分の経時変化．S_A, S_B, S_C: 増殖基質A，B，Cの濃度，X: 細胞濃度．

限基質は成分Aである．この微生物の増殖速度が低下するのは，制限基質である成分Aが，培養の経過とともに消費され，その濃度S_Aが飽和定数K_{sA}に近づいてきたためである．多数の培地成分の濃度を考慮した増殖速度式を次式に示す．ここで，Xは**細胞濃度**，μは**比増殖速度**，K_{sB}とK_{sC}は成分Bと成分Cの**飽和定数**である．

$$\frac{dX}{dt} = \mu X = \mu_{max} X \left(\frac{S_A}{K_{sA}+S_A}\right)\left(\frac{S_B}{K_{sB}+S_B}\right)\left(\frac{S_C}{K_{sC}+S_C}\right)\cdots\cdots \quad (7\cdot1)$$

(5・4)式で示したモノーの式は増殖を制限する因子が成分Aのみと仮定した場合の式ということになる．制限基質も含めて培地成分のすべてが十分に存在している場合には，その微生物が本来示す最大の比増殖速度μ_{max}で増殖する．この式は微生物固有の式であり，培養操作の方法にはよらない．半回分培養でも連続培養でも成り立つ．

誘導期や加速期は回分培養にとって生産性を落とす要因の一つである．したがって，誘導期や加速期をなくす工夫が大切である．誘導期は培養条件によって長かったり短かったりする．また，接種前の細胞の様子にも依存する．もしも，対数増殖期にある微生物がまったく同じ培地に移されたら，誘導期や加速期は通常は認められず，ただちに対数増殖を始める．一方，停止期にある細胞が移し替えられると，接種した菌がすべて生きていても誘導期が観察される．誘導期は，生育に必要な細胞内構成成分の合成や培地に不足している成分を生合成するのに必要な酵素を転写翻訳するために費やされる時間と考えられる．誘導期の細胞は，細胞内で核酸や酵素タンパク質の合成を盛んに行っており，細胞1個当たりの大きさが数倍に増大することもある．

7・1・2 回分増殖の数式モデル

モノーの式は微生物の増殖を表す式として多用されている．回分培養でも対数増殖期から減速期，停止期に至るまで説明できる．また，増殖様式のシミュレーションや最適培養条件の決定などには次の**ロジスティック曲線**も使われる．

$$\frac{dX}{dt} = KX\left(1 - \frac{X}{X_{st}}\right) \quad (7\cdot2)$$

ここで，X_{st}は**最終細胞濃度**を示し，Kは実験定数であり，この式は阻害物質の蓄積による増殖速度の低下を表す式から導出される．

モノーの式もそうであるが，ロジスティック曲線も誘導期や加速期を説明することはできない．これらも表現する数式モデルを構築するためには，細胞構成成分の消長まで考慮に入れた，いわゆる構造モデルを立てる必要がある．

7・1・3 反復回分培養

回分培養が終了した時点で細胞と一緒に生産物が回収される．しかし，すべての培地を回収するのではなく，一部を残し，抜取った量に相当する新鮮培地を仕込み直して，再度培養する操作を**反復回分操作**という．この操作の利点は，

1) 初回の培地と同じ培地を仕込めば，増殖の誘導期は観察されず，ただちに対数増殖期になるため，生産性は高く維持できる．
2) 培地の殺菌のみでよく，培養槽の洗浄殺菌やセンサーの殺菌にかかる労力と時間が節約できる．
3) 本培養に至るまでのスケールアップ操作も割愛でき，回分培養の生産性低下の原因になっている

諸操作にかかる時間が割愛できる分，高い生産性を達成できる．

4) 生産様式が増殖非連動型である場合には，複数の培養槽を使用して，一つの培養槽を細胞の増殖に適した培養条件に保って反復回分操作を行えば，細胞の生産性を高く保ちつつ，別の培養槽で目的の生産物を生成する条件のみにして，全体として高い生産性にすることができる．

ということである．しかし，一方で，連続操作に近くなるため，雑菌汚染（コンタミネーション）の危険を伴い，センサーのドリフト（センサーの出力値が徐々に変化すること）などの問題点にも注意する必要がある．

反復回分操作は上述のようにセンサーの信頼性が確保でき，コンタミネーションも起こらない場合には効果的である．一方，生産物が二次代謝産物で，生産様式が増殖非連動型である場合，一つの培養槽で操作すると2回目以降かえって誘導期をもたらすことになる．このような場合には，一つではなく複数の培養槽を使う操作が生産性の向上に効果的である．図7・5に三つの培養槽を使った反復回分操作の操作手順を示す．抗生物質生産や誘導物質を添加して生産誘導する遺伝子組換え菌の培養にも，この方法は適している．しかし，無限回の反復回分培養は雑菌汚染の可能性が高くなり，培養している微生物の変異も蓄積してくる可能性も高くなるので，どこかの時点で強制的にシャットダウンすることとなる．

7・2 半回分培養（流加培養）

一般的な半回分培養とは，培養中，ある特定の制限基質を培地中に供給するが，目的生成物は培養終了時まで抜取らない培養操作のことである．これは図7・1に示したとおり，基質を流加する培養操作である．このため，**流加培養**（fed-batch culture）ともよばれる．流加培養は特に次のような場合に効果的である．

1) 増殖阻害を示す物質（メタノール，エタノール，酢酸など）を基質として培養する場合
2) ある物質（グルコースなど）の濃度が高くなるとカタボライト抑制により目的生産物の生成が抑制される場合
3) 栄養要求性株の培養における要求物質（フィードバック阻害のあるアミノ酸など）を添加する場合

これら特定物質の濃度を適当な濃度に保ち，増殖あるいは代謝産物生産を高く維持させるために必要な量を供給することによって，効率的な発酵生産をすることができる．

回分培養における各培地成分の経時変化の模式図はすでに図7・4で示した．図7・4において成分Aを流加操作で追加すれば，成分Aによって増殖が制限されなくなり，成分Bまたは成分Cが新たな制限基質となりうる．微生物の高濃度培養をめざすためにはすべての培地成分を枯渇することなく加えることが重要である．したがって，成分Aのみを流加するのではなく，次に制限因子になりうる成分も予想し，逐次加えていくことになる．逆に，ある特定の成分を加えすぎると過剰供給になり，代謝阻害をひき起こすことにもつながるので，添加する成分の濃度を的確に制御

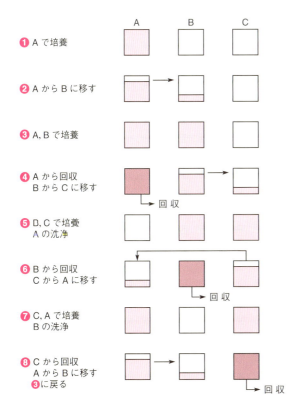

図 7・5　三つの培養槽を使った反復回分操作

することが重要である．あらかじめ，主要な成分の増殖収率を算出しておく方法が賢明である．

最終的に培地成分すべてを過不足なく加えることができたらどうなるであろうか．代謝生産物が阻害濃度に達しないならば，細胞濃度は指数関数的に高くなり，ごく短時間の培養で非常に高濃度に達する．しかし，このような場合，酸素が制限基質になる．通常，培養液中のDO（溶存酸素）濃度はDO電極（図10・3参照）を用いてモニターされている．DO濃度が低くなれば撹拌回転数を上げたり，通気流量を上げたりして，低くなりすぎないように制御される．しかし，最高の撹拌回転数で，最高の通気流量に達すれば，それ以上は酸素供給速度が律速になって，流加培養は終了する．そこまでの高細胞濃度を達成することは通常の培養では難しい．代謝副生産物の蓄積を防ぐ手段も必要だからである．酵母 Saccharomyces cerevisiae の培養では，エタノールが副生産物として蓄積し，エタノール濃度が20 g/Lを超えると生育阻害を示す．大腸菌では酢酸が蓄積し，5 g/Lを超えると阻害する．微生物によって副生産物は違ってくるが，一様に，炭素源であるグルコースが過剰に供給されると，代謝が呼吸から発酵に転換しやすいため，これらの代謝副生産物が生成しやすくなる．このため，炭素源の流加培養では炭素源濃度をできるだけ低く制御することが重要である．

流加培養の基質の流加方法は，次のようにフィードバック制御のない場合とある場合に大別される．いずれの方式においても，一般に，基質溶液を流加すると培養液の体積変化が起こるので**比増殖速度 μ，基質比消費速度 ν**，および**生産物比生成速度 π** は次のように定義される．

$$\mu = \frac{1}{VX}\cdot\frac{d(VX)}{dt} \quad (7\cdot3)$$

$$-\nu = \frac{1}{VX}\left\{FS_{in} - \frac{d(VS)}{dt}\right\} \quad (7\cdot4)$$

$$\pi = \frac{1}{VX}\cdot\frac{d(VP)}{dt} \quad (7\cdot5)$$

ここで F は供給溶液の体積流量〔L/h〕，V は培養液量〔L〕，X は細胞濃度〔g/L〕，S は培養槽中の基質濃度〔g/L〕，P は生産物濃度〔g/L〕，S_{in} は流加する基質溶液中の基質濃度〔g/L〕である．

7・2・1 フィードバック制御がない場合の流加操作

この方式では基質の流量はあらかじめ決められている．流加の仕方によって，定流量流加，指数流加，その他に分けられる．**指数流加**は増殖速度に応じて流加流量を指数的に増加させる方法であり，微生物の増殖速度を正確に推定することが大切である．少しの狂いが流加量の過剰，あるいは不足に直結し，安定な培養ができなくなる．安定な流加培養を達成させるためには定流量操作が適している（**定流量流加**）．図7・6に

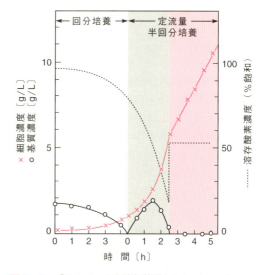

図 7・6 グリセロールを流加基質とした*Enterobacter cloacae* NCIB 8271の定流量半回分培養の経時変化
[T. Yamané, S. Hirano, *J. Ferment. Technol.*, **55**, 380 (1977)]

定流量制御した場合の培養結果を示す．この場合は，特に培養後半において制限基質の供給律速に陥るため，図7・6の右側の赤いハッチ部分に示したように直線増殖になる．その他の流加方法として**間欠流加**がある．指数流加と定流量流加の中間であり，定流量流加に比べ生産性を少し上げられる．

7・2・2 フィードバック制御がある場合の流加操作

フィードバック制御があればシステムはより安定に運転できる．操作方式として間接的な制御（プロセスに密接に関連している計測可能な変数を制御指標とする方式で，変数としてはpH，DO濃度，**二酸化炭素比生成速度 Q_{CO_2}，呼吸商 RQ**〔(5・22)式を参照〕な

どがある）と，直接的な制御（培養液中の流加基質濃度を連続的あるいは間欠的に測定し，その値を制御指標とする方式）とに分類できる．pHやDO濃度を使った間接的なフィードバックによる流加方法を特に**pHスタット流加培養法**および**DOスタット流加培養法**とよぶ．微生物の培養ではpHやDO濃度の値が一定値になるようにpH調整液の流加，撹拌回転数や通気流量の調整を行う．pHスタット流加培養法はこのpH調整液の流加と連動して基質流加ポンプのオンオフを制御する培養法である．これは，pH低下が培地成分であるアンモニアの消費によって，あるいは生産物である有機酸の蓄積によって一義的に起こる場合，微生物の増殖はpHの低下・上昇に比例するということによる．培養途中で代謝が変わることがなければ十分に有効な手法である．

DOスタット流加培養法は，炭素源の欠乏が起こると酸素消費が止まるため，DO濃度の値が急上昇するという現象を利用する．この変化をとらえて基質を流加すれば基質濃度は，ある濃度範囲を上昇したり，欠乏したりして変動はするが，比較的低いレベルに制御することが可能である．図7・7に，DO濃度を指標とした間接的なフィードバックによる大腸菌 *Escherichia coli* の流加培養結果を示す．DO濃度の急上昇にあわせてグルコースを流加した．DO濃度を約2 mg/Lに制御するように，撹拌回転数を上げたり，通気流量を上げていき，酸素ガスも空気に混合して送入した．培養7時間からは空気の送入を止め，酸素ガスだけを送入したが，9時間目からはDO濃度はほとんど0近くになり，11時間で酢酸の蓄積のために増殖は停止した．このような流加培養によって，たった11時間の培養で細胞濃度は120 g 乾燥細胞/Lに達した．この濃度は *E. coli* 細胞の体積が培養液中で60%を占めるまでのきわめて高い細胞濃度である．一方，空気だけを送入した場合には，点線で示したような増殖経過を示し，40 g 乾燥細胞/Lにとどまった．DO濃度変化と同時に排ガス中の酸素分圧の変化（上昇）が起こる．このため，排ガス分析計で計測しながら基質を流加する方法もある．先に記述したように，培養途中で枯渇する物質は炭素源だけにとどまらない．窒素源，リン酸などは炭素源の次に欠乏しやすい．その他の微量金属元素も，増殖阻害が出たり，高濃度で溶解しないといった問題から，仕込みの段階で高濃度に入れられないため，途中で流加される場合があり，図7・7に示した場合にも，図中のAからFでリン酸や微量元素を流加した．

図7・8に，オンラインで計測可能なグルコースセンサー（§10・1・1参照）とその情報を処理してグルコース濃度を一定に保つコンピューターソフトを用いた直接的な制御の結果を示す．遺伝子組換え枯草菌

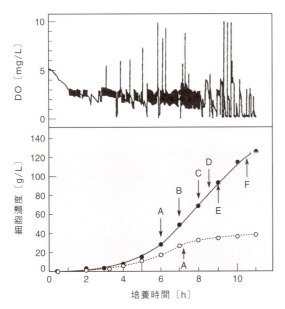

図7・7 DOを指標としたグルコースの流加培養による大腸菌の培養（白丸は空気のみ送入の場合）[H. Mori et al., *J. Chem. Eng. Jpn.*, **12**, 313 (1979)]

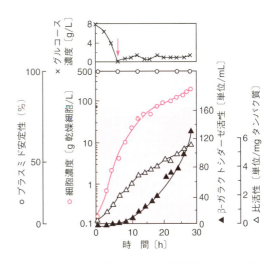

図7・8 遺伝子組換え枯草菌の培養結果．矢印の時間からグルコース濃度の制御を開始した．細胞濃度は片対数表示．[Y. S. Park et al., *Biotech. Bioeng.*, **40**, 686 (1992)]

Bacillus subtilis を 184 g 乾燥細胞/L という非常に高濃度まで培養できた．グルコース濃度が高いと，枯草菌は酢酸やプロピオン酸などの増殖阻害効果が高い低級脂肪酸を生成する特徴があるが，これらの低級脂肪酸はほとんど生成しなかった．

さらに図 7・9 と図 7・10 に，オンライン計測可能なグルコースセンサーとエタノールセンサーを同時に組込んで 2 種類以上の栄養源濃度を任意のレベルに保つことで，組込んだ遺伝子の効率的な発現を遺伝子組換え酵母において達成した結果を示す．酵母 *S. cerevisiae* は代謝産物としてエタノールを蓄積し，これが酵母の増殖を抑制する．この性質は遺伝子組換え酵母においても当然ひき継がれており，酸素がない（嫌気）条件でエタノールが生成するのは第 3 章で述べたように当然である．酸素がある（好気）条件下では，グルコースは二酸化炭素にまで完全酸化されるのが普通なのに，グルコース濃度が高い場合にはエタノールが生成することは**クラブトリー効果**（Crabtree effect）としてよく知られている．エタノール濃度が高くなると，酵母の増殖を阻害するので好ましいことではない．また，グルコースからの炭素は酵母細胞に変化するかエタノールに変化する（このほか，二酸化炭素にも変化するが）わけであるから，エタノールが生成する分だけ，酵母細胞の生産量は低下する．そこで，*S. cerevisiae*，特にパン酵母の工業的培養では，グルコース濃度をどのようにして低く制御し，エタノールがほとんど生成しないようにして，使用したグルコースから少しでも多くのパン酵母をつくるか，増殖速度を低下させないかがキーポイントの技術となる．

S. cerevisiae の培養には *RQ* あるいは排ガス中のエタノール濃度を指標としてグルコース供給速度の制御が行われてきた．*RQ* を指標とする場合も，排ガス中のエタノール濃度を指標とする場合もグルコース濃度を推定しているにすぎず，実際に測定しているわけではない．図 7・9 に示すようなオンライングルコース・エタノール計測装置と第 10 章で紹介するファジィ理論を組合わせて，グルコースとエタノールの両方を低濃度に制御する新しい *S. cerevisiae* の培養方法が確立され，遺伝子組換え酵母の培養に応用された．

グルコース濃度の直接計測制御は別の観点からも必要である．目的の遺伝子産物の生産を調節するプロモーターとしてグルコース濃度に依存したプロモーターが多く使用されている．たとえば，*PGK* プロモーターは解糖系ホスホグリセリン酸キナーゼ（図 3・2 参照）のプロモーターであり，酵母では大変強力なプロモーターとして知られている．そしてグルコース濃度が低くなるにつれて遺伝子発現が促進される．このことから，*S. cerevisiae* の増殖にも遺伝子発現にもグル

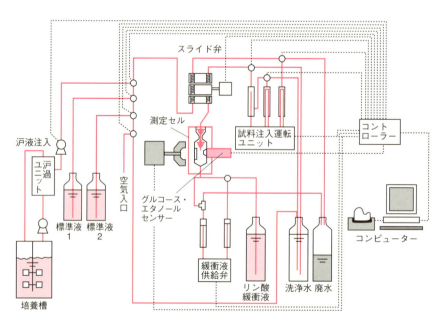

図 7・9 グルコース・エタノール濃度自動計測装置 [S. Mizutani *et al.*, *J. Ferment. Technol.*, **65**, 325 (1987) および Z. Shi *et al.*, *J. Ferment. Bioeng.*, **73**, 22 (1992) より一部改変]

コース濃度を低く制御することが非常に重要となる．

PGKプロモーターにα-アミラーゼ遺伝子を連結したプラスミドpNA7を保有する酵母20B-12株の培養結果を図7・10に示す．グルコース濃度は多少変動しているが，平均値としては0.3 g/Lに，エタノール濃度は平均値としては2 g/Lに制御された．酵母の増殖も良好で，45時間後に55 g/Lに達し，またα-アミラーゼの活性も390単位/mLとなり，これはフラスコレベルの生産量の約15倍に相当する高い値であった．

そのほかの半回分操作として，増殖や生産を阻害する物質が蓄積する場合，それらを除去する培養方法がある（**濾過培養**）．遠心分離も利用しうるが，無菌的に連続操作を可能にするためには，濾過培養の方が実施しやすい．小規模には中空糸膜型濾過装置（図4・6参照）も利用できるが，スケールが大きくなると，濾過速度を高くする必要があるため，セラミック濾過膜を使う方がよい．濾過培養の装置図を図7・11に示す．§11・5・2で述べるが，濾過される液の方向と循環液とが十字流れ（クロスフロー）のために，濾過面にケークが蓄積しにくく，比較的長時間高い濾過速度が維持できる特徴がある．図7・12に乳酸菌の濾過

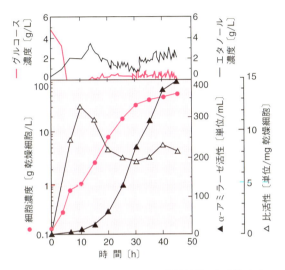

図7・10 遺伝子組換え酵母の培養結果．細胞濃度は片対数表示．[S. Shiba *et al.*, *Biotech. Bioeng.*, **44**, 1055 (1994)]

(a) 濾材

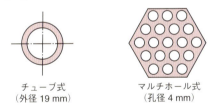

(b) システム構成図

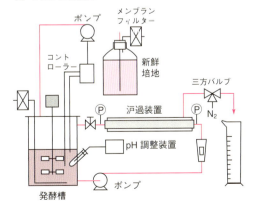

図7・11 濾過培養の装置図

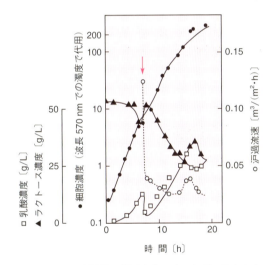

図7・12 濾過培養の経時変化．赤い矢印の時点から濾過を開始した．細胞濃度は片対数表示．[M. Taniguchi *et al.*, *J. Ferment. Technol.*, **65**, 179 (1987)]

培養の結果を示す．この方法で，乳酸菌の高濃度培養が達成できている．

その他の蓄積物の除去に，**抽出培養**がある．アセトン・ブタノール発酵や乳酸発酵で研究事例がある．阻害物質がはっきりしており，増殖に阻害のない**抽剤**が選択できる場合には効果がある．アセトン・ブタノール発酵においてはオレイルアルコールが抽剤として優れており，次ページの表7・1に示すようにブタノールの分配係数は4.3と，毒性のない抽剤のなかでは最

大の値を示した．乳酸の場合はトリ-n-オクチルアミンを主成分とするAlamine336という抽剤が有名である．しかし，この場合は微生物への毒性も無視できないため，培地中に混入したAlamine336を逆抽出する方法も考案された．

表7・1 有機溶媒によるブタノール，アセトン，エタノールの分配係数[†1]

溶媒	乳化性[†2]	m_{BT}	m_A	m_E
フレオンE	−	0.31	0.74	0.20
オクタデカフルオロデカリン	−	0.65	0.12	0.74
オキソコール	+	4.7	0.089	0.022
C-16ゲルベアルコール	++	4.5	0.44	ND[†3]
ファインオキソコール	−	3.0	0.14	0.034
オレイン酸	++	3.0	0.29	0.047
オレイルアルコール	−	4.3	0.52	0.22
イソステアリン酸	+	2.2	0.15	ND[†3]
C-20ゲルベアルコール	−	3.5	0.27	0.17

[†1] 水と上記の有機溶媒が平衡状態にあるときのブタノール（BT），アセトン（A）あるいはエタノール（E）の濃度比のことを分配係数 m（単位なし）として表し，対象物質の移行性を表す指標．[S. Ishii et al., J. Chem. Eng. Jpn., **18**, 125 (1985)]
[†2] ++：激しく乳化，+：乳化，−：乳化せず
[†3] ND：検出できず

それ以外に**透析培養**も検討されている．これは培養液を半透膜を介して別の塩溶液に接触させ，培地中の蓄積成分を透析除去する方法である．さらに透析速度を高めるため，電圧をかけて透析促進させる電気透析法も検討された．

7・3 連続培養

連続培養は文字どおり，培地成分を連続的に加え，生産物を含む培養液も同じ流量で連続的に引抜く培養方法である．したがって，次のような問題点が必然的に起こる．

1) 槽内の均一性
槽内の制限基質濃度を均一に保つことは，低い希釈率で培地が高粘性である場合，また大型培養槽を用いる場合には困難である．糸状菌では培養期間が長期になると，壁面で菌糸が成長する**壁面増殖**（wall growth）が無視できなくなるため，ますます均一性が保てなくなる．壁面増殖が液出口や上蓋付近にまで及ぶと雑菌汚染にもつながる．

2) 無菌性の維持
活性汚泥法による排水処理は例外として，純粋菌の連続培養を長期間維持するのは困難である．流入液の殺菌，空気の除菌をきちんとする必要があるためである．

3) 安定性
長期間の微生物培養では必然的に変異を生じる．変異株が，本来その条件で培養したい親株よりも，その環境で生育しやすいのであれば，いずれ変異株が槽内の優先種となる．変異を起こさせない方法が望まれるが，実際的な方法として，槽内に周期的に新しい前培養を加え続ける**半連続培養**がある．

このような特徴をもつので，物質生産を目的とした純粋菌の培養には連続培養はあまり使われていない．しかし，回分培養や半回分培養と比較して生産性は最も高いので，1カ月程度の期間を限定した連続培養は工業的に実施されている．また，小さなスケールで実験室的に変異株を得るという目的のためには使われる．実際に連続培養により，有機溶媒耐性変異株やプラスミド安定化変異株が育種されている．

連続培養は定常状態を達成する方法によって二つに大別される．一つは**ケモスタット**であり，培地を一定流量で流す方法である．もう一つは**タービドスタット**とよばれており，細胞濃度が同じになるように流量を調整する連続操作である．タービドスタットは連続的にモニターできる濁度計を使ってフィードバック制御する必要があり，大がかりになるため，もっぱらケモスタット培養法が多用される．

7・3・1 ケモスタット

単一の完全混合培養槽を考える．流入液は必要な培地成分をすべて含んでおり，1種類のみがその微生物の増殖を律速していると仮定する．定常状態における細胞および増殖制限基質の収支式は次のようになる．

$$V\frac{dX}{dt} = FX_{in} - FX + V\left(\frac{dX}{dt}\right)_{\text{growth in vessel}}$$

$$= FX_{in} - FX + V\mu X \quad (7\cdot6)$$

ここで，X は槽内の細胞濃度，F は培地供給速度，X_{in}

は流入液中の細胞濃度，V は液量を示す．X_in は通常は 0 であり，定常状態では dX/dt は 0 である．**希釈率 D** を

$$D = \frac{F}{V} \tag{7・7}$$

と定義すると，

$$\mu = D \tag{7・8}$$

が導出できる．これが連続培養の定常状態において成立する式である．

次に図 7・13 に示すような多槽式連続操作を考えると，n 槽における細胞増殖速度，制限基質消費速度，生産物生成速度について，次の式が成り立つ．

$$V\frac{dX_n}{dt} = FX_{n-1} - FX_n + V\left(\frac{dX_n}{dt}\right)_{\text{growth in } n\text{-th vessel}} \tag{7・9}$$

$$\frac{dX_n}{dt} = D(X_{n-1} - X_n) + \mu X_n \tag{7・10}$$

$$V\frac{dS_n}{dt} = FS_{n-1} - FS_n + V\left(\frac{dS_n}{dt}\right)_{\text{consumption in } n\text{-th vessel}} \tag{7・11}$$

$$\frac{dS_n}{dt} = D(S_{n-1} - S_n) - \frac{1}{Y_{X/S}}\mu X_n \tag{7・12}$$

$$V\frac{dP_n}{dt} = FP_{n-1} - FP_n + V\left(\frac{dP_n}{dt}\right)_{\text{production in } n\text{-th vessel}} \tag{7・13}$$

$$\frac{dP_n}{dt} = D(P_{n-1} - P_n) + Y_{P/X}\mu X_n \tag{7・14}$$

ここで，$Y_{X/S}$ は増殖収率を，$Y_{P/X}$ は生産物収率を示す．

細胞の増殖がモノーが提案した（5・4）式で表せ，$n = 1$ の場合の X と S の D に対する変化を図 7・14 に示す．細胞の生産性が最大になるときの希釈率 D_max

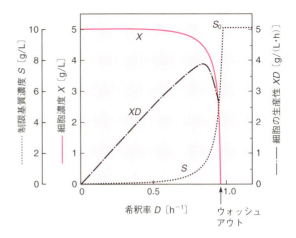

図 7・14 連続培養における希釈率の影響．$\mu_\text{max} = 1.0\,\text{h}^{-1}$，$Y_{X/S} = 0.5$，$K_s = 0.2\,\text{g/L}$ で算出．

は $d(DX)/dD = 0$ を解いて，

$$D_\text{max} = \mu_\text{max}\left\{1 - \left(\frac{K_s}{K_s + S_0}\right)^{1/2}\right\} \tag{7・15}$$

である．希釈率が高くなると，細胞濃度は急激に低下する．その結果，槽内に細胞がなくなってしまうことを**ウォッシュアウト**（wash out）という．増殖速度式としてモノーの式を仮定した場合，ウォッシュアウトの希釈率 D_crit は

$$D_\text{crit} = \frac{\mu_\text{max} S_\text{in}}{K_s + S_\text{in}} \tag{7・16}$$

である．一般に $S_\text{in} \gg K_s$ で操作するので，次式となる．

$$D_\text{crit} \fallingdotseq \mu_\text{max} \tag{7・17}$$

実際に微生物の連続培養を行うと，すべてが図 7・14 のようなパターンばかりではない．次ページの図 7・15 にグルコースを制限基質とするケモスタットの結果を示す．希釈率が $0.23\,\text{h}^{-1}$ を超えると細胞濃度は低下しているが，図 7・14 に示されているほど急激

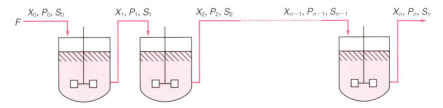

図 7・13 **n 槽直列式連続培養槽**．F: 培地供給速度，X: 細胞濃度，S: 制限基質濃度，P: 生産物濃度，添字 1，2，…n はそれぞれ対応する槽番号．

な低下ではない．希釈率が高くなると，呼吸商 RQ ($= Q_{CO_2}/Q_{O_2}$) が上昇すること，および酵母の増殖が厳密にはモノーの式では表せないことがその理由であろう．

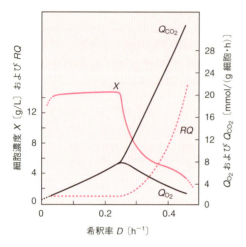

図 7·15　グルコースを制限基質としたパン酵母のケモスタット培養の一例〔H. K. von Meyenburg, *Arch. Mikrobiol.*, **66**, 289 (1969)〕

7·3·2　タービドスタット

ケモスタット方式の連続操作では μ が μ_{max} よりかなり小さいところで実施されるが，μ_{max} に近いところでは不安定である．$\mu = \mu_{max}$ の付近で安定な運転をするためには X を一定にするように供給流量を制御する必要がある．これをタービドスタットとよぶ．細胞濃度を直接制御するため，濁度が測定されるが，それ以外に，pH や基質濃度を測定して間接的に制御する方法も広くタービドスタットと解釈される．

7·3·3　細胞循環のある場合の連続操作

槽出口の細胞を分離して一部再循環させると単純なケモスタットの操作に好影響を与える．しかし，無菌性を保ちつつ再循環させることは非常に困難なので，応用はもっぱら生物的排水処理である活性汚泥法に限られる（詳細は §12·1·1 参照）．

図 7·16 に模式図を示し，以下に収支式を示す．記号の説明は図 7·16 参照．

培養槽（ばっ気槽）まわりの基質の収支は，

$$V\frac{dS}{dt} = FS_0 + \alpha FS_r - (1+\alpha)FS - \left(\frac{1}{Y_{X/S}}\right)\mu XV \quad (7·18)$$

培養液は完全混合とすると細胞の収支は，

$$V\frac{dX}{dt} = \alpha FX_r - (1+\alpha)FX + \mu XV \quad (7·19)$$

定常状態を仮定すると（排水処理の場合には，S_0 の値は一定ではなく，つねに変化するが），(7·18)式と(7·19)式はそれぞれ，

$$FS_0 + \alpha FS_r = \left(\frac{1}{Y_{X/S}}\right)\mu XV + (1+\alpha)FS \quad (7·20)$$

$$\mu XV + \alpha FX_r = (1+\alpha)FX \quad (7·21)$$

となる．細胞分離槽では基質が消費されることも細胞が増殖することもないと仮定すると，細胞分離槽まわりでの細胞の収支は，

$$(1+\alpha)FX = (1-\gamma)FX_e + (\alpha+\gamma)FX_r \quad (7·22)$$

基質の収支は，

$$(1+\alpha)FS = (1-\gamma)FS_e + (\alpha+\gamma)FS_r \quad (7·23)$$

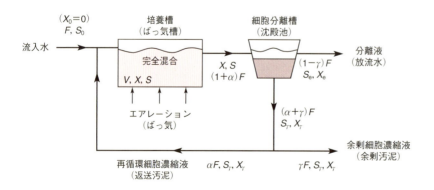

図 7·16　細胞循環式単槽連続培養

γは細胞濃縮液引抜き速度のFに対する割合であり，**余剰汚泥引抜き率**である．細胞分離槽では基質は分離されない（$S = S_e = S_\gamma$）とすると，(7・23)式は消去される．(7・22)式を書き直すと，

$$(1+\alpha)F = (1-\gamma)F\frac{X_e}{X} + (\alpha+\gamma)F\frac{X_\gamma}{X} \quad (7 \cdot 24)$$

したがって，

$$\frac{X_\gamma}{X} = \frac{1+\alpha-(1-\gamma)\left(\dfrac{X_e}{X}\right)}{\alpha+\gamma} \quad (7 \cdot 25)$$

(7・21)式より，

$$\mu = \frac{F}{V}\left(1+\alpha-\alpha\frac{X_\gamma}{X}\right) \quad (7 \cdot 26)$$

(7・25)式および(7・26)式から，

$$\mu = D\left\{1+\alpha\left(1-\frac{1+\alpha-(1-\gamma)\left(\dfrac{X_e}{X}\right)}{\alpha+\gamma}\right)\right\} \quad (7 \cdot 27)$$

図7・17に細胞循環式連続培養におけるD/μと**循環比**（汚泥返送率）αの関係を示す．定常状態において，細胞を循環させることで$D/\mu > 1$の条件，すなわちμよりも大きい希釈率（小さい滞留時間）で操作できることがわかる．また，それはαが大きいほど，

γが小さいほど大きくなることがわかる．このことは活性汚泥法のばっ気槽が小さくてもよいことを意味するから，生物的排水処理において非常に重要である．

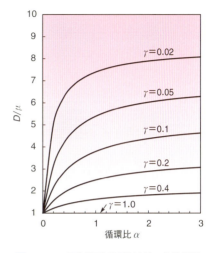

図 7・17 細胞循環式連続培養の定常状態におけるD/μとαの関係

7・3・4 灌流培養

おもに動物細胞の工業的連続培養では，細胞が培養槽外に排出されないように設計された培養装置を用いて，**灌流培養**が行われる．基礎研究の段階では，動物細胞はバラバラにされてシャーレ中で培養される．培

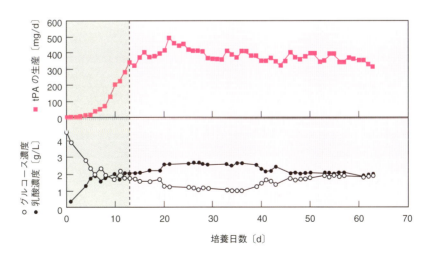

図 7・18 MF型バイオリアクターによるtPAの連続生産．1.6 m² の膜面積を使用した．動物細胞の培養には血清が必要であるが，大変高価である．そのため，破線で示した13日目から血清濃度を5%から0.2%に下げて，培地コストを下げた．固定化されている動物細胞密度は高く，良好な生理状態が維持でき，血清濃度を下げてもtPAの生産性は50日間高い状態が維持された．[T. Tanase *et al.*, *J. Ferment. Bioeng.*, **83**, 499 (1997)]

地中のグルコース濃度なども時々刻々変化するが，これは動物細胞にとって非常に特殊な環境下にあるといえる．動物細胞は細胞が互いにくっつきあっており，酸素や各種の栄養源が毛細血管によってまんべんなく供給されるヒトの身体のような状態が一番自然である．このような生理状態が動物細胞にとって最も好ましく，薬の副作用を検討するための代替実験動物あるいは擬似臓器として期待されるほかに，動物細胞が生産する目的代謝産物の生産性も高いと考えられる．このような状態を人工的に達成するためには，動物細胞をつなぎ止めておく固定化用担体を開発し，培養液中のDO濃度や各種の栄養源濃度を一定に制御しつつ，培養液をまんべんなく供給できるようなバイオリアクターを開発することが重要である．

中空糸としてMF（精密沪過膜；図11・12参照）を使用したバイオリアクターを用いて，付着依存性のBHK細胞（Baby Hamster Kidney 由来の細胞）によるtPA*の生産を行った結果を図7・18（前ページ）に示す．MF型バイオリアクターにおいては，各中空糸の培地流速を均一化することによって細胞生育環境を長期間良好な状態に維持することができ，容易にスケールアップが可能であった．膜面積m^2当たりtPAの生産性は238 mg/dとなり，tPA生産性も長期間安定した．1.6 m^2の膜面積をもつMF型バイオリアクターを用いて血清濃度0.2%で50日間培養したところ，19 gのtPAが生産された．なお，図8・6に示すラジアルフロー型バイオリアクターも同様の灌流培養法である．

演習問題

7・1 グルコースを唯一の炭素源とする微生物を回分培養する．用いる微生物の比増殖速度μが$0.4\,h^{-1}$，培養開始時の濃度が0.2 g 乾燥細胞/Lとする．バイオリアクターに10 Lの培地を入れて培養を行った．最終的に乾燥細胞量として30 gを得るためには何時間培養するとよいか．ただし，培養期間中の比増殖速度は一定とし，十分なグルコースが含まれるとする．

7・2 化合物Aを唯一の炭素源として，ある微生物のケモスタット連続培養を行う．この微生物の増殖はモノーの式で表される．培養液量Vを20 L，供給培地中の化合物Aの濃度S_{in}を18 g/Lとして，培地供給速度F〔L/h〕を変えて実験した．実験1で，Fを8 L/hとしたところ，定常状態で，抜取り培地中の化合物Aの濃度Sが0.8 g/L，細胞濃度Xが5.16 g/Lになった．実験2でFを10 L/hとしたところ，Sが2 g/L，Xが4.8 g/Lになった．

(a) 各実験での希釈率Dを求めよ．

(b) 上記の値を使って，この微生物の最大比増殖速度μ_{max}，飽和定数K_s，および増殖収率$Y_{X/S}$を求めよ．

(c) ウォッシュアウトが起こるときの培地供給速度Fを求めよ．

7・3 単槽連続槽型バイオリアクターを用い，ケモスタットにより大腸菌を連続培養した．制限基質であるグルコースを2.0 g/L含む培地を希釈率Dを$0.080\,h^{-1}$で供給したところ，定常状態が成立し，バイオリアクター出口でのグルコース濃度は0.04 g/L，細胞濃度は0.50 g/Lであった．

以下の値を求めよ．ただし，$K_s = 20$ mg/Lとする．

(a) 増殖収率$Y_{X/S}$ (b) 比増殖速度μ
(c) 増殖速度dX/dt (d) 最大比増殖速度μ_{max}
(e) 細胞の生産性が最大となるときの希釈率D_{max}
(f) 臨界希釈率D_{crit}
(g) バイオリアクター体積当たりの細胞の増殖速度

7・4 $1\,m^3$の単槽連続培養槽で微生物のケモスタット培養による物質生産を行った．この微生物の増殖はモノーの式に従い，最大比増殖速度μ_{max}は$0.12\,h^{-1}$，飽和定数K_sは2.0 g グルコース/L，グルコースに対する菌体の真の増殖収率Y_Gは0.5 g 乾燥細胞/g グルコース，維持定数mは0.025 g グルコース/(g 乾燥細胞・h) である．グルコースを制限基質として10 g/L含む培地を50 L/hで供給したとき，以下の問いに答えよ．

(a) 培地中のグルコース濃度および細胞濃度を求めよ．

(b) 増殖収率$Y_{X/S}$を求めよ．

---

* tissue Plasminogen Activator（組織プラスミノーゲンアクチベーター）の略で，血栓溶解作用のある酵素タンパク質で，脳梗塞治療などに用いられる．

8 培養用バイオリアクター

スクリーニングしてきた有用微生物を大量に培養するためには，その微生物の特徴を知ったうえで培養する必要がある．たとえば，嫌気的に培養できるのか，それとも好気的に培養すべきか，で大きく培養装置も異なってくる．カビのような微生物は固体培養が適している場合もある．この章では，微生物の培養の歴史を述べた後，おもに微生物の培養に用いられる培養装置について述べる．固定化酵素を充填したリアクターもバイオリアクターとよばれるが，それは第4章に譲り，この章では増殖を伴う培養用のバイオリアクターに限定して解説する．また，産業上きわめて重要なので，最近の動物細胞培養用バイオリアクターについても述べる．

8・1 微生物の培養の歴史

微生物は35億年も昔にこの地球上に現れたといわれている．以来，物質循環のサイクルの担い手として機能してきた．地表上における動植物の有機物総生産量は年間5000億トンと推定され，これらのほとんどすべてが微生物により分解・無機化され，大地に還元される．自然の浄化はこのような微生物による分解，いわゆる**発酵能力**に負うところが大きい．人類の祖先が現れたのは微生物と比べてずっと遅く，約200万年前といわれているが，何らかの形で微生物の発酵現象の恩恵にあずかりながら今日の繁栄を築いてきた．

古代から，人類は，微生物の発酵現象を解明することなく，神秘なものとして利用してきた．エジプトや中国の古代国家の記録に酒があり，日本の"天の岩戸"の神話にも酒が出てくる．数千年以前から人類は，パンを焼き，各種の酒やみそ，しょうゆ，チーズ，納豆などの発酵食品の製造技術をつかみ，家内工業的に製造してきた．

近代に移り，顕微鏡観察ができるようになって初めて微生物が発見されることになる．17世紀末，オランダの服地商人 A. Leeuwenhoek は自作のレンズで倍率約200倍の顕微鏡を作製し，水溶液中の微小物体を観察した．以来，200年にわたってさまざまな微小物体が観察され続けたが，微小物体と発酵の関係を明らかにしたのは19世紀半ば，フランスの L. Pasteur である．肉汁の発酵現象の解明に使われた"白鳥の首型"フラスコはあまりにも有名である．この実験を通して初めて，"発酵現象とは微小生命体が関与する化学反応である"ということが結論づけられた．その後，微生物の発酵現象と微生物の培養は急速に進展した．異なる微生物を含まず，ただ1種類の微生物のみを純粋に培養する"純粋培養"の技術は微生物の工業利用においてなくてはならない技術である．この手法は，カビの純粋培養として J. Lister や R. Koch によって完成された．同じ時期にビール酵母の純粋培養も確立された．発酵工学の黎明期である．

当時は好気的に培養できる技術はなかったため，**嫌気発酵**によるアルコール生成が主であった．近代に移り，産業革命以降，大型の装置が製造できるようになり，微生物用の大型培養槽も作製できるようになった．しかし，1900年代前半はまだ好気的に培養するための技術が十分でなく，学問も体系化していなかったため，嫌気発酵が主流であった．発酵工業が一気に多様化するのは，その後の2度にわたる世界大戦のときである．第一次世界大戦中ドイツは，火薬の原料であるグリセロール（グリセリン）の発酵生産に成功した．一方，英国は無煙火薬（ニトロセルロース）の製造に不可欠なアセトンを得るために，アセトン・ブタノール発酵を工業化した．第二次世界大戦中に米国で成功

したペニシリンの工業的発酵生産は，時の英国の首相 W. L. S. Churchill の肺炎を治したという治療効果のみでなく，その発酵方法が好気的であったという観点から，発酵工業の歴史上画期的なものである．どのようにして無菌的な空気を得るか，どの程度空気を吹込むべきか，酸素が培養液に溶け込みやすくするために撹拌するが，回転部分と固定部分をどのようにして無菌的にシールするのか，などを解決する必要があった．

この時期，日本国内でも大型培養槽を用いた発酵生産が盛んに行われた．嫌気性微生物は酸素を必要としないため，培養槽のスケールアップが容易である．嫌気性菌を大量培養した例としては，第二次世界大戦中に *Clostridium acetobutylicum* を用いて行われた**アセトン・ブタノール発酵**があげられる．生産されたブタノールからイソオクタンを製造し，オクタン価の高い航空機燃料をつくるためであった．培養には撹拌羽根をもたない 400 kL の発酵槽が用いられた．

嫌気発酵は好気培養に比べて比較的容易である．特に，酵母による**アルコール発酵**はアルコール濃度が高い，酸性条件下で進行するといった特徴から他の微生物は生育しにくい．しかし，アセトン・ブタノール発酵では，菌株の増殖が遅いということから高度の無菌性が要求された．大規模培養槽の無菌操作技術がこの発酵系で確立された．また，バクテリアに取付いて死に至らしめるウイルスであるバクテリオファージが確認され，それまで原因不明の異常発酵である"眠り病"の原因であることが初めて特定され，使用菌株の変更など具体的な対応策が検討された．

アルコール発酵は厳密な意味での嫌気性培養ではなく，ごく少量の酸素が必要であるが，空気を通気することなく嫌気的に培養される．現在の日本のビール発酵では 400〜500 kL の塔型培養槽が用いられている．塔型培養槽では発酵が進むにつれ底部ではかなり嫌気的な環境になる．発酵液は積極的に流動させているわけではないが，発生する二酸化炭素（炭酸ガス）の気泡が上昇することにより液の対流が起こり，培養槽全体としてはほぼ均一に撹拌されている．

放線菌やカビの培養で原薬を製造する製薬企業では，大型の通気撹拌培養槽を使った発酵生産が行われている．動物細胞培養を使った抗体医薬などのバイオ医薬品製造では，近年，シングルユース培養装置（13・2 節参照）が用いられている．

8・2 培養方法

8・2・1 懸濁培養

a. 通気撹拌培養槽 増殖に酸素を必要とする好気性微生物を効率的に培養するために最も広く用いられている方法である．図 8・1 に典型的な通気撹拌培養槽の概略を示す．形状は円筒型で槽高/槽径が 1〜3 の範囲のものが多い．空気はスパージャー[*1]を通して強制的に供給され，撹拌翼[*2]で微細化して気液界面積を大きくとることにより酸素供給速度を高く保つことができる．大型の培養槽になると発酵熱の除熱を

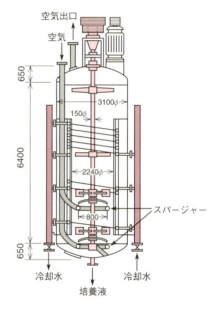

図 8・1 **50 kL の通気撹拌培養槽**．単位 mm［田口久治，永井史郎編，"微生物培養工学（微生物学基礎講座 7）"，p. 175，共立出版 (1985) を改変］

十分に考えなければならない．図 8・1 の培養槽にも槽内にコイル状の冷却管が設置してある．培養槽の大きさは研究室レベルでは 0.5〜100 L，工場規模では 200 L〜200 kL の規模のものがよく用いられる．図 8・2 に医薬品の製造用に使用されている培養槽の内部写真の一部を示す．撹拌翼（タービン翼）と，タンク底のスパージャー，壁面のじゃま板の組合わせにより，大きな培養槽での高い混合を実現している．また，壁面に沿って，点検・洗浄時に人が培養槽内に入

[*1] 培養槽の底部に設置され，1 mm 程度の多数の細孔を通して無菌空気が気泡として送入される．
[*2] 撹拌翼の形状は図 9・6 に記載されている．

8・2 培養方法

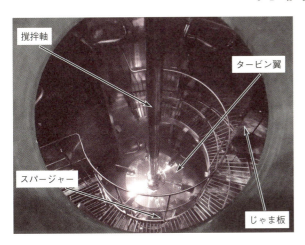

図8・2 実際の培養槽の内部［提供：アステラスファーマテック（株）富山技術センター］

れる階段が設けられている．

培養槽が小型の場合にはガラス製が多いが，40 L 以上になれば腐食しにくい SUS316L という規格のステンレス製となる．培養槽を水蒸気殺菌するために1気圧（100 kPa）程度高くするので，圧力容器としての法規制を受ける．培養槽の回転している部分と静止している部分とをつなぐのが軸受けである．軸受け部のシールがきちんとしていないと外部から培養槽に雑菌が入り込むので，図6・12に示したようにシールをどのようにするかは重要である．

特に高い酸素供給が要求されるバイオリアクターの例として**酢酸発酵**で用いられている**アセテーター**とよばれる培養槽（図8・3）がある．酢酸菌は通常30 ℃程度で培養され，気相から酸素，液相から基質（エタノール）や栄養成分を摂取し，培養槽中でエタノールから酢酸への転換反応を進める．アセテーターの撹拌翼は培養槽底部に設置されており，高速回転によって生じるキャビテーションにより槽外部に通じている撹拌翼裏面の通気孔から空気を吸引し，培養液中に細かい気泡として分散させる．通常の通気撹拌槽と比較して低流量（0.1〜0.2 vvm）*で酸素供給できることから，酢酸のような揮発性の生産物を得る場合（この場合は基質としても揮発性の高いエタノールが使われている）に有効な培養槽である．pHが2程度であるので，殺菌汚染の可能性が低く，連続培養されている．酢酸発酵の培養槽としては従来から浅い木桶が使われており，浅い木桶に培養液を加えて空気を吹込むことをせずに静置した状態で，酸素を気液界面からゆっくりと培養液中に浸透させる形式（静置発酵法）である．酢酸の生産速度は当然低いが，空気を吹込まないため，各種の揮発成分の損失も低く，今でも高級な食酢の製造には木桶が利用されている．酢酸菌の増殖速度は培養液の液深に関係し，単位液量当たりの表面積を大きくとれば酢酸の生産速度は速くなるが，酸素供給が律速段階になるため発酵には長期間を要する．アセテーターの開発により**深部培養**が可能になり，速醸ができるようになった．このため現在，マヨネーズなどの食品原料として大量生産が要求される酢酸は，アセテーターを用いて生産されている．

近年，動物細胞培養は，抗体医薬のようなバイオ医薬品生産のために盛んに行われている．動物細胞培養で使用されるバイオリアクターは通気撹拌培養槽である．ステンレス製のバイオリアクターを使用する方法もあるが，近年，あらかじめ滅菌されているシングルユースバックやシングルユースバイオリアクターなどのシングルユース培養設備を使用する生産方法が，多くの製薬企業で採用されている．撹拌機や接液部位など周辺装置も充実し，各社で数Lから数千Lまでさまざまなスケールの装置が開発されている．これらの装置を使うと短期間で効率的な製造設備を立ち上げることができる．具体的には，たとえば，生産ラインに

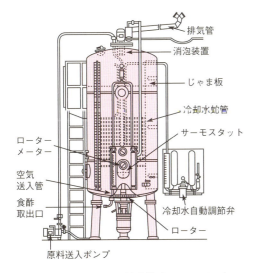

図8・3 酢酸発酵用培養槽（アセテーター）
［正井博之，化学工学，**50**，879（1986）］

---

* 培養液量当たり1分間当たりの通気量（vvm: volume of air/volume of broth/min）

おいて接液部分がシングルユースになるため，従来のステンレス製などの固定設備では必須であった設備の洗浄や滅菌などが不要になり，それに伴うバリデーション（検証）[*1]も軽減できる．さらに，ごく微量で細胞毒性のある医薬品や高い生物活性のある原料を取扱う際，シングルユース機器を利用すると，閉鎖系システムであるため，作業者がそれらの高い生理活性物質にさらされるリスクを抑えることができるというメリットもある．詳細は第13章に記述する．

b. 気泡塔型培養槽　気泡通気のみで酸素の供給と液混合を行う気泡塔型培養槽は構造が簡単なうえに撹拌を伴わないため駆動部がなく，雑菌汚染防止の面から有利である．また撹拌動力が不要なため，大型の培養槽として使用され，従来から排水処理のばっ気槽などに用いられてきた．また，かつてはドラフトチューブ付培養槽がSCP（微生物タンパク質，p.2参照）の経済的な大量生産に用いられていた．

気泡塔は基本的な構造は簡単であるが，多段塔型，多孔板・ドラフトチューブ付塔型，循環式塔型などが開発されている（図8・4，図8・5）．図8・5に示した気泡塔型培養槽では高い**液側酸素移動容量係数** $k_L a$（9・1節参照）が得られている．孔径2 mm，開孔比2％の多孔板を使用した場合，通気速度900 m/hの条件でガスホールドアップ（9・2節参照）0.7, $k_L a$ 7380 h^{-1} という値が報告されている．これは高い通気速度下でドラフトチューブ部における a（培養液単位体積当たりの気液界面積）の増加が $k_L a$ の増加に寄与しているためである．この気泡塔では空塔速度[*2] V_s と

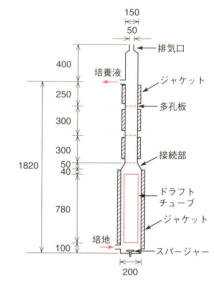

図8・5　多孔板・ドラフトチューブ付塔型培養槽．単位mm.〔福田秀樹，醗酵工学会誌，**59**, 259 (1981)〕

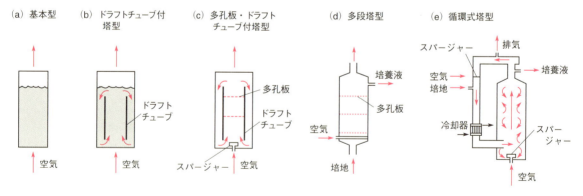

図8・4　気泡塔型培養槽〔注：循環式塔型の場合には，スパージャーは2箇所に設置され，左側に示されている下降管のスパージャーからは少量の空気が，気泡塔底部のスパージャーからは大量の空気が送入され，このバランスで液の循環速度が調整される〕

[*1] 医薬品の品質確保のために厚生労働省の省令が定められており，この省令の中にバリデーションに関する条項がある．バリデーションとは，製造所の構造設備ならびに手順，工程その他の製造管理および品質管理の方法が期待される結果を与えることを検証し，これを文書とすることである．医薬品の品質に問題があると判明した段階で，当該文書を見て，どこに問題点があるのか，検証できることになる．

[*2] 充塡塔や段塔などの塔型装置で，装置内を流れる流体の体積流量を装置の断面積で割った値．見掛け速度ともよばれる．挿入物や充塡物がない空塔とみなして算出しており，真の流速とは異なるが，使いやすいため設計や制御などで用いられることが多い．

$k_L a$ の関係は次式で示される.

$$k_L a = 0.223 V_s^{1.53} \quad (400 \text{ m/h} < V_s < 990 \text{ m/h})$$

通常の気泡塔では,空塔速度 V_s の 0.5～0.7 乗に比例するが,この場合はかなり高いことがわかる.この装置でパン酵母を培養したところ 125 g/L の高細胞濃度が得られた.

また厳密な意味での気泡塔ではないが,ビールなどのアルコール発酵培養槽も図 8・4 (a) の形式である.日本のビール発酵では 400～500 kL の塔型培養槽が用いられている.塔型培養槽では発酵が進むにつれて底部ではかなり嫌気的な環境になる.培養液を積極的に流動させているわけではないが,発生する炭酸ガスの気泡が上昇することにより液の対流が起こる.

8・2・2 固定化培養

通気撹拌槽も気泡塔も好気的な微生物培養槽として開発され,発展してきた.微生物は基本的に懸濁培養される.一方,**固定化微生物**を用いる培養法も実用化されている.培養工程の連続化,反応装置の小型化,生産物分離の容易さなど,酵素の固定化法で認められている特徴をもっており,それに加えて固定化することによって培養槽当たりの微生物の高濃度化,増殖微生物による代謝活性の安定化も目的としている.微生物を担体などで固定化し,担体の粒子径は数 mm にもなるので,固定化微生物は沈降しやすい.そのため,充填塔型や流動層型のバイオリアクターが用いられる.

微生物や動物細胞の固定化法は酵素の場合と同じで,担体結合法,包括法,架橋法に大別される.詳細は 4・3 節を参照されたい.

固定化微生物培養法は包括固定化酵母によるアルコール発酵に応用されている.アルギン酸カルシウムゲルに包括した固定化酵母を充填塔型培養槽に充填し,基質として廃糖蜜を供給することにより約 10% のエタノールが連続的に生産されている.これは従来の回分培養の 20～30 倍の生産性に相当する.

共有結合法や包括法,架橋法などは手間とコストがかかる.担体から漏洩する細胞を気にしなければ,多孔性担体を用いて細孔内に微生物を吸着固定する方法が最も使い勝手がよい.**動物細胞**でもこのような固定化法を用いて三次元高密度培養が実現されている.動物細胞を固定化した多孔性ガラス担体 (直径 600 μm, 比表面積 90 m²/L) を充填した**ラジアルフロー型バイオリアクター** (図 8・6) である.動物細胞を 1.3×10^8 細胞/mL という高い細胞密度で培養でき,抗体生産速度は 1.4 g/d に達した.ベンチトップスケールで実生産規模の高濃度生産である.動物細胞培養では栄養源や老廃物の濃度勾配が大きな問題になるが,このリアクターは,濃度勾配が長手方向ではなく半径方向に形成されるため,高密度化が実現できた.バイオ医薬品生産研究だけでなく三次元組織構築の研究にも用いられている.なお,同様の考え方を §7・3・4 では灌流培養として紹介した.

積極的に固定化する培養方式とは異なり,微生物が自発的に形成する粒子(グラニュール)を利用する培養法もある.排水の嫌気消化によるメタン発酵で実用化されており,上向流嫌気性汚泥床 (Upflow Anaerobic Sludge Blanket; UASB) とよばれている(次ページの図 8・7).これは自己固定化メタン発酵バイ

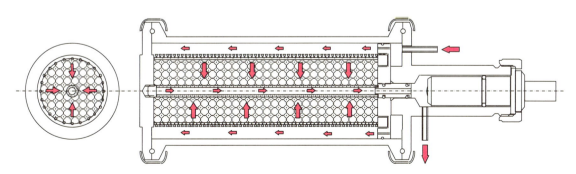

図 8・6 ラジアルフロー型バイオリアクター.内部に粒径の小さい多孔性ガラス担体(粒径 300～600 μm,比表面積 90 m²/L,細孔径 120 μm 以下,空隙率 50～60%)が容積 400 mL 分充填されている.[水谷 悟, 組織培養研究, **18**, 229 (1999)]

オリアクターともいえるが，グラニュールは粒子径が1～3 mm 程度のメタン生成に関与する菌群の塊である．グラニュールの粒子径が大きいために，沈降速度も (11・1)式で示されるように大きく，スラッジブランケットではグラニュールが濃厚な状態になっており，増殖速度が低いメタン生成菌濃度も非常に高くなる．そのため，メタン発酵も迅速化する．詳細は12・2 節に譲る．

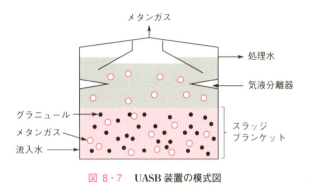

図 8・7　UASB 装置の模式図

8・2・3　固体培養

古来から行われている培養法として**固体培養**がある．適当な水分を含む固体基質上に微生物を直接生育させる方法であり，微生物種の保存に用いられる**寒天斜面培養**や寒天平板に微生物を塗布し，細胞分離や生菌数の計測に利用される**平板培養法**もこの中に含まれる．バイオリアクターという観点から現在工業的に利用されている固体培養は，清酒・みそ・しょうゆなどの醸造食品工業における**コウジ（麹）**の生産やカビ類による各種加水分解酵素の生産があげられる．通常，固体基質としては安価な農産物（穀類，豆類など）や農産廃棄物（ぬか，ふすまなど*）が利用される．固体基質は細胞内の浸透圧とつり合った条件に整えにくいため，寒天平板培養とは異なり，すべての微生物が固体培養可能というわけではない．しかし，一般にカビは細胞内の浸透圧が高く維持されており，またカビの胞子形成は好気性条件下で進みやすいという点もあって，固体培養に適している．カビの場合，培養液中の懸濁培養では生産されないが，固体培養ではよく

生産される酵素もある．これは，液体培養と異なり水分が少ないため，カビの代謝が変化するためである．

清酒醸造におけるコウジ生産では精白米に水を浸漬させ，蒸煮して水分含量 30～40% の蒸米をつくるところから始まる．35 ℃ 程度に冷やし，黄コウジ菌 *Aspergillus oryzae* の胞子（種コウジ）を接種する．30 ℃ 程度の麹室（こうじむろ）に堆積させることでコウジ菌は発芽し，アミラーゼなどの加水分解酵素を分泌しながら米の表面から内部にまで生育し，50 時間程度の培養でコウジが得られる．培養期間中は発酵熱による温度上昇を調節するため 6 時間ごとに切返しを行い，同時に発生する二酸化炭素を放散させる．従来，麹蓋（こうじぶた）とよばれる底の浅い箱を用いた静置培養が行われていた．このような固体培養は酒，みそ，しょうゆなどの醸造工業で広く用いられてきた方法であるが，現在では一部機械化され大型化されている．しょうゆコウジの製造工程で利用されている通風式の自動製麹機（せいきくき）の装置図を図 8・8 に示す．第 1 区間から第 5 区間まで五つに分

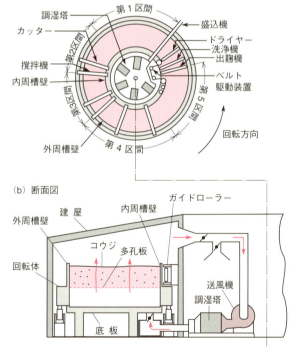

図 8・8　連続式通風自動製麹機〔注：(a) の平面図は (b) の断面図より縮小して描かれているため，回転軸と断面図の中心線がずれている〕[日本発酵工学会編，"バイオエンジニアリング"，p.249，日刊工業新聞（1986）]

---

* "ぬか"とは，玄米を精米するときにとれる外皮と胚芽の混合物で，"米ぬか"ともいう．"ふすま"とは，小麦を製粉するときにとれる外皮と胚芽の混合物．

けられており，それぞれ独立して空気の温度と湿度が調湿塔と送風機を使って調節される．カッターと撹拌機の部分で切返し操作を行う．盛込機のところから蒸した脱脂ダイズに胞子を接種した原料が供給され，数度の切返し操作の後に，出麹機のところからコウジが連続的に出される．切返し操作を省くため，ドラム型発酵槽を用いた間欠回転も行われている．

世界有数の酵素メーカーである天野エンザイム(株)では，現在，固体培養で50品目以上の酵素製品を製造している．その製造方法は，**トレイ培養法**ともよばれ，蒸煮缶内で固体基質（おもに"ふすま"）に種培養液を混ぜ，混ぜたものをトレイに敷いて，ベルトコンベヤーで恒温室に運び入れ，温度管理して培養する方式である（図8・9）．トレイには蓋をして培養期間中は冷却水をかけて冷やす．培養終了後，全量回収し，撹拌，抽出，圧搾などの工程を経て酵素液を回収し，さらに精製工程に進む．1回の培養が終了したら，使用したトレイは丁寧に殺菌洗浄し，次の製品の製造に使う．

工業規模で行う場合，固体培地中のpH，温度，水分などの環境条件の測定や生育量の評価は困難な課題である．液体培養と違って固体培養では均一に混合されていない．このため，どの試料中の物理量を測定して代表値とすればいいか決定できない．したがって，固体培養のプロセスの制御はさらに困難な課題である．測定法として光学系を利用した近赤外あるいは中赤外分光法が検討されている．物質そのものや細胞そのものを測定しているわけではなく，それらに起因する波長成分の吸収を測定しているため，測定結果は推定値でしかなく，推定できる項目も限られている．また，固体培養層の内部のデータが取れないという欠点もある．しかし，非接触で測定できるため，固体表面であればどこでも瞬時に測定できる長所がある．全体としてゆったりとした運転のために運転コストも安く，廃棄物もほとんどないので，環境にやさしい培養法である．

演習問題

8・1 酢酸菌による食酢の生産では，現在でも高級食酢で伝統的な表面発酵法（静置発酵法）が採用されている．その理由について考察せよ．

8・2 図8・1にも記載されているように，通気撹拌培養槽には壁面近傍にじゃま板が縦に3あるいは4枚設置されている．このじゃま板の効用を考察せよ．

8・3 撹拌翼の形状を調べよ．

8・4 清酒製造に欠かせないコウジは，蒸米に黄コウジ菌の胞子（種コウジ）を播種してつくられる．発芽したコウジ菌が，アミラーゼなどの加水分解酵素を分泌しながら米の表面から内部にまで生育することを"破精込み"とよぶ．菌糸が蒸米の周りにばかりあり，破精込みが浅いコウジを"ぬり破精"ということもあり，酵素力価が低いため品質が悪いとされる．このようなコウジになる原因を考察せよ．

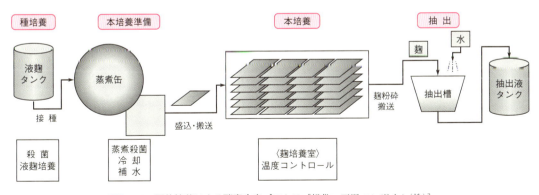

図8・9 固体培養による酵素生産プロセス［提供：天野エンザイム(株)］

9 通気と撹拌

目的にあった微生物を自然界から単離し，さらに目標の生産性を達成できるような変異株や遺伝子組換え微生物が育種できたとしよう．その次に，試験管培養の結果から予想される生産性が実生産規模で達成されるか否かを，実験室規模で小スケールの培養槽での培養実験を繰返すことで確認する．さらに，10倍から100倍程度大型の培養槽を使って生産性がチェックされる．スケールが大きくなったとき問題になるのは，できる限り実験室規模の培養と同じ培養環境にするために，どのような培養槽を設計し，どのような操作条件にすればよいかである．通気が必要ない嫌気培養では比較的容易であるが，通気撹拌を必要とする好気的な培養では**スケールアップ**はそう簡単ではない．スケールアップは**通気・撹拌**のスケール効果に対する解析と，その結果をいかに利用するかを考えることに置き換えられる．この検討は実生産規模での培養操作の成否に直結するため，微生物利用工業の発展の歴史においても欠かすことのできないテーマであった．このため，実際のプラントでは，プラントごとに数多くのノウハウが凝縮されている．

工業的に最もよく用いられている培養槽である**通気撹拌槽**の設計に関しては，培養槽の直径 D_t，培養槽の高さ（実際には槽底部から液面までの高さ）H_L，撹拌翼の形状，撹拌翼の直径 D_i，撹拌翼の高さおよび段数などがあげられる．操作条件としては，撹拌回転数 N，ガス通気流量 F，撹拌所要動力 P が考えられる．9・3節で詳述するが，たとえば80 Lの小型培養槽で予備実験を行い，10 kLの培養槽，つまり体積で125倍の培養槽で培養するようにスケールアップする場合を考える．培養槽の形状は撹拌翼の形状も含めて相似形を基本として設計するとして，D_t，H_L はそれぞれ5倍となる．ここで撹拌回転数 N が同じになるようにすると，撹拌翼の先端速度 $\pi N D_i$ は5倍，先端部での液の流動特性の指標となる変形レイノルズ数 $ND_i^2\rho/\mu$ は25倍となる．このように，すべての物理的条件を小規模装置の条件と同一にすることはできない．また糸状菌のように，微生物の特性としてせん断応力に対する感受性が高い微生物の場合は，細胞に加わるせん断応力がスケールアップで同じになるようにすべきである．

したがって，スケールアップに際しては，目的の微生物や動物細胞の培養において，どの物理因子が発酵生産に影響を与えるのかを詳細に検討し，絞り込んだうえで，その因子（**律速因子**ともいう）に着目して，その因子ができうる限り同一となるように設計・操作条件を決定することが重要となる．

9・1 酸素供給と $k_L a$ 測定

微生物の培養では炭素源，窒素源，金属元素などの栄養成分は，あらかじめ培地中に十分量を溶解させることができる．しかし，増殖に必要な酸素などの気相（ガス）成分は飽和溶解度が高くないため（酸素では37 ℃でわずか6.8 mg/L），特に好気性微生物の培養では，培養槽への酸素供給が増殖の律速になることが多い（図7・7参照）．このためスケールアップに際しても，培養槽への酸素供給が十分に行われるように実施することが多い．

通気撹拌培養槽で好気性菌を培養する場合，空気が通気される．このため培養槽への酸素供給はスパージャーを通した空気通気流量と，気泡の分散と混合に影響する撹拌回転数によって支配される．しかし，混合，撹拌の状況は，培養槽内部の形状，撹拌翼の位

置や段数，じゃま板*の有無，スパージャーの形式などの種々の因子の影響を受けるため，酸素供給速度の推定は困難である．このため小スケールの培養槽で先の因子を変更して実測を繰返し，その結果に基づいて大スケールでの酸素供給速度を推定することになる．

酸素供給は通気分散された気泡からの酸素分子の培養液中への移動（溶解）により進む．気泡（気相）中の酸素分子は濃度勾配に従って培養液（液相）に溶解する．濃度勾配は気相でも液相でも完全混合が仮定できないところで生じている．理解しやすいように，この濃度勾配は界面の限られた領域（境膜）でのみ生じていると仮定する．これが物質移動の**境膜説**である．概要を図9·1に示す．気液界面に境膜を仮定し，境

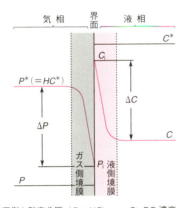

P: C に平衡な酸素分圧 ($P=HC$)
P^*: 気相の酸素分圧 ($P^*=HC^*$)
P_i: 界面気相での酸素分圧 ($P_i=HC_i$)
H: 酸素のヘンリー定数
C: DO 濃度
C^*: P^* に平衡な DO 濃度
C_i: 界面液相での DO 濃度

図 9·1 二重境膜説

膜内でのみ物質移動抵抗があり，濃度勾配が生じていると仮定する．ガス側境膜での酸素分子の移動速度（**酸素移動速度**）v，および液側境膜での移動速度は次の式で示すことができる．

$$v = k_G a(P^* - P_i) \quad v = k_L a(C_i - C)$$
$$\text{ただし} \quad P_i = HC_i \qquad (9·1)$$

ここで，気液界面に接している気相中の酸素分圧は P_i，同様に液相中の DO（溶存酸素）濃度は C_i であり，

気液平衡のヘンリーの法則は，界面でのみ成立している．酸素移動速度 v はどちらの境膜でも同じである．また，k_G は気相（ガス）側境膜での**酸素移動係数**，k_L は液側境膜での酸素移動係数であり，移動抵抗の逆数に相当する．さらに，a は培養液単位体積当たりの気液界面積，H はヘンリー定数である．

界面の分圧 P_i や濃度 C_i は計測できない．計測できるのは気相の酸素分圧 P^* および水溶液中の DO 濃度 C である．そこで，P^* に平衡な DO 濃度 C^*（これはその酸素分圧における飽和 DO 濃度に相当する）を仮定し，次の式のように，気相から液相まで，総括の物質移動を考えることにする．

$$v = K_L a(C^* - C)$$
$$\text{ただし} \quad P^* = HC^* \qquad (9·2)$$

ここで，K_L は気相境膜と液相境膜の物質移動抵抗を組入れた係数で，**液境膜基準総括酸素移動係数**，$K_L a$ は**液境膜基準総括酸素移動容量係数**という．ここで，$K_L a$ は，$k_G a$，$k_L a$ の間に次の関係が成立する．

$$\frac{1}{K_L a} = \frac{1}{H k_G a} + \frac{1}{k_L a} \qquad (9·3)$$

気相側の移動速度は液相側に比べて非常に大きく，ほとんど移動抵抗にならないため，気液界面の DO 濃度 C_i は気相の酸素分圧 P^* に平衡な DO 濃度 C^* にほぼ等しく，**液側酸素移動容量係数** $k_L a$ として測定され，利用される．このため $k_L a$ のことを単に**酸素移動容量係数**ということが多く，本書でもこの慣例に従う．

$$v = K_L a(C^* - C) = k_L a(C_i - C)$$
$$\cong k_L a(C^* - C) \qquad (9·4)$$

詳しくは成書を参考にされたい．

酸素移動容量係数の測定には，亜硫酸ナトリウムの酸化速度を比色定量して求める亜硫酸ナトリウム酸化法，DO 電極を使用して DO 濃度の動的変化を実測して求めるダイナミック法（後述，p.83）がある．ほかに培養槽からの排ガスを分析する方法もある．この方法は十分な精度は得られないが，大型あるいは機械的撹拌を伴わない培養槽で，DO 濃度に分布がある場合には，培養槽全体の酸素移動容量係数を決定するために使われる．

亜硫酸ナトリウム酸化法は，A. W. Hixon らと W. H.

---

* 培養槽の側壁面に D_t（培養槽直径）の 1/10 程度の板（通常 4 枚）を壁面に垂直に取付ける．このことによって液混合が大変よくなる．図 8·2 と図 9·6 も参照．

Bartholomew らによって初めて発酵分野に応用された．この方法は，触媒としての2価の銅イオンの存在下では，亜硫酸イオンの酸化反応が見かけ上0次反応として進行することに基づいている．気泡から培養液へ酸素が溶解し，培養液中で亜硫酸イオンと反応するが，0次反応であるために，亜硫酸イオンの濃度には依存せず，時間的に一定の速度で反応していく．したがって，ある時間間隔で測定した亜硫酸イオンの濃度変化から酸素の移動速度が算出できることとなる．この計測系では酸素の溶解は反応を伴うガス吸収（反応吸収）になるために実際の培養条件よりも高く評価されることとなり，また培養液の物性と亜硫酸ナトリウム水溶液の物性がかなり異なるため，実際の培養槽での酸素移動速度を測定していることにはならないという問題点がある．しかし，測定の簡便さから培養槽の特性を調べるために利用されている場合が多く，実際にスケールアップに使われている例もある．

この方法では液本体中の DO 濃度はゼロとなるので，液側境膜での濃度勾配が大きくなり，測定される値はガス側抵抗も含めた液境膜基準総括酸素移動容量係数 $K_L a$ となる．液中では (9・5) 式の化学反応が起こっており，(9・6) 式の反応で残存亜硫酸ナトリウム濃度を決定する．

$$Na_2SO_3 + \frac{1}{2} O_2 \longrightarrow Na_2SO_4 \quad (9・5)$$

$$Na_2SO_3 + I_2 + H_2O \longrightarrow Na_2SO_4 + 2 HI \quad (9・6)$$

このため，S を亜硫酸ナトリウム濃度とすると (9・4) 式は次のようになる．

$$v = K_L a(C^* - C) = -\frac{1}{2}\left(\frac{dS}{dt}\right) = K_d(P^* - P) \quad (9・7)$$

ここで，K_d は**酸素吸収速度**であり，$K_d = K_L a/H$ の関係がある．

亜硫酸ナトリウム酸化法は反応吸収であるので C も P もゼロとみなせ，(9・7) 式は次式となる．

$$v = K_L a C^* = -\frac{1}{2}\left(\frac{dS}{dt}\right) = K_d P^* \quad (9・8)$$

図 9・2 は，種々の培養槽でパン酵母を培養し，増殖収率と亜硫酸ナトリウム酸化速度（酸素移動速度）の関係をまとめたものである．このような実験では，形状が相似である場合，ない場合，および機械的撹拌を伴っている場合，そうでない場合を含んでいるため，両者によい相関が得られる場合はまれである．しかしこの実験からは，酸素移動速度が 120 mmol O_2/

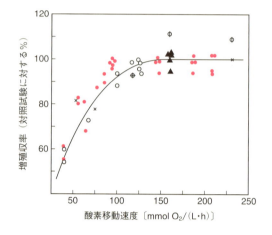

図 9・2 酸素移動速度とパン酵母の増殖収率〔J. Strohm et al., *Appl. Microbiol.*, **7**, 235 (1959)〕

(L・h) 以上であればパン酵母は高い増殖収率で培養できることを示している．

図 9・3 はペニシリン発酵に関して，酸素移動速度（酸素吸収速度 K_d に酸素分圧 P^* をかけた値）に対してペニシリンの収率をプロットしたものである．この

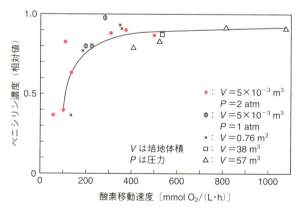

図 9・3 規模の異なる培養槽における酸素移動速度とペニシリン生産の関係〔E. O. Karow et al., *J. Agr. Food Chem.*, **1**, 302 (1953)〕

図からも、ある程度以上の酸素移動速度で高い生産性が得られていることがわかる。このような実験を通して、スケールアップの基準が得られる。

DO電極（図10・3参照）を利用した**ダイナミック法**は培養液の酸素移動速度を直接測定できるため汎用されている。培養槽内の酸素の物質収支は次の式で説明できる。

$$\frac{dC}{dt} = k_L a(C^* - C) - Q_{O_2} X \quad (9 \cdot 9)$$

ただし、Q_{O_2}は単位細胞濃度当たりの微生物の呼吸速度（酸素比消費速度）、Xは細胞濃度を示す。ダイナミック法では亜硫酸ナトリウム酸化法と異なり、反応吸収ではなく、実際の培養環境で酸素移動速度を求めるため、酸素移動容量係数は$k_L a$が使われる。

ここで細胞の増殖が無視できる短時間で通気停止、再開を行うと図9・4（a）に示すようなDO濃度の変化が生じる。通気停止の期間の直線的な変化から$Q_{O_2}X$が求められる。また、再開してからのDO濃度変化は、細胞濃度変化を無視できるとして、（9・9）式を積分することにより求められる。実際には、DO濃度Cに対し、各C値での$dC/dt + Q_{O_2}X$を求めて図9・4（b）のようにプロットする。得られる直線の傾きは$-1/k_L a$であるので、$k_L a$が算出される。

9・2 酸素移動容量係数と操作条件の相関式

酸素移動容量係数$k_L a$は、実際に使用する培養槽で通気速度、撹拌回転数などの操作変数を変えて測定することが望ましいが、コスト、人件費などの点から実測データを得ることは容易ではない。そのような場合、次のように相関式を利用して推算することになる。

通気撹拌槽での酸素移動速度には、撹拌所要動力Pあるいは通気撹拌所要動力P_g、ガス通気流量Fもしくは空塔速度（ガス通気流量Fを塔断面積Aで除した値）V_s、および撹拌翼の回転数Nが関係する。

C. M. Cooperらは通気撹拌槽の酸素移動に関して、亜硫酸ナトリウム酸化法でデータを集め、**酸素吸収速度**K_d〔kmol/(h·m³·atm)〕に関して以下の実験式を提案している。

$$K_d = 0.0635 \left(\frac{P_g}{V}\right)^{0.95} V_s^{0.67} \quad (9 \cdot 10)$$

ここで、P_gは通気系での**撹拌所要動力**（HP: 英馬力 7.457×10^2 W）を示す。なお、この式は円板付片羽根タービン翼を備えた種々の大きさの通気撹拌槽で得られたデータを解析した結果であり、適応範囲は、1段翼でV_sが90 m/h、2段翼で150 m/h以下、液深H_Lは撹拌翼の直径D_iとの比で$H_L/D_i = 1$である。

J. W. Richardsらは物質移動に関する次元解析を通気撹拌系に対して整理して、次の無次元数から成る式を提案している。

$$\left(\frac{k_L D_i}{D_f}\right)\left(\frac{\mu}{\rho D_f}\right)^\alpha = C_1 \left(\frac{D_i^2 N \rho}{\mu}\right)^\beta \quad (9 \cdot 11)$$

ここで、D_fは培地中の酸素の拡散係数、μは培地の粘度、ρは培地の密度である。したがって、撹拌翼の直径D_iを代表長さとして、$k_L D_i/D_f$はシャーウッド（Sherwood）数Sh、$\mu/\rho D_f$はシュミット（Schmidt）数Sc、$D_i^2 N \rho/\mu$はレイノルズ（Reynolds）数Reに対応

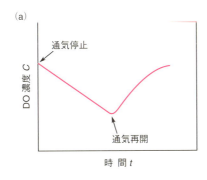
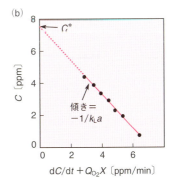

図9・4 ダイナミック法による$k_L a$（酸素移動容量係数）の測定。（a）通気停止および通気再開始時におけるDO濃度変化。（b）$k_L a$の求め方。図より$k_L a = 0.98$ min⁻¹、$C^* = 7.45$ ppmとなる。
[H. Taguchi, A. E. Humphrey, *J. Ferment. Technol.*, **44**, 881 (1966)]

する.

培地の粘度 μ，培地の密度 ρ，酸素の拡散係数 D_f は培地が変わっても一定とすると

$$k_\mathrm{L} D_\mathrm{i} = C_1' \left(\frac{D_\mathrm{i}^2 N \rho}{\mu} \right)^\beta \qquad (9 \cdot 12)$$

水溶液と粒子の間の物質移動の測定によって，$\beta = 0.4 \sim 0.6$ がわかっているので，仮に 0.5 とすると，次式となる.

$$k_\mathrm{L} = C_1'' N^{0.5} \qquad (9 \cdot 13)$$

一方，気液接触面積 a に関しては P. H. Calderbank らが次の結果を得ている.

$$a = C_2 \left(\frac{(P_\mathrm{g}/V)^{0.4} \rho^{0.2}}{\sigma^{0.6}} \right) \left(\frac{V_\mathrm{s}}{v_\mathrm{B}} \right)^{0.5} \qquad (9 \cdot 14)$$

ここで σ は培地の表面張力，v_B は気泡上昇速度である. ρ，σ，v_B は培地が変わっても一定とすると

$$a = C_2' \left(\frac{P_\mathrm{g}}{V} \right)^{0.4} V_\mathrm{s}^{0.5} \qquad (9 \cdot 15)$$

(9・13) 式および (9・15) 式より次の (9・16) 式が得られる.

$$k_\mathrm{L} a = C_3 \left(\frac{P_\mathrm{g}}{V} \right)^{0.4} V_\mathrm{s}^{0.5} N^{0.5} \qquad (9 \cdot 16)$$

通気撹拌槽における液側酸素移動容量係数の相関式として，(9・16) 式はよく用いられる．激しく撹拌された培養槽内の流れは乱流であり，大小さまざまな渦が存在する．大きな渦が分裂して小さな渦となり，さらに微小な渦となって最終的に液の粘性により熱として放散される．乱流場でのこの熱放散が単位体積当たりの撹拌所要動力 P_g/V に等しくなる．乱流場では物質は乱流渦によって運ばれており，結果として輸送フラックス（単位時間単位面積当たりを通過する物質の流れ）が増大する．撹拌所要動力 P_g/V が同じであれば混合撹拌も同じになり，物質移動も同じになる．このため撹拌所要動力は $k_\mathrm{L} a$ に関係することになる.

一方，機械的撹拌を伴わない気泡塔のような培養槽では，酸素移動速度は，ガス通気流量 F，液深 H_L，気泡径 d_B，気泡上昇速度 v_B に関係する.

気泡上昇速度 v_B は，気泡径 d_B に依存する．単一気泡の終末の気泡上昇速度は図 9・5 に示すように気泡径 $5 \sim 25$ mm の範囲で，$20 \sim 30$ cm/s まで増加する．しかし，実際の培養槽内では気泡群が合一，再分散を繰返しており，単一気泡の上昇速度を正確に求めるこ

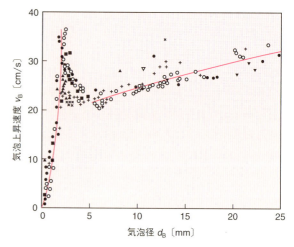

図 9・5 **上昇気泡の最終速度**．多くの研究者のデータをもとに気泡径との関係をまとめた〔D. W. Van Krevelen, P. J. Hoftijzer, *Chem. Eng. Progress*, **46**, 29 (1950)〕

とができない．このため，ガス通気流量 F を通気中の気相分断面積で割ることで，気泡群全体の平均的なガス上昇速度として求める．通気中の気相分断面積は無通気時の体積 V と液深 H_L，ガスホールドアップ*H_0 から決定する.

$$v_\mathrm{B} = \frac{F}{H_0 V / H_\mathrm{L}} = \frac{F H_\mathrm{L}}{H_0 V} \qquad (9 \cdot 17)$$

粘性の高い液では，気泡上昇速度が著しく低下するので注意する必要がある.

W. W. Eckenfelder Jr. は気泡塔内での液側酸素移動抵抗に関して，液深を考慮した次の実験式を提案している.

$$\left(\frac{k_\mathrm{L} d_\mathrm{B}}{D_\mathrm{f}} \right) H_\mathrm{L}^{1/3} = C_4 \left(\frac{d_\mathrm{B} v_\mathrm{B} \rho}{\mu} \right) \left(\frac{\mu}{\rho D_\mathrm{f}} \right)^{0.5} \qquad (9 \cdot 18)$$

また (9・17) 式より，液単位容積当たりの気液界面積 a については次の式が成り立つ.

$$a = C_5 \frac{F H_\mathrm{L}}{d_\mathrm{B} v_\mathrm{B} V} \qquad (9 \cdot 19)$$

このため，酸素移動容量係数 $k_\mathrm{L} a$ は次の式で評価できることがわかる.

$$k_\mathrm{L} a = C_6 \frac{F H_\mathrm{L}^{2/3}}{V} \qquad (9 \cdot 20)$$

この式は気泡塔における酸素移動容量係数の相関式としてよく用いられる.

---

* 液相における気相の体積割合のことで，気泡群を含む気液混合体積当たりの気泡群の体積割合を示す．

9・3 スケールアップの計算例

培養槽が完全に同じ性能になるようにスケールアップすることは不可能である．それは本章の最初にも説明したように，幾何学的に相似の培養槽を設計しても，同じ液混合特性，同じ物質移動特性を示す操作条件を実現できないからである．

通気撹拌槽のスケールアップに関係する物理因子としては，以下のものがある．

a. 液単位容積当たりの**撹拌所要動力** P/V

$$\frac{P}{V} \propto N^3 D_i^2 \qquad (9\cdot21)$$

b. 槽内の**液循環回数** F_l/V

$$\frac{F_l}{V} \propto N \qquad (9\cdot22)$$

c. 撹拌翼の**先端速度** v

$$v \propto ND_i \qquad (9\cdot23)$$

d. **変形レイノルズ数** $N_{Re}(=ND_i^2\rho/\mu)$

$$N_{Re} \propto ND_i^2 \qquad (9\cdot24)$$

表 9・1 は，互いに相似な通気撹拌培養槽を 80 L から 10 kL にスケールアップする場合，これら物理因子の量的関係を示している．

たとえば P/V を等しくする場合，小スケールを添字 1，大スケールを添字 2 で示すと，**撹拌回転数** N は次のように計算できる．

$$\left(\frac{P}{V}\right)_1 = \left(\frac{P}{V}\right)_2 \qquad (9\cdot25)$$

このことより

$$(N^3 D_i^2)_1 = (N^3 D_i^2)_2 \qquad (9\cdot26)$$

ゆえに，

$$\frac{N_2}{N_1} = \left(\frac{D_{i1}}{D_{i2}}\right)^{2/3} = \left(\frac{1}{5}\right)^{2/3} = 0.34 \qquad (9\cdot27)$$

したがって，大容量培養槽（大スケール）では，小スケールの 0.34 倍の撹拌回転数にするべきであり，このとき撹拌翼の先端速度に相当する ND_i は 1.7 倍になることがわかる．カビや放線菌を培養して抗生物質を生産することが多く，これらの微生物は通常ペレット状になるが，撹拌翼の先端速度がスケールアップにより 1.7 倍になるとペレットが破壊されやすくなる．

ペレットの破壊が問題とならないように，撹拌翼の先端速度を等しくしたスケールアップでは酸素供給が問題となる．その理由は表 9・1 と (9・16) 式から理解できる．この場合，P/V は大スケールでは 0.2 倍となる．後述するように P_g/V も同程度となる．N も 0.2 倍となる．したがって，(9・16) 式から $k_L a$ はかなり小さくなると予想される．

いずれの因子を同じにしても，他の因子は決して同一とならない．実際の培養槽では，培養経過につれて溶液の粘度，表面張力などの物性が変化するので，さらにスケールアップが困難になるということも理解しておく必要がある．

スケールアップに際してどの物理因子を基準にとるかは個々の事例に応じて決めなければならない．たとえば，撹拌槽内の冷却コイル表面の液境膜伝熱係数 h が問題になる場合は，h と，P/V や F/V との相関関係を解析する方法がとられる．一般的に，好気的培養では，最も律速段階になりやすい酸素移動速度を基準としてスケールアップすることが多い．すなわち，スケールが違っても酸素供給速度を同じにして

表 9・1 スケールアップに関与する物理因子間の量的関係[a]

因 子		小型槽 80 L	大型槽 10 kL			
撹拌所要動力	P	1.0	125	3125	25	0.2
	P/V	1.0	**1.0**	25	0.2	0.0016
撹拌回転数	N	1.0	0.34	**1.0**	0.2	0.04
培養槽の直径	D_t	1.0	5.0	5.0	5.0	5.0
槽内の液循環流量	F_l	1.0	42.5	125	25	5.0
槽内の液循環回数	F_l/V	1.0	0.34	1.0	0.2	0.04
撹拌翼の先端速度	πND_i	1.0	1.7	5.0	**1.0**	0.2
変形レイノルズ数	$ND_i^2\rho/\mu$	1.0	8.5	25	5.0	**1.0**

a) S. Y. Oldshue, *Biotech. Bioeng.*, **8**, 3 (1966).

おけば，等しい発酵生産が期待できるという考え方である．

実際には，酸素供給速度は操作変数ではない．このため，たとえば，必要な k_La を与える単位体積当たりの撹拌所要動力 P/V を求めて操作条件を決定することになる．撹拌所要動力と k_La の間には（9・16）式のような関係があるため，撹拌所要動力を基準としてスケールアップすることが可能である．

動物細胞は細胞壁をもたず，大きさもバクテリアの10倍以上になるため，せん断応力に対する感受性が高い．このため，カビや放線菌の場合と同様，細胞に加わる流体力学的なせん断応力を小型培養槽と同じにした方がよいと考えられている．物質移動速度は乱流の強度に関係するため，物質移動速度を上げることと細胞ダメージに関連するせん断応力を下げることは相反する要求事項である．

酸素移動速度基準のスケールアップは，次のような手順で行われる．

1）酸素移動容量係数 k_La または酸素移動速度（酸素吸収速度 K_d として測定される場合が多い）と操作条件との関係を小スケールの培養槽に関して求めておく．できれば大きさの違う2個の培養槽を使用することが望ましい．たとえば，（9・10）式のような関係を使って次のような式を求めておく．

$$K_d = C_7 \left(\frac{P_g}{V}\right)^\alpha V_s^\beta \quad (9\cdot 28)$$

2）目的の培養に関して酸素移動速度と生産物収率の関係を知る．すなわち，図9・2，図9・3のような図にまとめ，酸素移動速度としていくつ以上の値が必要かを求めておく．

3）大型培養槽での操作条件を決める．しかし，（9・28）式では**通気撹拌所要動力 P_g と空塔速度 V_s** の二つがパラメーターになっているので，この式だけでは一義的に操作条件を決められない．このため機械的撹拌を伴わない系での（9・20）式を使って，ガス通気流量 F をあらかじめ決定する．すなわち，小スケールの培養槽で得られた最適通気流量と酸素移動速度の関係を使って，大スケールの培養槽で所定の酸素移動速度が得られるような通気流量を決定し，空塔速度を求める．

4）通常，大スケールの培養槽では通気の圧力が高く，酸素吸収速度に対する推進力が高くなるので，次

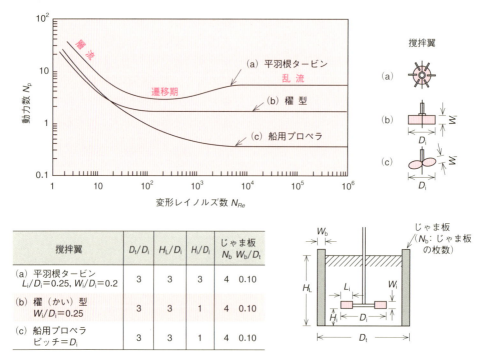

図 9・6 種々の撹拌翼による動力数 N_p と変形レイノルズ数 N_{Re} の関係
[J. H. Rushton *et al.*, *Chem. Eng. Progress*, **46**, 467 (1950)]

のような式でその影響を考慮する．

$$K_{d1}P_1^* = K_{d2}P_2^* \qquad (9\cdot 29)$$

5) (9・28)式に (9・29)式で得られた値を代入し，大スケールの培養槽での P_g/V を求める．

6) P_g が求められると，たとえば次のような実験式を用いて撹拌所要動力 P と撹拌回転数 N が求められる．ここで，C_8 の値は単位系によって異なるが，P_g と P が HP，N が s^{-1}，D_i が m，F が m^3/s のとき，C_8 は 0.5～0.8 となる．

$$P_g = C_8 \left(\frac{P^2 N D_i^3}{F^{0.56}}\right)^{0.45} \qquad (9\cdot 30)$$

$$N_p = \frac{P g_c}{N^3 D_i^5 \rho} = 6 n_i \qquad (9\cdot 31)$$

ここで，n_i は撹拌翼の段数であり，左辺は**動力数** N_p とよばれる．また，g_c は重力換算係数で 9.81 kg·m/(kgf·s^2) である．

動力数 N_p は液の流れの状態（撹拌翼まわりのレイノルズ数を表す変形レイノルズ数 N_{Re}）によって異なる．図 9・6 に動力数 N_p と変形レイノルズ数 N_{Re} の関係を示す．激しく撹拌されている場合（乱流域）は，撹拌による散逸エネルギーは液の慣性抵抗が主体となり，N_{Re} に依存せず一定値となる．(9・31)式はこの関係を示している．ちなみに N_{Re} が 30 以下の層流域では撹拌翼表面の摩擦抵抗が主体となり，N_{Re} に逆比例する．

(9・30)式は P_g と操作変数との関係に関する B. J. Michel らの実験式である．この実験式は平羽根タービン翼を用いた実験結果に基づいている．他の撹拌翼も含めた場合，図 9・7 の関係が得られる．ここで横軸の N_a は**通気数**とよばれ，次式で定義される．

$$N_a = \frac{槽を通る空気の見掛け線速度}{撹拌翼の先端速度} = \frac{F/D_i^2}{ND_i}$$

$$= \frac{F}{ND_i^3} \qquad (9\cdot 32)$$

図 9・7 を利用して，N を求めることができる．p.86 の 1) から 5) の手順で大スケールの培養槽で必要な P_{g2} が決定できる．(9・31)式から P_2 を N の関数として，P_{g2}/P_2 も N の関数として求められる．ここで図 9・7 を利用する．通気数 N_a も N の関数なので

単 位 系

質量，長さ，時間，温度など種々の物理量を客観的に表すためには，kg，m，s，K などの基礎となる基本単位と，それらを組合わせた N（ニュートン）や Pa（パスカル）などの組合わせ単位がある．単位系としては SI（国際）単位系とよばれる物理単位系が国際的に広く用いられているが，機械・建設などの分野では，重力単位系も用いられている．工学分野では両者を組合わせた工学単位系も用いられる．物理単位系は質量（M），長さ（L），時間（T）を基本量とするのに対して，重力単位系は，力（F），長さ（L），時間（T）を基本量とする．すなわち重力単位系では，質量 1 kg の物体が重力のもとで下から支える力を 1 kgf とし，この力を基本量にする．SI 単位系では力は質量×加速度で示されるため，単位は kg·m/s^2 あるいは N で表現され，1〔kgf〕= 9.81〔kg·m/s^2〕(= 9.81〔N〕) となる．

工学単位系では，SI 単位系で用いられる基本単位以外に，重力単位系で用いられる力の単位 kgf を単位として用いている．このため SI 単位系は MLT 系，重力単位系は FLT 系，工学単位系は MFLT 系ともよばれる．F を単位に加えるのは，独立した基本単位としては矛盾しているが，実際上使いやすく，たとえば圧力は，kgf/cm^2 と表示される．SI 単位系では上述のように力 F の単位は kg·m/s^2 であり，質量を m，加速度を a とすれば

$$F〔kg\cdot m/s^2〕= ma$$

となるが，単位 kgf を力の単位として計算に用いるためには単位換算が必要になる．1 kgf は標準重力加速度（g: 9.81 m/s^2）のもとで質量 1 kg の物体に働く重力に相当する．$F = 1$〔kgf〕，$m = 1$〔kg〕，$g = 9.81$〔m/s^2〕となるには，次の換算式になる．

$$F〔kgf〕= mg/g_c$$

ここで，$g_c = 9.81$〔kg·m/(kgf·s^2)〕であり，重力換算係数とよばれ，次元を統一するための換算係数である．ただし，数値としては標準重力加速度 g と同じである．

試行錯誤で決めることになるが，実際に使用している撹拌翼の形状に合わせて N を求めることができる．

スケールアップでは，このように相関式を駆使して

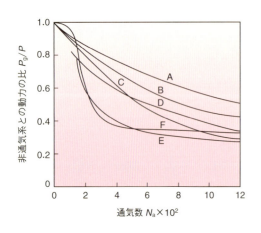

A: 平羽根タービン （$N_p=8$）　　F: 櫂　型
B: 片羽根タービン （$N_p=8$）　　$D_l/D_i=3$
C: 片羽根タービン （$N_p=6$）　　$W_b/D_t=0.1$
D: 片羽根タービン （$N_p=16$）　$D_t/H_l=3$
E: 片羽根タービン （$N_p=4$）

図 9・7　動力の比に及ぼす通気数の影響．図 9・6 も参照
[Y. Ohyama, K. Endoh, *Chem. Eng.* (*Japan*), **19**, 2 (1955)]

大型槽の物質移動速度や混合撹拌，あるいはせん断応力を推定して最適な操作条件を算出する．しかし，近年，数値流体解析（Computational Fluid Dynamics, CFD）による撹拌槽のシミュレーションが発展し，図 1・6 でも示したように，形状が同じモックを使用すればさまざまな条件での液混合の様子が正確に把握できるようになってきた．撹拌翼の形状，撹拌翼段数や翼間隔による混合の様子や撹拌速度の影響などが理解できる．k_La を CFD で正確に導くことは現状では難しいが，気泡径を仮定して，気泡分散と流動を合わせて解くことは可能である．また，せん断応力について計算で求め，細胞へのダメージを予測することも行われている．工業規模の装置になると，事前の予測も槽内の流動状態の直接観察も難しいため，CFD は広く使われており，装置メーカーは積極的に活用している．詳細は巻末の参考文献を参照していただきたい．

【計算例】

平羽根タービン翼を 2 段有する 80 L の培養槽で，ある微生物を培養し，以下のような最適条件が得られた．幾何学的に相似の 10 kL の培養槽（培地量は 6 kL）での操作条件を求めよ．ただし，培地の密度は 1050 kg/m³ とする．

80 L の培養槽での条件：
$V_1 = 48$ L, $F_1 = 48$ L/min ($F_1/V_1 = 1$ vvm),
$(K_d P^*)_1 = 250$ mmol O$_2$/(L·h), $H_{L1} = 1.2 D_{t1}$,
$D_{i1} = D_{t1}/3$

〔解〕 形状は
$V_1 = \pi D_{t1}^2 H_{L1}/4 = 0.3\pi D_{t1}^3$
$D_{t1} = (V_1/0.3\pi)^{1/3} = (0.048/0.3\pi)^{1/3} = 0.371$ m
$D_{i1} = 0.124$ m, $H_{L1} = 0.445$ m
$D_{t2} = (V_2/0.3\pi)^{1/3} = (6/0.3\pi)^{1/3} = 1.85$ m
$D_{i2} = 0.618$ m, $H_{L2} = 2.22$ m

酸素移動速度基準でスケールアップするとすれば，10 kL 培養槽での通気量は (9・20) 式より
$(F/V)_2 = (F/V)_1 (H_{L2}/H_{L1})^{-2/3}$
　　　　$= (1)(2.22/0.445)^{-2/3} = 0.343$ vvm
$F_2 = 0.343 \times 6 = 2.06$ m³/min
$V_{s2} = 2.06 \times 60/(\pi D_{t2}^2/4) = 46.0$ m/h

大スケールの培養槽の酸素分圧は入口側と出口側の平均値をとって
$P_2^* = \{1 + (1 + H_{L2}/10.3)\} \times 0.21/2 = 0.233$ atm

ゆえに，
$K_{d2} = 250/0.233 = 1073$ mmol O$_2$/(L·h·atm)
　　　　$= 1.07$ kmol O$_2$/(m³·h·atm)

K_d について (9・10) 式が成り立つとすると
$K_d = 0.0635(P_g/V)^{0.95} V_s^{0.67}$
より
$(P_g/V)_2^{0.95} = 46.0^{-0.67} \times (1.07/0.0635) = 1.30$

ゆえに，
$P_{g2} = 1.30^{1/0.95} \times 6 = 7.91$ HP

2 段翼であるから，(9・31) 式は
$\left(\dfrac{P_{gc}}{N^3 D_i^5 \rho} \right)_2 = 6 \times 2$

ゆえに，
$P_2 = 12 \times N_2^3 \times (0.618)^5 \times 1050/9.81$
　　$= 116 N_2^3$ kgf·m/s
　　$= 1.52 N_2^3$ HP

一方，(9・30) 式より
$P_g = 0.5 \left(\dfrac{P^2 N D_i^3}{F^{0.56}} \right)^{0.45}$

が成立するとすれば（ただし，P_g, P の単位は HP，N は 1/s，D_i は m，F は m³/s）
$7.91 = 0.5 \times \left\{ \dfrac{(1.52 N_2^3)^2 \times N_2 \times (0.618)^3}{(2.06/60)^{0.56}} \right\}^{0.45}$

$N_2^{3.15} = 8.87$
$N_2 = 2.00$ s^{-1} = 120 rpm

また，通気しない場合の撹拌所要動力は
$P_2 = 1.52 \times (2.00)^3 = 12.2$ HP

9・4 酸素移動速度以外に基準となる因子

酸素移動速度もしくは k_La 基準のスケールアップが適応できないケースとして，培養液が高粘性あるいは非ニュートン性を示し，培養液の流動状態がスケールによって著しく異なるような場合が知られている．

微生物の培養液は**非ニュートン流体**であり，速度勾配 dv/dy がせん断応力 τ に比例しない．微生物濃度が低いところではニュートン流体として取扱うことができるが，培養後期に高濃度になった場合，あるいはカビや放線菌の培養液では，この流動特性のため，撹拌翼から離れたせん断応力の小さいところでは液が停滞し，槽内を均一の粘度で評価できないことになる．あらかじめ流動特性（dv/dy と τ の関係）が判明している場合は，任意の撹拌回転数 N に対して見掛け粘度 μ_a を推定し，図9・6を用いてニュートン流体と同様に撹拌所要動力を算出することができる．しかし，培養を通して細胞濃度が増加するため，正確に評価することは容易なことではない．

図9・8はペニシリン発酵における見掛け粘度に対

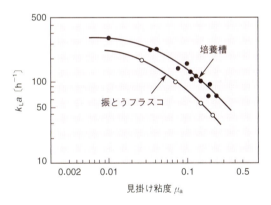

図 9・8 ペニシリン発酵における培養液の粘度と酸素移動容量係数 k_La の関係［田口久治，永井史郎編，"微生物培養工学（微生物学基礎講座7）", p.182, 共立出版（1985）］

する k_La の変化を示している．培養時間が長くなると見掛け粘度は高くなる．同一の操作条件であっても，培養時間やスケールによって k_La が変化することが読取れる．このような培養では亜硫酸ナトリウム酸化速度はスケールアップの指標となりえない．

図9・9に，ノボビオシンの発酵生産における実際の微生物による**酸素摂取速度**（Oxygen Uptake Rate, OUR）を示す．亜硫酸ナトリウム酸化速度との相関がみられないこと，および撹拌翼の直径 D_i と培養槽

直径 D_t の比によって流動状態が大きく異なるため，酸素摂取などの生理活性が変化することがわかる．ノボビオシンの生産はOURと相関があり，このような

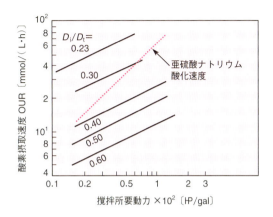

図 9・9 ノボビオシン発酵における酸素摂取速度 OUR（実線）と亜硫酸ナトリウム酸化速度（赤の破線）［R.Steel, W. D. Maxon, *Biotechnol. Bioeng.*, 4, 231（1962）］

場合は，亜硫酸ナトリウム酸化速度以外の物理因子との相関関係について追究する必要がある．OUR は撹拌翼の先端速度 πND_i に対してよい相関を示すので，これがスケールアップの基準になる．

カビ，放線菌などを培養する場合，せん断応力による菌糸の切断，損傷も重要な問題である．せん断応力がこれらの微生物の生育や生産物の蓄積に影響するからである．通常，培養槽内のせん断応力の正確な評価は困難なので，最も高いせん断速度が加わる点として，この場合も撹拌翼の先端速度を目安にする場合が多い．ND_i の増加に伴い糸状菌への損傷もほぼ直線的に増加する．したがって，酸素律速でない範囲においては ND_i がスケールアップの基準になる．

大型の培養槽がいったん建設されてしまうと，撹拌，通気，物質移動といった操作条件の変更は困難になり，大型の培養槽で採用できる培養条件が限られることになる．したがって，操作変数の変更で生産性を改良することは困難で，培地組成，原料の種類，細胞の育種などに頼るところが大きい．その場合，いきなり実際の培養槽で試験するのではなく，小スケールの培養槽でチェックする方がよい．このため，スケールアップを問題にするとき，実際の培養槽での生産収率や生産速度を小スケールでの実験で再現しておくことも重要である．これを**スケールダウン**という．実際の

培養槽では通気撹拌などの条件が固定されているが，小スケールでは条件を変えられるため，たとえば通気流量を固定しておき，撹拌回転数を培養期間を通して変化させ，実際の培養槽での培養経過を再現できるようにしておく．一度この条件が確立できれば，新たに育種した変異株や改良した培地が，実際の培養槽でどれほどの生産性を達成することができるかを知ることができ，すぐに実際の培養槽へ還元できる．

図9・10に *Streptomyces aureofaciens* によるクロルテトラサイクリン生産でのスケールダウンの例を示す．OURに注目してスケールダウンされており，生産規模の培養槽と同じOURの経時変化を示すように小型培養槽での撹拌回転数を変えて培養している．

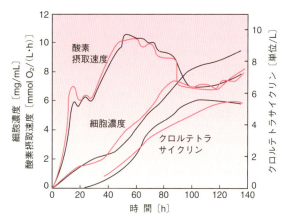

図9・10 クロルテトラサイクリン生産でのスケールダウンの例．赤色の線は大型培養槽，黒色の線は小型培養槽〔A. L. Jensen *et al.*, *Biotech. Bioeng.*, **8**, 525 (1966)〕

演習問題

9・1 容積1Lの通気撹拌槽を用い，30℃，$k_L a = 40\,h^{-1}$ の条件で，ある微生物を培養したところ，微生物濃度 $X = 10\,g$ 乾燥細胞/L のとき，DO濃度 C がほぼ 1 mg/L となった．

(a) この微生物の単位乾燥細胞濃度当たりの酸素消費速度 Q_{O_2} を求めよ．ただし，30℃での飽和DO濃度は 7.53 mg/L とする．

(b) この通気撹拌条件のまま培養を続けると，最終乾燥細胞濃度はどうなると予想されるか．ただし，培地成分は流加するため枯渇しないとする．

9・2 容積1Lの小型通気撹拌槽を用い，ある糸状菌の好気培養に成功した．そこで，$k_L a$ を基準として相似形の容積1000Lの大型通気撹拌槽にスケールアップすることとした．撹拌速度は小型槽の1/5になる計算結果であり，その条件で培養したところ，最終到達細胞濃度が小型槽の80%にとどまった．撹拌によるダメージが考えられたため，次に撹拌翼先端速度を基準としたスケールアップを考えた．

この場合，大型槽の撹拌速度は小型槽の何倍になるか．また，$k_L a$ は小型槽の何倍になるか．なお，$k_L a$ と撹拌速度の関係は（9・16）式で示される．

9・3 ある小型培養槽における酸素移動係数 k_L は次式で相関できた．c は無次元定数である．

$$Sh = c\,Re_i^{3/4}\,Sc^{1/2}$$

ただし

$$Sh = \frac{k_L D_i}{D_f} \quad Re_i = \frac{\rho D_i^2 N}{\mu} \quad Sc = \frac{\mu}{\rho D_f}$$

D_i は撹拌翼の直径，N は撹拌回転数，D_f は酸素の拡散係数，ρ は流体の密度，μ は流体の粘度である．

いま，この培養槽を幾何学的に相似な条件を保って，直径10倍（体積1000倍）にスケールアップした大型培養槽を設計したい．培養槽内の流動条件は乱流であり，物性は両培養槽で変化しないものと仮定して以下の問題に答えよ．小型培養槽を添字1，大型培養槽を添字2で表す．

(a) 両培養槽の k_L 値を等しくするためには大型培養槽の N_2 を小型培養槽 N_1 の何倍にすればよいか．

(b) このときに必要な単位体積当たりの撹拌動力 P/V は小型培養槽の何倍となるか．

9・4 通気撹拌系での物質移動に関して次元解析し，撹拌槽の大きさを変えて酸素移動を測定する実験を行った結果，次の無次元数から成る相関式を得た．ここで c は無次元定数である．

$$Sh = c\,Re_i^{0.6}\,Sc^{0.5}$$

通気撹拌培養槽での微生物の培養で，相似形を保って体積で125倍にスケールアップする場合を考える．大型培養槽での撹拌翼先端速度を小型培養槽の速度の2倍以上にならないように，また大型培養槽の k_L は小型培養槽の0.5倍以下にならないように運転したい．上記の相関式のみを使って大型培養槽で運転可能な撹拌回転数 N_2 の範囲は，小型培養槽の N_1 の何倍から何倍になるか推算せよ．ただし，μ，ρ などの溶液の物性値，酸素の拡散係数 D_f は変化しない．

10 計測・制御と生物情報の活用

これまでに微生物などの細胞の増殖特性およびその速度論について述べてきた．pHや温度，DO（溶存酸素）濃度などの培養環境，炭素源や窒素源などの培地成分濃度によって増殖速度や生産物の生産速度が変化することも解説してきた．しかし，実際の培養槽における操作を考えたとき，生産物濃度を最高値にするといった実際の目標値を達成するために，培養環境や培地成分濃度を具体的にどのようにして計測し，どのようにして制御すればよいのだろうか．

また近年では，**PAT**（Process Analytical Technology）の導入によって，製造工程の設計，分析，管理を行い，製品の品質を確保することが求められている．特に医薬品タンパク質の製造では，高度な品質保証が要求されるため，**QbD**（Quality by Design）により品質設計に基づいた製造プロセスの構築が重要となっており，生産性の向上のみならず品質管理のための計測や制御が必要である．また，p.76 の脚注で述べたように，バリデーションを実施するためにも必要である．

本章では，まず，微生物などの培養に使われている計測器の種類と特徴について述べた後，制御するための方法論について概説する．最後に，発展著しいバイオインフォマティクスの概要を示す．なお，本章で述べることの大半は動物細胞にも適用することができる．

表 10・1 バイオプロセスにおける測定項目

分類	測定項目[†1]	測定方法	オンライン化[†2]
基礎的計測値	温度*	白金抵抗体など	◎
	圧力*	ブルドン管など	◎
	撹拌速度	デジタル式	◎
	空気流量	オリフィスなど	◎
	pH*	ガラス電極式	◎
	液(泡)面*	電極式	◎
	酸化還元電位*	金属電極	◎
	粘度*	振動式	○
培養経過に関する計測値	溶存酸素	ガルバニ電池式，ポーラログラフ式，蛍光式	◎
	溶存炭酸ガス	隔膜/pH電極式	○
	出口酸素	磁気式その他	◎
	出口炭酸ガス	赤外線式その他	◎
	糖濃度	グルコース電極式[†3]	○
	生産物濃度	(対象により異なる)	○
	撹拌トルク	トルクメーター	◎
	全体重量	ロードセル	◎
	細胞濃度	光学式	◎
	発生熱量	熱量計	○

† 1 ＊印は培養槽内直接挿入．
† 2 ◎ 完全にオンライン化済；○ 若干問題があるがほぼ達成．
† 3 槽内より培養液をサンプリングする必要あり．

10・1 計　測

バイオプロセスの特徴は化学プロセスと異なり，常温・常圧下，基本的に中性の水溶液中で進行する．したがって，この条件を確保するため，温度，圧力，pH，DO 濃度，ガス流量などが計測される．表 10・1 にバイオプロセスで計測される項目を示す．回分操作といってもある時間内は連続運転されており，増殖期間中，数分で致命的な状態変化が起こることもありうるので，実時間での測定が可能な，いわゆるオンラインセンサーが用いられる．試料を抜取り，試験室に運んで分析するオフライン分析計も品質管理などによく用いられるが，バイオプロセスでは，できればオンラインセンサーが望まれる．

10・1・1 オンラインセンサー

オンラインセンサーの条件として，信頼性，高精

度，耐環境性があげられる．信頼性とは故障しにくいということであり，プロセス運転中に指示値が実際の値と違ってくると細胞の生育そのものに直接影響する．変異や遺伝子操作を繰返して育種されている生産株は，その生育最適条件が元の親株より著しく狭くなっていることが多い．このような生産株を順調に培養するために，ますます高精度のセンサーが要求される．オンラインセンサーは培養液に直接接触することが多いので，培地の加熱蒸気殺菌処理に耐えることが求められる．バイオプロセスは他のプロセスと比較して，温度や圧力はより穏和な条件であるが，湿度が高い，懸濁している固形物が付着しやすい，培養液に泡が存在する，などの影響を受けないようにする必要がある．それ以外にあまり複雑な構造にすると培養細胞がたまりやすくなって，雑菌汚染の原因にもなりかねないので注意を要する．また，撹拌機の振動も受けやすいので，ある程度の耐振性も必要である．

具体的には温度，流量，液位，圧力・差圧などの物理量計測センサー，水溶液中のpH，排ガス濃度，DO濃度などの電気化学的成分測定用センサー，などを使用する．

a. 温度センサー　温度の制御はバイオプロセスでは最も重要である．このため，培養液の温度の計測には，高い信頼性が求められる．培養液の測温には測温抵抗体やサーミスターといった抵抗式温度センサーが多用される．

測温抵抗体は金属の電気抵抗が温度と一定の関係にあることを利用している．そのうち，白金は最も良好

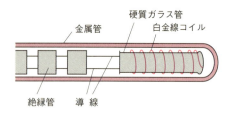

図 10・1　測温抵抗体の構造（先端部）［日本発酵工学会編，"バイオエンジニアリング"，p.76，日刊工業新聞（1986）］

で，空気中で酸化せず，抵抗と温度の関係が単純であり，さらに純度の高い白金が利用可能で，安定した特性が得られる．国際規格も整備されており，測温抵抗体温度センサーといえばほとんど**白金測温抵抗体**に限

られる．図10・1に測温抵抗体の構造を示す．外形はステンレスの棒状金属管であり，反応器の外に出る棒の根元に結線のための接続端子がある．その内部の先端部に，測温のための抵抗体がある．抵抗体としては直径0.05～0.1mmの白金線を雲母または石英ガラスの円筒状絶縁体に密に巻付けたものであり，導線を溶着させて接続端子に導かれる．応答性を上げるために，金属管内部を酸化マグネシウムなどの封入体で封入して空気層を少なくしたもののことを，**シース型測温抵抗体**という．物理化学的な劣化を防ぐ目的で，測温抵抗体は通常はさらに保護管に入れて使用する．保護管内部には，熱伝導をよくするために油などが注入される．この中に測温抵抗体を挿入して使用する．こうすることで保守・校正も簡便にできる．

金属の酸化物は半導体であり，大きな負の温度係数をもつ．この特性を利用してつくられた温度センサーを**サーミスター**とよぶ．温度係数の特性から，白金より狭い温度範囲で正確に測温できる．また，測温部を直径0.2mm程度まで細くでき，応答遅れも小さいという特徴ももつ．一方，温度係数が温度によって変化するという欠点ももっており，広い範囲での測温には適していない．

ほとんどすべての物質は昇温とともに体積が膨張する．**バイメタル**は固体であるがこの方式で感温する．感温物質を封入し，その体積変化を，毛細管を通して受圧部に受けたものが**膨張式温度センサー**である．封入体として液体を用いるものが多い．その他の温度センサーとして，熱電対式温度計や放射温度計もあるが，主として高温で用いられるものが多く，バイオプロセスでは用いられない．

実際の培養槽などの温度測定においては，応答遅れをできるだけ小さくする必要がある．測温抵抗体の内部，あるいは保護管内も熱伝導を高くする必要がある．また，温度センサーの出力は通常小さいので，周囲からの誘導ノイズを受けやすい．導線にシールド線を用いるなどの対策も重要である．

b. 流量センサー　流量計測には絶対精度を重視したものと，条件の一定化をめざした再現性を重視したものがある．前者はおもに容積式が，後者には絞り式，面積流量式，電磁式などの流量計が用いられる．培養槽などのバイオプロセスでも，基質や添加物の流入量，通気量，排ガス量など，流量測定が必要な場面

が多々ある．

容積式流量センサーは2個の回転子から成り，回転子とケースの間にできる空間に入った流体が，回転子の回転によって吐出される構造である．主として液体に用いられるが，空間の容積は決まっているので，精度の高い絶対測定が可能である．

絞り式流量センサーは，流路にオリフィスやベンチュリー管のような絞りを入れて，絞り前後の圧力差を差圧式センサーに接続して測定する．構造上堅牢であるため，流体の種類，流量の大小，圧力，温度を問わず汎用性のある測定方法で，広く用いられている．同様の差圧計測方式としてピトー管を用いるものもある．

半導体差圧式センサーは，可動部のない信頼性の高いセンサーで，数百から数千分の一の差圧を測定できる．汎用性の高い差圧式センサーが使えるため，この方式もよく使われている．

面積流量式センサーは鉛直のテーパー*をなす管内に浮子（うき）を浮かべ，浮子の高さで流量を求める方式である．位置を電気信号に変えるものもあるが，テーパー管をガラス製にして直読できる形式のものが簡便に用いられている．テーパー管ではなく直管にボールを入れただけの流量計もある．いずれにしても浮子の大きさと形状，ボールの直径と比重により測定できる流量範囲が決まる．

電磁式流量センサーは，電磁誘導の法則に基づいて磁界中を導体が移動するとき，その導体に起電力が生じることを利用する．流路内に気体を流して，その質量流量が測定できる．気体のように均一で，温度変化がない流体に適する．電磁弁を組合わせて**マスフローコントローラー**とし，培養槽への流入ガスの流量制御によく用いられる．

c. 液位センサー　培養槽内の液量を正確に計測したり，制御したりする目的で用いられる．また，泡面センサーとしての利用も重要である．

差圧式センサーは測定したい培養槽の底部の水圧 p と大気圧 p_0 の間の差圧を測定し，密度が ρ である場合に，次式で液位 h を求めるセンサーである．ここで，g は重力加速度である．

$$p = p_0 + \rho g h \qquad (10・1)$$

密度変化がない場合，この方式が一般的によく用いられる．スラリーや固形物がある場合，培養槽底部の圧力を直接センサーに導けない．この場合はステンレス製ダイヤフラム（弾性薄膜）を介し，シリコーンなどの封入液としてセンサーに導く方式もとられる．

静電容量式センサーは培養槽内に1本の電極を差し込み，培養槽壁との間に形成されるコンデンサーの静電容量を検出することで液面を知ることができる．静電容量は液中への電極の挿入長さが同じであれば溶液の誘電率とその量によって決まるからである．培養槽の形状や取付け位置によっても違ってくるので，きちんとした校正が必要である．また，誘電率が温度の影響を受けるといった欠点もある．

その他として，ロードセルにより培養槽ごと重量を計測する方式もある．抗生物質生産のように固形物があり，その量が培養の進行とともに変化する場合，適用される．

培養液はタンパク質成分が含まれており，好気性微生物では通気を必要とすることから，発泡は免れない．発泡が著しいと培養槽のガス出口から排ガスと一緒に培養液が流出する．このため，**泡面（あわめん）センサー**が重要である．上述の静電容量式センサーを応用して，培養槽上部より泡面検出用電極を適当な長さまで挿入しておけば，泡がそこまで上昇したときに静電容量の変化で検出できる．培養液は導電性で引火の危険もないため，泡による導通を検出する導通センサーとして電極を設置することもある．

d. pHセンサー　細胞は増殖に適した最適pHをもつ．通常は中性付近であるが，この最適pH付近に保つことが望まれるので，バイオプロセスでpHは制御すべき重要な因子である．

pH電極としては**ガラス電極**が用いられる．これは，ガラス薄膜を介してpHの異なる液が接触するとpHの差に比例して膜電位が生じることを利用したものである．塩化銀電極を内蔵したガラス電極，参照電極，およびサーミスターを用いる温度補償電極の3本で構成され，ガラス薄膜上の膜電位をガラス電極と参照電極の間の電位差として取出す（次ページの図10・2a）．ガラス電極，参照電極は飽和に近い塩化カリウムなどの電解質を内部液とする．参照電極には液絡部があり，参照電極内部と被測定液との拡散混合が起こりにくく，電気的には接続されている状態をつくる．

---

*　上になるほど徐々に断面積が広くなる構造．

内部液と被測定液の間の電位差がないようにするため，多孔質セラミックなどが用いられる．プロセス用センサーとしては取扱いが容易なように，3本を一つにまとめた**複合電極**（図10・2b）が用いられる．

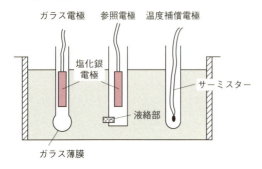

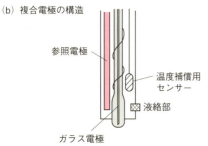

図 10・2　pH 電極の構造．[日本発酵工学会編，"バイオエンジニアリング"，p.87，日刊工業新聞（1986）]

培養槽に取付けたまま蒸気滅菌できるものが用いられるが，一般に数十回の使用で劣化する．ガラス成分の溶出や内部電極の疲労が原因である．液絡部の汚れによる目詰まりは応答の遅れにつながる．

e. DO 電極　好気性微生物や動物細胞を培養するためには，DO 濃度の制御が重要である．酢酸菌のような偏性好気性菌では短時間の酸素不足でも致命的である．

電極内部液は被測定液と酸素透過性隔膜で仕切られている．この隔膜に近接して白金などのカソード（陰極）があり，間は電解液の薄層が入り込んでいる（図10・3）．透過してきた酸素分子はカソード表面で反応し，対極のアノード（陽極）との間の電流値を測定する．測定原理は**ポーラログラフ式**と**ガルバニ電池式**に大別される．前者はアノードに銀を，電解液に塩化カリウムを用いるが，後者はアノードに鉛やスズを，電解液にはアルカリ溶液が用いられる．両者ではアノード側での反応が異なるが，ポーラログラフ式ではアノード・カソード間に電圧をかけて DO 濃度に応じた電流値を検出するのに対して，ガルバニ電池式は基本的に電池であり，電圧印加は必要ないというところが根本的に異なる．ポーラログラフ式では反応の進行とともに内部液の Cl^- イオンが消費されて感度が悪くなる．一方，ガルバニ電池式も OH^- イオンの濃度が低くなると $Pb(OH)_2$ が析出して電極反応が悪くなる．内部電極の劣化は再生処理も可能だが，通常は数十回の使用で新しいものと交換となる．

近年では，DO 濃度測定のための**蛍光式酸素センサー**が普及してきている．これは，蛍光物質に励起光を照射すると，その蛍光強度が酸素によって濃度依存的に減衰する原理に基づいている．この方法では，光源および蛍光測定のための光学系を必要とするが，DO 電極と比べ，DO 濃度測定に際して酸素を消費せず，低濃度の測定が可能なことやメンテナンスが容易であるといった特徴がある．同じ原理で pH や CO_2 濃度の測定も可能である．蛍光物質を培養槽に塗布し，培養槽外から励起光を照射することで測定できるので，使い捨てタイプの超小型培養槽やシングルユース培養槽への適用が可能である．

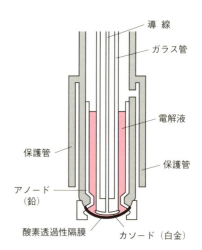

図 10・3　DO 電極の構造 [日本発酵工学会編，"バイオエンジニアリング"，p.91，日刊工業新聞（1986）]

f. 排ガス分析計　培養槽内に装着するわけではないが，出口ガス中の酸素濃度，炭酸ガス濃度の分析が行われる．基本的には DO 濃度を反映しているはずである．しかし，DO 電極の指示が局所で，しかも微小な変化をとらえにくいのに対して，排ガス中の濃

度分析はガス流量を変えることで高感度を保てる．このため，特に細胞濃度が高くなってきたとき，細胞の生育活性の変化の指標としてDO電極より高感度な場合がある．

排ガス中の酸素濃度は酸素分子が常磁性であるから**磁気式分析計**が用いられる．炭酸ガス濃度は他のプロセスセンサーとしても使われている**赤外線分析計**が用いられる．いずれも培養槽の排ガス分析であるため，湿度が高い条件で使用できるよう工夫する必要がある．低温で除湿する装置で前処理するもの，吸湿カラムを用いるもの，などが製品化されている．

g. 濁度センサー　微生物の培養において細胞濃度の測定はきわめて重要である．培養液が固形分を含んでおらず，比較的透明な培地の場合，**濁度**（turbidity）を測定して細胞濃度に換算する方法が使える．一定間隔の光路をつくり，その間に入った微生物による散乱が濃度に依存して透過光強度を低下させることを利用する．光路長を調節することで高細胞濃度域用，中濃度域用，低濃度域用と使い分けることができる．光源にレーザー光線を用いたものを**レーザー濁度計**（図10・4）という．光源に強い光を用いることでダイナミックレンジを1000倍くらいまで広くとれるようになった．

センサーからの情報には電気的ノイズが重畳していることが多い．センサーの情報を利用してバイオプロセスを制御するためには，このノイズを適切な方法で除去することが大切である．センサーからの情報を時間的に平均化する方法として**移動平均**が知られている．すなわち，時間をt，計測間隔をΔtとして，過去n個のセンサー出力$x(t-n\Delta t)$，$x(t-(n-1)\Delta t)$，$x(t-\Delta t)$の平均値をその時点でのセンサー出力$x(t)$として用いる．

$$x(t) = \sum_{i=0}^{n-1} \frac{x(t-(n-i)\Delta t)}{n} \quad (10 \cdot 2)$$

この方法は，サンプリング間隔が現象の変化に比べて短く，平均化するのに十分なデータ点がとれる場合，ノイズリダクション効果が得られる．濁度センサーも気泡や培地中の固形物などの接触でノイズが重畳しやすいが，この方法で使用できるデータに加工できる．

h. バイオセンサー　酵素を用いたセンサーが種々考案されている．しかし，培養槽に直接挿入するオンラインセンサーとしてはいまだに実用化していない．これは酵素が加熱蒸気殺菌に耐えられないことが第一の原因であるが，微生物の生産するプロテアーゼで分解されるということも重大な問題である．

グルコース濃度は微生物培養において最も測定したい培地成分である．グルコースオキシダーゼを酸素透過膜の表面に固定化したDO電極はグルコース測定用のバイオセンサーとして使える．この測定原理を用いたセンシングシステムが市販されている．これは，培養槽から無菌的に培養液を抜取る装置が組込んであり，抜取りから測定まで約5分を要する．オンラインセンサーではないが**インラインセンサー**としての使用である．5分の測定の遅れは大腸菌のような増殖速度

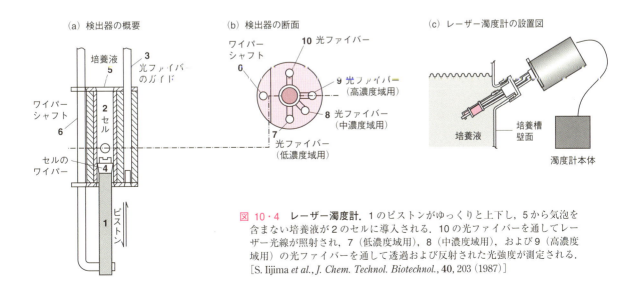

図 10・4　レーザー濁度計． 1のピストンがゆっくりと上下し，5から気泡を含まない培養液が2のセルに導入される．10の光ファイバーを通してレーザー光線が照射され，7（低濃度域用），8（中濃度域用），および9（高濃度域用）の光ファイバーを通して透過および反射された光強度が測定される．
[S. Iijima *et al.*, *J. Chem. Technol. Biotechnol.*, **40**, 203 (1987)]

が高い微生物の培養の場合，特に細胞濃度が高くなってくると大きな問題となり，グルコース濃度の制御が困難となる．しかし，酵母やカビなど高濃度でもグルコース消費速度がそれほど高くない微生物では使用可能である．同様の方法を用いれば各種の培地成分濃度をインラインセンシング法として検出できる．たとえば，酵母では生産物のエタノールが細胞の増殖や物質生産に影響を及ぼすので，エタノールオキシダーゼを用いた同様の検出装置を利用することにより，エタノールとグルコースが同時にかつ厳密に制御できる（図7・9および図7・10参照）．

図10・5に**アンモニア濃度**の測定法を示す．この場合は，ネスラー法が測定原理である．培養液以外に2液を要するため，**フローインジェクションアナリシス**（Flow Injection Analysis, FIA）が用いられている．培養液がゆっくりと，しかし連続的に培養槽から抜き出され，沪過モジュールで細胞が分離される．細胞を分離された液が六方バルブで少量だけ取り分けられ，一定温度に保たれている反応コイルに送り込まれる．同時にアルカリ液とネスラー試薬も送り込まれるので，反応コイル中で呈色反応が進行し，その程度が分光光度計で測定される．呈色する方法を変えることによって，多くの成分の計測が可能となる．大きな培養槽の場合には，抜き出される液量は相対的に小さいので，FIAシステムは有効な計測方法である．

動物細胞培養では通常グルコースとグルタミンが炭素源である．これらの代謝産物として乳酸やアンモニアが細胞によって生成される．微細加工技術の進歩によって，バイオセンサーの集積・チップ化が可能となり，微量の培養液サンプルからこれらの液中成分量を同時測定可能なバイオセンサーシステムが開発・販売されている．培養中，オンラインでモニタリングするためのサンプリングシステムと組合わせることで，培養期間中の培養槽の管理や制御に適用可能である．

10・1・2 ソフトウェアセンサー

上記のような実際のセンサーが使用できない物理化学値の場合には，他のセンサーの情報から間接的に目的の値を推定する方法が検討されている．たとえば，培養液中のグルコース濃度は測定したいデータではあるが，オンラインセンサーがない．この場合，増殖収率がほぼ一定であると仮定できれば，図10・4に示したように，細胞濃度の変化からグルコースの消費量を推定し，残存グルコース濃度を推定できる．また，炭素源が酢酸などの有機酸である場合，pHの変化から酢酸濃度を推定することもできる．しかし，この方法では増殖収率が一定であるという仮定，あるいは他の物質の消費によるpH変化を無視するといった仮定がどうしても必要である．このため，プロセス制御に応用する場合，推定値に誤差を生じ，制御が成り立たなくなる可能性も否定できない．このため，より厳密な推定をめざして，ニューラルネットワークやファジィ推論（後述）といった知識工学的な手法が検討されている．ニューラルネットワークはヒトの神経回路網を模倣した推論のアルゴリズムで，ファジィ推論も人間の判断過程を模倣することができる．どちらも複数の変数から目的変数の値を推論できる．細胞濃度といった単一の測定値のみから推論するのではなくて，そのときの培養時間と炭酸ガス発生量から培養フェーズを推定したうえで，収率の変化を見通して推論するこ

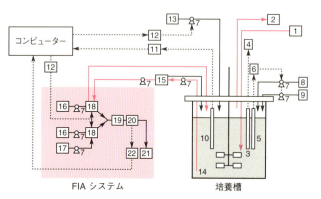

図10・5　**FIAシステムを組込んだアンモニア分析システム**　[H. Honda *et. al.*, *J. Ferment. Bioeng.*, **83**, 59 (1997)]

ともできる．この推論方法は後述するように，培養過程のグルコース供給速度などの制御にも応用することができる．

10・1・3 ニューラルネットワークとパターン認識

ニューラルネットワークは，機械学習で扱われる計算アルゴリズムの一つであり，入力層，中間層（隠れ層），出力層の3層から成る．中間層を何層も重ねることによって精度向上が可能であるが，学習のための大量のデータとそれを扱うことができる高速のコンピューターが必要となる．近年，**人工知能**（Artificial Intelligence, **AI**）における機械学習手法として**ディープラーニング**（深層学習）の有効性が認められ，さまざまな分野へ応用されている．ディープラーニングでは，深い階層から成る中間層をもつニューラルネットによって，大量のデータをもとに規則性や関連性を抽出し，学習を繰返すことで最適解を導きだすもので，それまで問題ごとに特徴の抽出方法を人間が与えるのが常識であったものを，抽出すべき特徴自体を機械が選ぶように学習させることによって，解を選択するための自由度が増し，精度が飛躍的に向上するとともに難解な問題にも対応できるようになった．しかし，解が得られても，なぜその解が得られたのか，中間層を解析しても理論的な裏付けをとることが困難であるという欠点がある．

ここでは，植物不定胚の形態認識にニューラルネットワークを用いた例について説明する．植物の組織の一部を切取って適当な培地を加えて培養すると，**カルス**とよばれる未分化の細胞となり，増殖させることができる．このようなカルスを別の適当な培地に移すと，図10・6に示すように形態変化をし，**不定胚**とな

り，適切な培養によって元の植物体に再分化する．このように細胞が再分化する場合には不定胚の形態計測は必要不可欠である．不定胚の形成過程は，図10・6に示すように不定胚形成能をもったカルスの増殖期と不定胚として形態が分化・発達する過程に大別できる．後者は，細胞分裂が盛んに行われて球状型胚を形成する段階，外見的変化が顕著にみられる心臓型胚から魚雷型胚へと発達する段階，成熟して小植物体として発芽していく段階，に分けることができる．不定胚誘導ではすべてのカルスが分化するのではなく，その一部が分化して不定胚が得られる．したがって，不定胚誘導培地中には不定胚のほかに未分化の細胞や死んだ細胞など多種多様なものが浮遊する．良好な発芽体を効率的に得るために不定胚以外の不純物までも発芽体誘導培地へ移すのでは，培地量当たりの小植物体の生産性は低下する．そこで不定胚と不純物の混合状態から不定胚だけを選び出して，小植物体誘導培地へ移す必要が出てくる．

画像処理技術の課題の一つは，三次元の形を二次元の画像でどのように判別するかである．画像処理技術とは，CCDカメラなどを用いて画像情報をコンピューターに入力し，コンピューターでその物体の形や色などの情報を処理することによって，対象となる物体の三次元的画像情報を抽出する技術である．オリジナルのデジタル画像をコンピューターに取込み，各点（ピクセル）に画像としての情報があるかないかという二値化，画像の必要な部分のみを切取るトリミングなどの処理を行った後，計測したパラメーターをニューラルネットワークに入力する．セロリ不定胚の識別の場合では，形態計測から分化程度を推定することとした．ニューラルネットワークの入力パラメーターとし

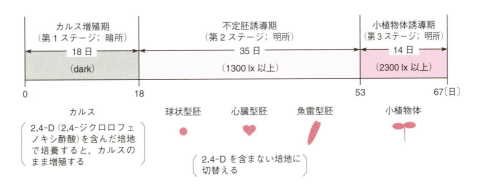

図 10・6 セロリの再分化条件と形態変化 ［N. Uozumi *et al.*, *J. Ferment. Bioeng.*, **76**, 505（1993）］

て，図10・7に示す不定胚の面積，縦横比，真円度の三つを用い，六つの中間層，四つの出力層をもつニューラルネットワークを構築した．このニューラル

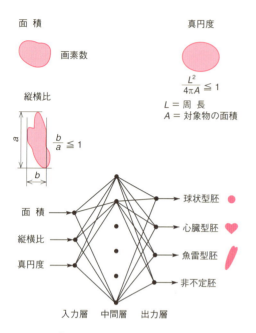

図10・7 不定胚の分化程度を判定するニューラルネットワークの構造［N. Uozumi et al., J. Ferment. Bioeng., **76**, 505 (1993)］

ネットワークは熟練した人間と比較して，不定胚とその他の浮遊物を95％以上の認識率で判別した．ここでは，ニューラルネットワークによる画像認識の簡単な例として，中間層が1層で入力パラメーター（面積，縦横比，真円度）を設定したが，中間層を多層化したディープラーニングでは，多数の画像データとその分化程度判定結果を学習させることで，画像データから直接精度よく分化程度の判定が可能となる．なお，図13・10はヒトの培養細胞の品質評価に応用した例であり，参照されたい．

10・2 制　　御

バイオプロセスにおける制御は，大別して回分操作における**シーケンス制御**と流加培養や連続培養操作における**定値制御**に分けられる．

回分培養や，流加培養および連続培養の開始までの操作にはシーケンス制御が必要となる．シーケンス制御は全自動の洗濯機と同じ制御方式で，原料（基質）の仕込み，殺菌，冷却，種菌接種，培養，排液，洗浄といった一連の単位工程を実施する．シーケンス制御は機械工業や化学工業ではよく使用されている．

温度などを一定に制御するためには**フィードバック制御**が行われ，最も簡単な**オンオフ制御**あるいは**PID制御**がよく用いられている．図5・1(b) に示したように，抗生物質などの生産においては，細胞が増殖する時期（フェーズ）と生産物を生成するフェーズとが明確に区分できる．このフェーズを特定したり，グルコース濃度の定値制御にはファジィ制御がよく用いられる．

10・2・1 定値制御

培養液の温度やpHは通常，一定値に定値制御される．このため，オンオフ制御やPID制御といった他のプロセスでも用いられているフィードバック制御が行われる．すなわち温度やpHの目標値と現在の値との差が小さくなるように制御装置（温度コントローラーやpHコントローラー）から操作信号が出され，これに応じて操作量が変化して（ヒーターの電流値やpH調整剤の添加量），温度，pHが目標値に近づく．オンオフ制御はまさしくヒーターの加熱やpH調整剤の添加量をオンオフで制御する方法である．

PID（比例，積分，微分）**制御**（Proportional-Integral-Derivative control）は，より確実にかつ迅速に目標値に近づけるための操作方法である．

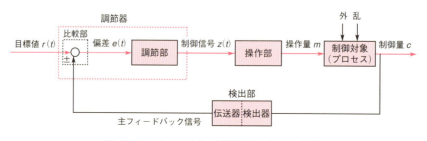

図10・8　フィードバック制御系のブロック線図

制御したいものの一つをcとし，バイオプロセスの操作量の一つをmとする．図10・8に示したように，cが望ましい値$r(t)$になるべく一致するようにmを変化させようとするとき，cを制御量，$r(t)$を目標値，mを操作量，目標値と制御量の差を偏差$e(t)$という．目標値や外乱が変化しても，つねに偏差が0の近くに保たれるように操作量を加減するために，つぎのような手段を講ずる場合，フィードバック制御系を構成するという．まず，検出部として，制御量を適当な計測器で検出する．つぎに，目標値と制御量を比較し，偏差信号をつくる．調節部では，偏差$e(t)$の様子に応じて，操作量のとるべき値（制御信号$z(t)$）を修正する．最後に操作部で，制御信号を増幅して操作量mをつくり出し，直接プロセスに働きかける．フィードバック制御系における信号の流れを示したものが**ブロック線図**で，図10・8に示す．制御量が増加した場合，ある時間が経過すると別の定常値になるようなプロセスを自己平衡性のあるプロセスというが，通常のバイオプロセスは自己平衡性のあるプロセスである．

操作量を偏差に比例させる場合と，操作量の変化の速さに比例させる場合には，それぞれ次式で表され，比例動作（**P動作**），積分動作（**I動作**）という．

$$z(t) = Ke(t) + z_0 \qquad K, z_0 は定数 \quad (10\cdot3)$$

$$z(t) = \frac{1}{T_I}\int e(\tau)d\tau + z_0 \qquad T_I, z_0 は定数 \quad (10\cdot4)$$

自己平衡性のあるプロセスに対しては，I動作が基本であるが，P動作を加えた**PI動作**，さらに微分動作（**D動作**）を加えた**PID動作**が制御性能を向上させるために使用される．この場合，次式で表される．

$$z(t) = K\left\{e(t) + \frac{1}{T_I}\int e(\tau)d\tau + T_D\frac{de(t)}{dt}\right\} + z_0$$
$$K, T_I, T_D, z_0 は定数 \quad (10\cdot5)$$

操作量などの変動がそれほど大きくなく，それらの関係が線形として表現できる場合には，PID動作による制御性は古典的なプロセス制御の考え方でよい．化学工場での制御は90%以上がPID制御でなされているので，バイオプロセスもまずこの制御方策を考えてみるべきである．しかし，流加培養においては，培養の経過に伴って動特性が著しく変化するので，PID制御を行う場合にはゲインスケジューリングなどにより制御パラメーターを時間とともに変化させる必要がある．

10・2・2 最 適 制 御

培養は生産性を向上させることが大きな目標となる．このため，生産性などの評価関数（あるいは目的関数）が最大になるように，プロセスの操作変数を調整する必要がある．これを**最適化**といい，決定した最適条件を**最適点**という．最適化した操作変数で操作することを**最適制御**という．

最適化手法は対象とするシステムが線形か非線形かによって分けられる．線形システムを対象にする場合は，線形制約条件下で評価関数の最大値（あるいは最小値）を求める**線形計画法**が知られている．しかし，酵素反応や培養工程は，複数の因子（pH，温度，各種の反応成分）が互いに独立でなく影響しあう典型的な**非線形システム**である．ここでは非線形システムの最適化手法の代表的な方法として，シンプレックス法と勾配法を説明する．

a. シンプレックス法　多次元での最適化手法の一つである．なお，一次元での最適化法としては，フィボナッチ数や黄金比を用いた方法がある．

r次元空間で$r+1$個の頂点を有する正多面体を**シンプレックス**とよぶ．シンプレックス法はシンプレックスの一つの頂点（この点が3点のなかで評価関数が一番小さい）を残りの頂点の重心に対して鏡像関係の位置に移すという操作（反転）を繰返す．図で示しやすいように二次元空間を考え，図10・9に示すような

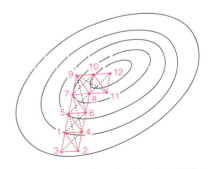

図 10・9 シンプレックス法による最適化

最適点を探索する場合を考えよう．まず，任意の3点として1，2，3の各点を比較すると3の点が最も小さい．1-2の線に対して3の鏡像位置である4と1およ

び2の点を比較すると2の点が最も小さい．そこで，次に1-4の線に対して2の鏡像位置5を決め，比較する．このような操作によって，シンプレックスはあたかも山に登るがごとく移動し，評価関数が最大になる最適点に到達できる（図10・9）．探索の速度や精度を上げるために，シンプレックスの伸張，短縮も行う．シンプレックス法は次の勾配法のように関数形がわかっていなくても最適点を探索できるので，いろいろな最適化に利用できる．

b. 勾配法　評価関数 f が与えられているとき，最適点ではその関数の微分値は0である．たとえば図7・14に示したように，連続培養で細胞の生産性を最大にする希釈率を求める問題に相当する．このように f が x の簡単な関数である場合には，この関数を微分することによって直接的に求めることができるが，多くの場合には簡単な関数関係では表現できないことが多い．そこで，初期点から出発して繰返し法により逐次勾配を計算し，最適点に接近する方法を**勾配法**（あるいは**最急降下法**）という．

c. その他の最適化手法　コンピューターの高速化とともに数値計算が容易になってきた．このため，システムの関数形がわかっている場合，最適点の探索は，非線形システムにおいても全探索が可能である．

最適点に迅速に近づく方法として，**遺伝的アルゴリズム**（Genetic Algorithm, **GA**）がある．生物の進化の過程を模倣した探索方法であり，交差，突然変異，および淘汰に対応する過程がある．図10・10にGAによる探索のフローチャートを示す．各操作変数の値を乱数で発生させ，一つの遺伝子（図10・10aのGene 1では13548698）とし，その遺伝子をつなげた個体を生成させる．各個体の評価関数を計算し，高い値をもつ個体を保存する．低い値をもつ個体については交差（図10・10a）あるいは突然変異（図10・10b）で新しい個体を生成させる．（a）では個体1のGene 1は8以降の数列で，Gene 2は9以降の数列で，それぞれ対応する個体2のGene 1およびGene 2と交差し，新しい個体（個体1′および2′）が生成している．（b）では個体1のGene 1の4の位置が突然変異を起こし，遺伝子13588698となり，新しい個体1′が生成している．このようにして新しい個体が生成したところで1世代が経過したことになる．この操作を繰返すことで評価関数の高い個体を迅速に選択できる．この方法は最適化すべき操作変数が多い場合に有効である．

10・2・3　ファジィ制御

微生物の増殖や物質生産に関しては，第5章で説明したように，おおざっぱな数式モデルは構築されているが，それらは非線形性が高く，バッチごとに動特性も変化しやすく，外乱も受けやすいため，これ以上精

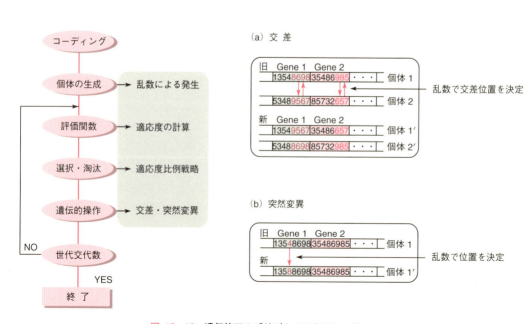

図10・10　遺伝的アルゴリズムGAのフローチャート

緻なモデルを構築することは無意味である．このようなプロセスの制御では，定量的な記述が明確でない，曖昧な集合ないし概念を取扱う方法である**ファジィ制御**が有効な制御方策である．

ファジィ制御は大きく二つの方法に分けられる．一つはプロセス変数の直接的なファジィ制御であり，流加培養でのグルコース流加速度の制御などに使われる．もう一つは間接的な制御であり，DO濃度，グルコース濃度，pHなどのプロセス変数からファジィ推論によって培養フェーズが認識され，フェーズごとに異なる制御方策に従ってプロセスの管理がなされる．

ファジィ制御はすでに実際のバイオプロセスに応用されている．血清コレステロール低下薬であるプラバスタチンの前駆体の生産，ビタミンB_2の生産，清酒醸造などである．

ファジィ制御は1965年のL. A. Zadehの論文"Fuzzy sets"が原典である．ファジィ推論は，ファジィ集合とメンバーシップ関数，およびプロダクションルールから成る．この概要について，図7・10に示した遺伝子組換え酵母の物質生産に関して実行されたファジィ制御を題材にして解説しよう．図10・11に示すように，ファジィ推論に使う変数は，まず，**ファジィ数**に変換される．これは，目的の評価関数への影響を考えたときに，その変数の値は大きいのか小さいのかを決めることになる．図の(a)では5 mg/L以上のDO濃度ではBig（図：B）のグレードが1，DO濃度が2 mg/L以下ではMedium（図：M）のグレードが1（DO濃度は1.5 mg/L以上に制御されているので，Smallの設定はしなくてよい）になっている．同様に，グルコース濃度に対しては，0.1 g/L以下あるいは0.3 g/L以上がそれぞれSmall（図：S）あるいはBigのグレードが1に，0.2 g/LでMediumのグレードが1になっている．エタノール濃度に対しても同様に設定する．

次にファジィ数に変換された変数について，変数間の関係と目的の評価関数との関係についての**プロダクションルール**を図10・11(b)のように作成する．これが最も時間を要し，慎重に行われるべき工程である．図の(b)ではグルコース濃度，エタノール濃度，およびDO濃度が関係する因子としてあがっており，たとえば"DO濃度がBigで，グルコース濃度，エタノール濃度がともにSmallであるとき出力の流加量はPBとすべきである"という関係が読取れる．これが**ファジィルール**である．ここで，PBとはPositive Bigの略であり，流加量はグルコースを添加するポンプの最大値にセットされる．実際の出力値はプロダクションルールの一つによって決まるわけではない．三つの因子のグレードによって，最大8個のルールが関連す

(a) 状態変数のメンバーシップ関数

DO濃度〔mg/L〕

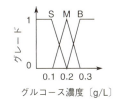
グルコース濃度〔g/L〕

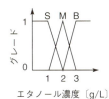
エタノール濃度〔g/L〕

S: small
M: medium
B: big
P: positive
N: negative
ZE: zero

(b) 状態変化に関するプロダクションルール

DO濃度: B

		グルコース濃度		
		S	M	B
エタノール濃度	S	PB	PM	ZE
	M	PM	ZE	NS
	B	ZE	NS	NB

DO濃度: M

		グルコース濃度		
		S	M	B
エタノール濃度	S	PM	PS	NS
	M	PS	ZE	NM
	B	NS	NM	NB

(c) デファジィ化のための操作変数のメンバーシップ関数

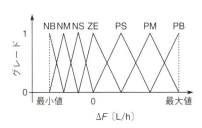

図10・11 流加培養での流加量（F）を決定するためのファジィ制御〔Y. S. Park *et al.*, *Appl. Microbiol. Biotechnol.*, **38**, 649 (1993)〕

る．どのルールにどれくらいの重みで割付けるかはいろいろな方法があるが，単純には各因子のグレードの比較でもよい（図10・12）．

たとえば，DO 濃度が 2 mg/L でグルコース濃度とエタノール濃度が 0.18 g/L と 1.7 g/L の場合，DO 濃度が Medium の方のルールで，図 10・11(b) 中の赤い枠で囲った 4 個のルールが関係してくる．この場合，たとえばグルコース濃度とエタノール濃度がともに Small であるときのグレードは図 10・12 の一番上の図に示されるようにそれぞれ 0.2 と 0.3 で，小さい方の 0.2 が選ばれる．また，両方の濃度がともに Small であるときには図 10・11 から，対応するプロダクションルールは PM であるので，PM の重みが 0.2 ということになる．同様のことを図 10・12 に示したように，グルコース濃度が Medium でエタノール濃度が Small の場合，グルコース濃度が Small でエタノール濃度が Medium の場合，エタノール濃度とグルコース濃度がともに Medium の場合，についても同様に算出する．出力のメンバーシップ関数は図 10・12 の右のように三角形が重なった図形となり，この図形の重心に対応する値としてデファジィ化（実値に再変換）することによって，ΔF が求められる．そして，これまでのグルコース流加速度 F との和（$F +$ ΔF）によって，実際の流加速度が決められる．

この例の場合には DO 濃度は Medium だけだったが，Big も含まれる場合には，それぞれの DO 濃度のルールに関して得たデファジィ化した値を最後に統合して流加量を決めることができる．

バイオプロセスでは特性の変化が多様であるため，人間の判断に頼って運転管理される場合が多く，専門の管理者が運転管理している．そのような場合，管理者の経験やノウハウを生かしたファジィ制御プログラムを構築することも可能である．専門管理者とのインタビューで，適切な変数を拾い上げることができれば，制御性能の高いファジィ制御が可能になる．ファジィ制御はプロダクションルールの調整（チューニング）に一番時間がかかる．このため，その部分も過去のデータを学習することで自動的に行えるように，学習機能をニューラルネットワークに付加させたファジィニューラルネットワーク（FNN）という方法もある．

ファジィ制御や人工ニューラルネットワークは合わせて知識情報処理としてまとめられる．過去の培養データが豊富に利用できるバイオプロセスでは，専門の熟練管理者によってノウハウの蓄積が十分になされている．清酒醸造では熟練管理者が高齢化してきてお

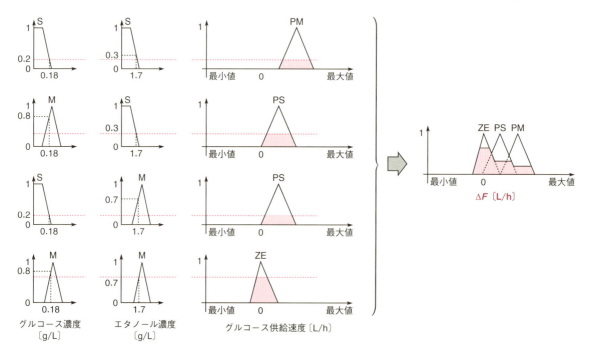

図 10・12　グルコース濃度とエタノール濃度からグルコース供給速度（ΔF）を求めるファジィ推論．図の縦軸はグレードを表す．右列のグルコース供給速度の図は図 10・11（c）のグラフにそれぞれ対応している．

り，その技術や知識の移転，データベース化が重要な問題となっている．培養計測技術の進歩によって高精度の培養データの蓄積も可能となっている．ディープラーニングをはじめとするAI技術によってビッグデータからの機械学習による特徴抽出が可能となり，バイオプロセス制御において生産や品質管理のために知識情報処理技術の活用がますます重要となっている．

解析技術の急速な発達により，DNAやRNAの塩基配列，そこから導かれるアミノ酸配列情報，さらにタンパク質の立体構造など膨大な生物情報が日々蓄積されている．この大量の生物情報データはデータベースとして整理統合されて管理されている．このような大量の生命科学情報を情報科学の知識を用いてコンピューターにより高速処理することで，生命に関わる有益な情報を導きだすための学問として**バイオインフォマティクス**（bioinformatics）が生まれた（図10・13）．

10・3 バイオインフォマティクス

1950年代後半から，微生物の代謝調節機構を人為的に変え，アミノ酸などの目的代謝産物を効率的に生産する代謝制御発酵技術が開発された．遺伝子情報の乏しいこの時代における微生物の改良は，突然変異技術により無作為に得られた変異株のなかから候補となる優良株（アナログ耐性株，栄養要求株など）を取得することにより行われた．その後，遺伝子組換え技術が確立され，DNA配列決定技術やタンパク質の構造

10・3・1 分子生物学データベース

生体内では遺伝子，タンパク質，代謝産物などの多種多様な生体分子がそれぞれの性質に基づいて機能しているが，生体分子の一つ一つの性質を何の情報もなく調べることは非効率である．このため，バイオインフォマティクスが生まれる以前から，個々の研究者が決定した遺伝子の核酸やタンパク質のアミノ酸配列情報，タンパク質の立体構造・モチーフ，酵素活性，生体化合物などの分子生物学情報を収集・管理する分子

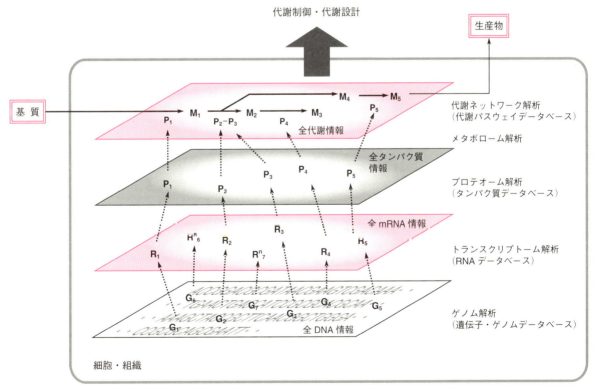

図 10・13 バイオインフォマティクスで取扱う解析技術の概要

生物学データベースがつくられている．現在は National Center for Biotechnology Information（NCBI）が管理運営している統合データベースが最大である（https://www.ncbi.nlm.nih.gov）．このようなデータベースの多くはインターネット上に公開され，無料でアクセスできる．

10・3・2 配列解析

DNA は AGCT の四つの核酸塩基分子の配列の違いにより遺伝情報を伝える生体分子であり，タンパク質は DNA の塩基配列に従って 20 種類のアミノ酸を順番に直鎖状に連結した生体分子である．タンパク質の立体構造や機能は，基本的にアミノ酸配列によって決められているので，理想的にはアミノ酸配列からタンパク質がもつすべての情報を得ることができる．しかし，現在の知識ではそこまでは難しい．そこで，未知のタンパク質の機能や構造を効率的に知るために，タンパク質データベースを用いて**相同性**をもつアミノ酸配列を有する**相同タンパク質**を検索・比較し，その機能を推定する**配列解析**が行われる．

相同タンパク質とは，生物の進化の過程で共通祖先から分岐した関係にあるタンパク質のことをいう．相同タンパク質のアミノ酸配列は，もともとの DNA 配列が同じであっても，進化の過程で遺伝子変異によって個別に生じたアミノ酸置換，挿入・欠失などにより互いに変化している．しかし，生存に不可欠な多くのタンパク質は，アミノ酸配列が多少変化してもその構造や機能が維持されているので，相同タンパク質間の配列比較から未知タンパク質の立体構造や機能を推定できる．現在，アミノ酸配列の一致率が 25～30％ 以上であり，かつ比較された配列が十分長い場合，互いのタンパク質は相同性をもち，機能も類似すると考えられている．25％ 以下で相同性を議論する場合は，立体構造の情報やタンパク質の機能を総合して判断する必要がある．

タンパク質の立体構造の解析は，おもに **X 線結晶解析**と **NMR**（核磁気共鳴法）が用いられる．どちらの方法も，正確な立体構造を知るためには高純度・高濃度のタンパク質溶液を用意する必要がある．このため，目的とするタンパク質を，各種の微生物を宿主とする組換えタンパク質生産系を用いて大量に発現させ，精製・結晶化して解析に用いる．しかし，タンパク質は物理化学的性質が多様であることから，発現・精製・結晶化のそれぞれの段階で，それぞれのタンパク質に合わせた実験条件の調整が必要である．特に，結晶化条件は非常に微妙な調整が必要となることが多い．その困難さゆえに，タンパク質の立体構造解析は DNA の配列決定に比べると，はるかに時間と手間がかかるため，いまだに構造解析が成功していないタンパク質も少なからずある．このため，データベース上のアミノ酸配列との相同性が非常に低いタンパク質の場合，その機能を推定することが困難な場合も多い．

10・3・3 細胞・組織規模のゲノムワイドな解析

DNA もしくはタンパク質単体の配列および立体構造などの単一生体分子に関するデータベースに蓄積されてきた生物情報を活用して，細胞・組織全体を対象とする大規模かつ網羅的な生物情報データを取扱う技術が発達した．細胞がもつ遺伝子と遺伝子間領域を含む全 DNA を網羅的に解析することを**ゲノム解析**とよぶ．ゲノム解析では，生物のゲノム配列を決定，その配列から遺伝子領域を探し，それぞれの遺伝子の機能を推定する．ゲノム DNA の配列を決定する方法は §2・7・3 に述べたが，2007 年以降に**次世代シーケンサー**が開発され，DNA 配列決定が劇的に短縮化・低コスト化している．なお，16S rRNA または 18S rRNA に関する解析については §2・1・3 で述べた．

生命の設計図であるゲノムから，いつ，どこで，どのような遺伝子群，タンパク質群が発現しているのか，さらに，発現している遺伝子，タンパク質同士がどのように相互作用を行っているのかを，網羅的に解析する技術が，**トランスクリプトーム解析**，**プロテオーム解析**である．

トランスクリプトーム解析は，生体内で発現している全 mRNA を対象とする解析手法である．トランスクリプトーム解析が盛んになった当初から，おもに**マイクロアレイ法**（DNA チップ法）が用いられてきた．しかし，次世代シーケンサーを用いた **RNA-Seq 法**が開発され，マイクロアレイ法に取って代わりつつある．トランスクリプトーム解析で得られた大量の遺伝子群の発現量の数値データから生物学的な意味を抽出するために，統計学的手法である**クラスター解析**や**ブーリアンモデル**による遺伝子ネットワークの解析が行われる．

プロテオーム解析では，個体，あるいは細胞において発現しているタンパク質が解析対象となる．多種多様なタンパク質を分離・解析するためには**二次元電気泳動法**がおもに用いられる．この方法は，タンパク質混合物を最初，**等電点電気泳動法**により棒またはストリップ状のゲル内で分離した後，さらに**SDS-PAGE**（§11・5・3参照）により二次元に展開することで，一度に1000～2000のタンパク質を分離することができる．ゲノム配列がわかっていれば，分離されたそれぞれのタンパク質は**質量分析計**を用いて同定できる．また，たとえば，がん細胞と正常細胞の二次元電気泳動結果から，特異的に発現量が変動しているタンパク質を探索することで，がん細胞特異的に発現するタンパク質を同定し，がん化機構を解析したり，薬剤の標的タンパク質候補を見つけたりすることができる．これを**ディファレンシャルディスプレイ法**とよぶ．

10・3・4 代謝工学

ゲノムが決定されてその中の全遺伝子が同定されると，ある生物種がどのような機能の遺伝子を有するのかを網羅的に知ることができる．しかし，遺伝子やそこから発現するタンパク質群はお互いだけでなく，さまざまな分子と相互作用し，ネットワークを形成することで生命機能を維持したり，代謝状態を制御したりしている．ゆえに，解糖系やTCAサイクルなどの一般的な経路情報を準備しておき，その中の酵素反応とゲノム中に存在する遺伝子を対応づけることで生物の代謝ネットワークを再構築することができる．このような代謝経路ネットワーク情報は**KEGG**（Kyoto Encyclopedia of Genes and Genomes）などのパスウェイデータベースで構築・管理されている．

関与する遺伝子や酵素などの構成要因とそのネットワーク構造を推定・同定することができれば，ある培養条件下での代謝ネットワークを調べることができる．代謝ネットワークを解析する手法として最も広く用いられている手法が**代謝流束解析**（metabolic flux analysis）である．これは，代謝系における各代謝反応の流束を解析する方法である．図10・14にその手順を示す．

① まずは調べたい代謝反応経路図を作成する．
② それぞれの反応流束に対する代謝式を作成する．
③ それに基づいて細胞内代謝物質の濃度変化についての物質収支式を立てるが，細胞内代謝物質濃度は短期間では変化しない（擬定常）と仮定し，設定した代謝反応経路におけるすべての代謝流束が満たすべき収支式を連立線形代数方程式として構築する．
④ この連立方程式から代謝行列式を作成する．
⑤ 測定できる代謝流束（v_1, v_2, v_5）の値を使用して未知の代謝流束（v_3, v_4, v_6）を右辺の行列式の計算によって推定する．

注意すべきことは，擬定常を仮定しているので，細胞内の濃度変化がほぼないと考えられる状態にしか利用できないことで，時間変化を考慮した動的な解析は

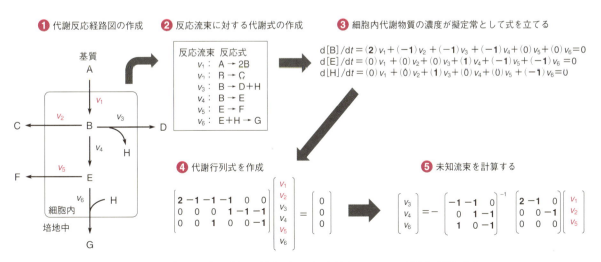

図10・14　代謝流束解析の手順．赤で示した流束 v_1, v_2, v_5 は測定可能とする．

行えない点である.

　細胞内の代謝流束を実験的,またはその動的挙動を知るためには,時間とコストのかかる放射性または安定同位体元素を用いた**トレーサー実験**や,細胞内代謝産物を網羅的に分析する**メタボローム解析**が必要になる.代謝流束解析は時間変化を考慮しない静的モデルであるが,KEGGなどで再構築された代謝ネットワークを用いて,比較的少ない実験から目的産物の生産に関わる代謝系内のボトルネックや未知代謝経路を解析するための便利な手法である.このような解析技術に加え,さらに情報伝達系などの生体制御情報の解析技術を組合わせることで,戦略的な生物機能の制御・改変が可能となる.たとえば,別の微生物由来の遺伝子を§2・7・1で述べた遺伝子組換え手法を利用して大腸菌に導入し,大腸菌が本来もっていない代謝経路を新たに構築することが可能である.この代謝工学的手法を利用して,九州大学 花井泰三らは2-ブタノールなどのバイオ燃料の生産が大腸菌で可能であることを示した.巻末に示した参考図書を参照されたい.

　将来,生体情報を完全に理解することができれば,意図した挙動を再現する生体システムを自在に設計できるようになろう.生命をコンピューターの中に再現できれば,有用物質生産の効率化,治療薬の開発など,これまで実際に微生物を培養したり動物実験を行ったりと,時間と費用をかけて行われてきたことを,コンピューター内でシミュレーションできるようになる.

演習問題

10・1 バイオプロセスの計測と制御の目的について述べよ.

10・2 測温抵抗体における抵抗値と温度の関係は以下の式で表される.

$$t = \left(\frac{R_w}{R_0} - 1\right)/\alpha$$

ここで,t: 温度〔℃〕,R_w: 測定した抵抗値〔Ω〕,R_0: 0℃での抵抗値〔Ω〕,α: 材料固有の値〔℃$^{-1}$〕.白金(Pt100)測温抵抗体では,$R_0 = 100\,\Omega$,$\alpha = 3.851\times10^{-3}\,℃^{-1}$である.いま,白金(Pt100)測温抵抗体に0.5 mAの電流をかけたら,56.8 mVの電圧を示した.このときの温度〔℃〕を求めよ.

10・3 ガラス電極によるpH測定における,起電力と水素イオン濃度([H$^+$])の関係を表すネルンストの式は以下のとおりである.

$$E = E^0 + \frac{RT}{F}\ln\frac{[H^+]_{試料溶液}}{[H^+]_{内部液}}$$

ここで,E: 試料溶液の電位〔V〕,E^0: 標準電極電位〔V〕,R: 気体定数 8.314 J/(mol·K),T: 温度〔K〕,F: ファラデー定数(96,500 C/mol).25℃で標準電極電位 0 V,内部液pHが7.0として,試料溶液のpHが1変わると電位はいくら変化するか.

10・4 文字を書く動作をフィードバック制御システムと見て,このシステムの制御対象,検出部(センサー),操作部(アクチュエーター),調節部(制御器)を示し,それらの間の信号の伝達をブロック線図で示せ.

10・5 PID制御における,P,I,Dそれぞれの制御の役割を述べよ.

10・6 ある微生物の異化代謝経路図とその代謝反応式は以下のとおりである.

代謝経路図:

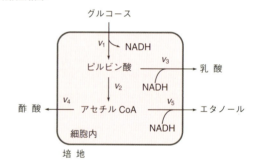

代謝反応式(v_1〜v_5は代謝流束):
- v_1: グルコース ⟶ 2ピルビン酸 + 2 NADH
- v_2: ピルビン酸 ⟶ アセチル CoA
- v_3: ピルビン酸 + NADH ⟶ 乳 酸
- v_4: アセチル CoA ⟶ 酢 酸
- v_5: アセチル CoA + 2 NADH ⟶ エタノール

ここで,天然培地を用いてグルコースを炭素源として嫌気培養を行ったところ,グルコースの比消費速度が20 mmol/(g 乾燥細胞·h),酢酸の比生産速度が6 mmol/(g 乾燥細胞·h)となった.代謝流束解析を行いピルビン酸からアセチル CoAへの代謝流束 v_2 を求めよ.

11 バイオセパレーション

　微生物利用工業は，古くは醸造産業における清酒，ビール，みそ，しょうゆなどの発酵食品・飲料に始まるが，第二次世界大戦中，好気発酵技術（深部培養法）が確立されてペニシリンの大量生産が可能になったのを契機にして，種々の物質が微生物を培養することによって生産されるようになってきた．たとえば，グルタミン酸やリシンなどのアミノ酸，イノシン酸やグアニル酸などの核酸関連物質がいわゆる代謝制御発酵により生産されるようになった．1980年代以降は，分子生物学の発展に伴い，遺伝子組換え技術によって作製された微生物，動物細胞，植物細胞および生物個体を用いて，各種ホルモンや抗体などの治療・診断用医薬品の生産，色素や食品および医薬品素材の生産と多種多様なバイオ生産物が工業レベルで生産されている．しかし，これらの生産物も培養液などの粗原料から回収し，精製することによって初めて製品として販売できるようになる．分離精製にかかるコストは，原料中の目的物質の濃度，不純物の種類や含有量，製品として要求される純度や活性量によって大きく影響される．図11・1は，バイオ生産物の原料中の濃度と製品売価の関係を表したもので，大まかに濃縮や分離精製のコストを反映したものとなっている．**バイオセパレーション**としての回収や精製に必要なコストが培養による生産に必要なコストよりも高いことがあり，たとえば，治療用抗体の場合は，原薬製造における全プロセスにかかるコストのうち，約3分の2が分離精製にかかるコストで占められている（図11・2）．このことからも，バイオセパレーションについてよく理解していることが重要である．

　本章では，このように多様なバイオ生産物の回収および精製の方法について説明する．

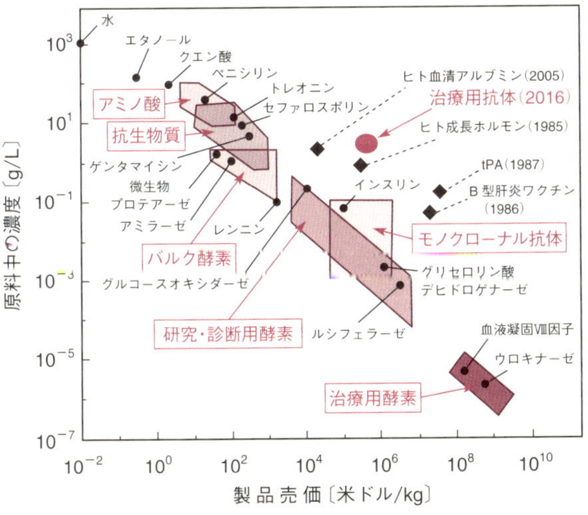

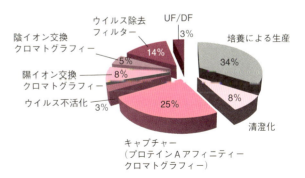

図11・1 バイオ生産物の原料中濃度と製品売価の関係．年号がついていない品目については，原図公表時である1984年のデータであり，現在では物価上昇などを考慮して，多くの品目で少し右にシフトしていると思われる．[J.L. Dwyer, *Bio/Technology*, **2**, 957 (1984); J. van Brunt, *Bio/Technology*, **6**, 479 (1988) を改変]

図11・2 抗体医薬製造プロセスにおけるコストに占める各プロセスの割合（赤いグラフのプロセスがバイオセパレーションプロセス）．UF/DFは，限外沪過膜を使った透析沪過による濃縮・バッファー交換プロセスである．全体のプロセス概要については，図13・5を参照のこと．[M.D. Costioli *et al.*, *BioPharm International*, **23**, 26 (2010) を改変]

11・1 一般的な回収方法

微生物や動物・植物細胞の生産物を回収する場合，分離回収工程は目的生産物が細胞外に分泌生産されるか，細胞内に蓄積するかによって異なる．発酵生産物はその物質本来の役割に合わせて，細胞内外どちらかに生産されるかが決められている．セルラーゼやプロテアーゼといった高分子物質に作用する酵素は細胞外へ分泌生産され，細胞外にある高分子物質を加水分解する．ペントースリン酸経路の酵素であるグルコース-6-リン酸デヒドロゲナーゼなどは細胞内につくられる．一般的に，細胞内には数百種類のタンパク質がつくられるので，細胞内に生産された目的の物質を，細胞を破砕してから精製するのはやさしいことではない．そこで，分泌変異株を育種して，本来細胞内に生産されるべきものを細胞外につくらせるように努力することが多い．

生産物回収方法の典型的なフロー図を図11・3に示す．まず細胞や培地中の固形物と培養液とが遠心分離，沪過などで固液分離される．細胞外に分泌生産される場合には，分離された液体を精製する．細胞内に蓄積している場合には，ビーズミルなどの磨砕法，ホモジナイザーやフレンチプレスなどの加圧せん断法，超音波破砕法などの物理的破砕法を用いて，固液分離された細胞の破砕が行われる．

その後の分離精製には，1) 溶解度の差（晶析）や揮発度の差（蒸留）など異相の生成に伴う分離法，2) 液液間（抽出）や固液間（吸着）などの異相間の平衡状態の差を利用する分離法，3) 異相間の移動速度の差を利用する分離法（電気泳動，電気透析，ゲルクロマトグラフィー），さらに4) 生化学的親和力の違いや静電的相互作用の違いを取入れた異相間分離法（アフィニティークロマトグラフィー，イオン交換クロマトグラフィー）などが利用される．

これらの分離操作を表11・1に示す．溶解度差に基

表 11・1 バイオセパレーションで用いられる分離方法

機構	分離方法	対象とする物質
拡散的分離法	晶析	タンパク質, 酵素, アミノ酸, 糖類
	吸着, クロマトグラフィー	タンパク質, ペプチド, 糖類, 抗生物質
	抽出	タンパク質, アミノ酸, ペニシリン, 有機酸
	超臨界流体抽出	スパイス, エステル, 脂質, ビタミン, 抗生物質
	蒸留	アルコール, エステル
輸送的分離法	電気泳動	タンパク質, アミノ酸, DNA
	限外沪過	タンパク質, 多糖類
	逆浸透	糖類, アミノ酸, アルコール
	透析	血液, 塩類
	電気透析	塩類
機械的分離法	沪過	細胞
	遠心分離	細胞, タンパク質
	遠心沈降	プラスミド, 細胞小器官
	沈降	細胞
	精密膜沪過	細胞, ウイルス

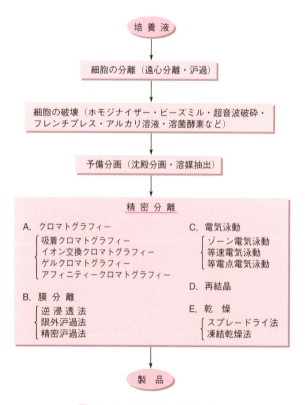

図 11・3 生産物の回収プロセス

づく分離は低価格で容易に行えるため，精製の第一段階として頻用される．クロマトグラフィーは分子の大きさ，静電的相互作用，疎水性相互作用，物質固有の生化学的親和力の差など多様な原理に基づく分離が可能であり，また装置，操作法が簡単で比較的穏和な条件で分離できるためバイオ生産物の分離には欠かせない分離法になっている．

グルコース-6-リン酸デヒドロゲナーゼ（G6PDH）の分離精製工程の結果を表11・2に示す．これは中度好熱菌 *Geobacillus stearothermophilus* 由来のG6PDHであり，室温でも失活しにくく，精製には好都合である．表中の4）と5）の2度の沈殿分画で9割の夾雑タンパク質が除かれている．イオン交換クロマトグラフィーでさらに9割のタンパク質が除かれ，アフィニティークロマトグラフィーでほぼ純粋なG6PDHが精製されている．

以下に個々の工程を解説する．

11・2 細胞の分離

培養液中の細胞や細胞破砕物など，比較的大きな不溶物を分離するために，遠心分離，濾過などの固液分離が用いられる．

11・2・1 遠心分離

直径 d_P，密度 ρ_P の単一球形粒子が密度 ρ，粘度 μ の溶液中をゆっくりと重力沈降する場合，重力加速度を g とすると**沈降速度** u_g は，一般に次のストークス（Stokes）の式で与えられる．

$$u_g = \frac{(\rho_P - \rho)d_P^2 g}{18\mu} \quad (11\cdot1)$$

粒子と溶媒との密度差が大きい場合には重力沈降のみで分離できる．小さい場合はそのままでは時間がかかりすぎるため，遠心分離が行われる．遠心場での沈降速度 u は次の式で与えられる．

$$u = \frac{(\rho_P - \rho)d_P^2 r\omega^2}{18\mu} \quad (11\cdot2)$$

ここで，r は回転半径，ω は角速度である．粒子レイノルズ数 N_{Re} を $ud_P\rho/\mu$ で定義すると，この式は沈降に関してストークス則が成り立つ場合（$N_{Re} < 0.4$）の式である．大まかに水溶液中で目的粒子が0.1 mm以上になると成立しない．したがって，タンパク質や細胞の分離はこの式で取扱うことができる．

u と u_g の間は次のように表現できる．

$$u = u_g Z \quad (11\cdot3)$$

ここで，$Z(=r\omega^2/g)$ は**遠心効果**とよばれる．この値で重力に対して何倍の遠心力が作用しているかが評価される．

粒子濃度が高いときには粒子まわりの流線が互いに作用し合い，沈降しにくくなる**干渉沈降**が観察できる．この場合の沈降速度 u_h は次の式で表現できる．

$$\frac{u_h}{u} = \frac{1}{1 + \beta\phi^{1/3}} \quad (11\cdot4)$$

ここで，ϕ は粒子の体積分率であり，β は以下のように与えられる．

$$\beta = \begin{cases} 1 + 3.05\phi^{2.84} & 0.15 < \phi < 0.5 \quad \text{不定形粒子} \\ 1 + 2.29\phi^{3.43} & 0.2 < \phi < 0.5 \quad \text{球形粒子} \\ 1 \sim 2 & \phi < 0.15 \end{cases}$$

通常，微生物細胞の遠心分離では数百から $5000\times g$ 程度の遠心加速度で分離され，工業的に利用されている．しかし，タンパク質や核酸などの生体内高分子の精製には，$20{,}000\sim30{,}000\times g$ といった遠心加速度を加えないと分離しないようになる．これを**超遠心分離**とよぶが，高速回転できる遠心分離器が必要になるため，工業的には使用されない．こういった生体高分子

表 11・2 グルコース-6-リン酸デヒドロゲナーゼの精製[a]

工 程	全タンパク質量〔mg〕	比活性〔単位/mg〕	精製度	収 率（%）
1）菌体破砕（ダイノミル）	—	—	—	—
2）遠心分離（細胞破砕物除去）	—	—	—	—
3）粗抽出物	238,000	0.03	1.0	100
4）プロタミン硫酸処理	57,000	0.1	3.3	85.4
5）硫安沈殿（30〜50%）	22,000	0.2	6.6	64.2
6）イオン交換クロマトグラフィー（DEAE-セルロース）	2400	1.8	60	60.6
7）アフィニティークロマトグラフィー（Blue-Sepharose）	40	100	3177	59.6

a) H. Okuno *et al.*, *J. Appl. Biochem.*, **7**, 192 (1985).

の場合，沈降速度を(11・2)式で求めることは困難であるため，沈降速度 u と遠心加速度 $r\omega^2$ の比で定義される**沈降係数** S_d の実験データが蓄積されている．

$$S_d = u/r\omega^2 \quad (11・5)$$

S_d の単位は S（スベドベリ）であり，$1\,S = 10^{-13}\,s$ である．

沈降速度は溶質と溶媒の密度差に依存する．このため，密度勾配をつけて遠心すると溶質は密度差のなくなったところで沈降しなくなり，1本のバンドとして他の分子と区別することができる．これを**密度勾配遠心法**とよぶ．この方法は DNA，細胞小器官，ウイルスなどの分離に用いられる．溶媒としてはスクロース（ショ糖）や塩化セシウム溶液がよく用いられ，DNA の場合は $10^{-3}\,g/cm^3$ 程度の密度の違いでも分離できる．

11・2・2 濾 過

懸濁微粒子を含む溶液を多孔性のフィルターに圧入することで固液分離する操作を**濾過**という．濾過が進行するとフィルター上には**ケーク**といわれる懸濁物の層が形成される．ケークが形成されると溶液はケーク間を流れ，懸濁粒子はケーク層表面で捕捉（**ケーク濾過**）される．

濾過速度式は次のように表される．

$$\frac{dv}{dt} = \frac{\Delta P g_c}{(R_m + R_c)\mu} \quad (11・6)$$

ここで，v は単位濾過面積当たりの液量，t は濾過時間，ΔP はケークおよびフィルターによる圧力損失，R_m はフィルターによる濾過抵抗，R_c はケークによる濾過抵抗，g_c は重力換算係数，μ は液の粘度を示す．

濾過時間につれてケーク層は厚くなるので R_c は増加する．濾過面積 A，ケーク中の乾燥固形物質量を W_c とすると，ケークの濾過比抵抗 α_r を使って，R_c は次のように表される．

$$R_c = \frac{\alpha_r W_c}{A} \quad (11・7)$$

単位濾液当たりのケーク中の乾燥固形物質量を ρ_0 とすると，次式が成り立つ．

$$W_c = \rho_0 v \quad (11・8)$$

(11・7)式，(11・8)式を (11・6)式に代入し，ΔP が一定（定圧濾過）の条件で積分すると次の式が得られる．

$$v^2 + 2vv_0 = Kt \quad (11・9)$$

ここで

$$v_0 = \left(\frac{R_m}{\alpha_r \rho_0}\right) A \quad (11・10)$$

$$K = \left(\frac{2A^2}{\alpha_r \rho_0 \mu}\right) \Delta P g_c \quad (11・11)$$

ただし，フィルターによる濾過抵抗 R_m は 0 とみなせることが多い．(11・9)式は v と t が放物線の関係であることを示す．これを**ルース（Ruth）の定圧濾過式**という．

操作圧力によって α_r が変化する場合を**圧縮性ケーク**，変化しない場合を**非圧縮性ケーク**とよぶ．セラミック粉末のような無機物の微粒子の場合には非圧縮性ケークであるが，微生物のケークは一般的に圧縮性である．この圧縮性は圧力損失の関数として次の式で表される．

$$\alpha_r = \alpha_0 (\Delta P)^m \quad (11・12)$$

ここで α_0 はケークの性質に関する定数であり，m が圧縮性を示す．m は通常 0 から 1 の間の値をとる．この式から明らかなように，α_r は液量 v には依存しないので，定圧濾過では，(11・10)式，(11・11)式および (11・12)式を (11・9)式に代入することで濾過時間を決定できる．

培養液からの生産物の回収・粗精製において，濾過時間を短縮するために，熱処理，懸濁微粒子に対する凝集剤の添加，濾過助剤の添加が行われる．たとえば，培養液からの抗生物質ストレプトマイシンの回収では，100°C で 30〜40 分の熱処理によってケークの濾過比抵抗が 1/3 以下にまで低下する．ストレプトマイシンの熱分解も考慮して，pH = 3.7〜4.3，30 分から 60 分かけて 80 から 90°C まで培養液の温度を上げる操作が最適といわれている．これは培養液中のタンパク質が凝固（熱変性）し，濾過特性が改善されることによる．

カビや放線菌は通気撹拌培養槽で培養するとペレット状になるので，濾過操作で分離できることが多い．遠心分離よりは濾過分離の方が経費がかからないの

で，細菌や酵母を培養した場合にも濾過分離が好ましい．そのままでは濾過分離できないので，微生物細胞を粒子塊とすることで沈殿，濾過をしやすくする．この方法を**フロキュレーション**とよぶ．これは細胞の表面が負に帯電していることを利用し，カチオン性の**凝集剤**を添加することで可能になる．凝集剤としては，タンニン酸，四塩化チタン，第四級アミン，アルキルアミンなどや，高分子の多価電解質などが用いられる．

カオリンなどの微粉末（**濾過助剤**）の添加は，微生物などの懸濁粒子を吸着させ，ケークの圧縮性を低下させるばかりでなく，フィルターの目詰まりも防ぐことができるため有効な方法である．濾過助剤を培養液に直接添加する方法を**ボディフィード法**，フィルター表面にあらかじめ濾過助剤の層を形成させておく方法を**プレコート法**とよぶ．ビールの濾過にはプレコート法が用いられている．

実際に工業レベルで用いられる濾過装置としては，回分式のフィルタープレスと，図11・4に示すオリバー型回転濾過装置がある．これは1回転する間に濾過，洗浄，乾燥，ケーク層のかきとりができるようになっており，連続操作できる．

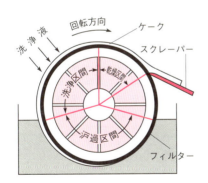

図 11・4 オリバー型回転濾過装置

11・3 細胞の破壊

細胞を破壊する方法には物理的方法，化学的方法，および酵素的方法がある．工業的にはおもに，高圧ホモジナイザーやビーズミルといった装置を用いる**物理的方法**が行われる．

工業的に最もよく用いられる細胞破壊装置は図11・5に示す**マントン・ゴーリン**（Manton-Gaulin）**型高圧ホモジナイザー**である．細胞懸濁液に高圧をかけ，狭いオリフィスを一気に通過させて急激な圧力低下にさらすことで，細胞破壊を起こさせる．**流体せん**

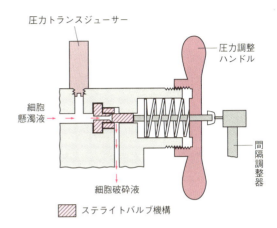

図 11・5 マントン・ゴーリン型高圧ホモジナイザー

断法ともよばれる．運転圧力は非常に高く，酵母懸濁液に50 MPa以上の圧力を印加し，90％以上の破壊率が得られる．細胞破壊過程は，操作圧力，バルブの形状に依存する．処理回数にも依存し，一般的に同じ試料を複数回処理することで破壊効率も上がる．しかし，一方で細胞破砕物（cell debris）も細かくなるため，続く工程での破砕物と酵素などの目的生産物との分離が困難になる．

商業規模の高速**ビーズミル**は，本来スラリー中の固体成分をサブミクロンオーダーにまで磨砕するために開発された装置である．図11・6にビーズミルの装置図を示す．ビーズミルは，試料を入れるチャンバー，回転軸（アジテーターシャフト）と回転エネルギー

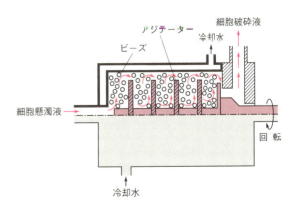

図 11・6 ビーズミル．図の上半分は装置内部の断面を示している．

を試料に伝えるアジテーターから成る．体積分率で約80%のビーズを充填し，高速で撹拌し，ビーズの運動によって生じるせん断応力とビーズ間の衝突により細胞を破壊する．一般的に，細胞の破砕は通常0.2〜0.5 mmの，粒径分布の狭いガラスビーズ（密度2.5 g/cm³ 程度）が使われる．

ビーズミルによる細胞破砕速度は残存細胞濃度に対して一次の関数として表され，回分操作ではタンパク質放出量に関して以下の式が成立する．

$$\ln \frac{M_\mathrm{m}}{M_\mathrm{m} - M} = kt \quad (11 \cdot 13)$$

ここで M_m は単位微生物量当たりの最大タンパク質放出量，M は時間 t における放出タンパク質量を示す．破砕速度定数 k は，アジテーターの形状と回転速度，ビーズ量，ビーズの大きさ，細胞濃度，細胞の状態などに依存する．

細胞破砕はビーズの衝突頻度と関係づけて考えることができる．ビーズの衝突頻度はビーズ充填個数（量）の2乗に比例する．図11・7にビーズ充填率 α と破

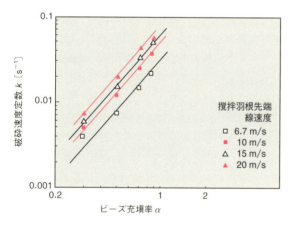

図 11・7 ビーズミルを用いた酵母の破砕におけるビーズ充填率の影響．平均ビーズ直径 0.375 mm．[A. V. Melendres et al., Bioseparation, 2, 231 (1991)]

砕速度定数 k の関係を示す．この図から k はほぼ α の2乗に比例することがわかる．

その他の物理的破砕法としては**超音波破砕**と小型プレスによる**加圧破砕**が知られている．

超音波破砕は，超音波の圧力差により直径約 10 μm の気泡が生じ，振動しながら急激に破裂して数千気圧の衝撃波（一種のキャビテーション）が生じることで細胞の破砕を行う．実験室での小規模な細胞破砕に頻用される．加圧破砕に用いられる小型プレスとしては**フレンチプレス**が知られている．これは，細胞懸濁液をシリンダーで加圧し，底部に設けたニードルバルブを通過して大気に放出される際にせん断応力の作用によって細胞を破砕する装置であり，**固体せん断法**ともよばれる．小型プレスも実験室規模で広く利用されている．フレンチプレスを連続化した装置が上述のマントン・ゴーリン型高圧ホモジナイザーである．

化学的方法では，細胞を 0.5 M 程度のアルカリ溶液に懸濁し，必要に応じて加熱する．非常に過酷な方法であり，生産物がアルカリ条件に耐性である必要がある．**酵素的方法**はリゾチームやザイモリアーゼといった**溶菌酵素**を用いる方法であり，細胞内の特定部位に蓄積して生産されている場合は細胞内の他の酵素と分別して回収することも可能である．しかし，酵素を用いるためコストがかかるので，生産物の回収よりも，細胞融合のためのプロトプラストの生成などの特殊な目的のために用いられる．

11・4 予備分画

細胞破砕物などの不溶性固形物を固液分離した後，目的物質を粗精製するために沈殿分画や溶媒抽出が用いられる．

11・4・1 沈殿分画

タンパク質の沈殿分画には，通常，電解質を添加する**塩析**が用いられる．溶解度に及ぼす塩濃度の効果はタンパク質個々で異なるため，ある濃度で沈殿する夾雑タンパク質を遠心分離し，続けて塩を加えて目的タンパク質を沈殿させることによって分画できる．

タンパク質の水への溶解度は，生理的イオン強度よりも高くても低くても低下する．タンパク質の溶解度 X_s は次の式で表現できる．

$$\log X_\mathrm{s} = A - k_\mathrm{s} I \quad (11 \cdot 14)$$

ここで A は濃度や pH に依存する定数であり，k_s は濃度や pH に依存しない定数で**塩析定数**とよばれる．I は**イオン強度**であり次の式で表される．

$$I = \frac{1}{2} \sum_{i=1}^{n} C_i Z_i^2 \quad (11 \cdot 15)$$

C_i は i 番目のイオンの濃度，Z_i はその電荷である．

1 M Na_2SO_4 水溶液のイオン強度は

$$I = \frac{1}{2}(2 \times 1^2 + 1 \times 2^2) = 3 \quad (11 \cdot 16)$$

となる．

塩析定数 k_s はタンパク質によって，また使用する塩によって異なる．塩としては溶解度が高い方がよいが，後の遠心分離では溶液の密度があまり高くない方が望ましい．このため，硫酸アンモニウムが多用されている．

酵素などのタンパク質が目的成分である場合，タンパク質はカルボキシ基とアミノ基をもつため，その等電点において溶解度が低くなる．この性質を利用した沈殿法を**等電点沈殿**とよぶ．いくつかのタンパク質の等電点を表 11・3 に示す．

表 11・3 各種タンパク質の等電点

タンパク質	等電点	タンパク質	等電点
ペプシン	~1.0	ミオグロビン	7.0
卵アルブミン	4.6	リボヌクレアーゼ	9.6
血清アルブミン	4.9	キモトリプシノーゲン	9.5
ウレアーゼ	5.0		
βラクトグロブリン	5.2	シトクロム c	10.6
γグロブリン	6.6	リゾチーム	11.0
ヘモグロビン	6.8		

11・4・2 抽 出

ペニシリンやセファロスポリンといった抗生物質は酢酸エチルのような有機溶媒で抽出することができる．この場合，非解離状態の分子が有機溶媒に分配される．

ペニシリンは β-ラクタム環にカルボキシ基をもつ抗生物質である．このため pH によって解離状態が変化し，溶媒への溶解性が大きく異なる．**見掛けの分配係数** K_d は次式で与えられる．

$$K_d = \frac{[RCOOH]_O}{[RCOOH]_A + [RCOO^-]_A} \quad (11 \cdot 17)$$

ここで，添字の O は有機溶媒相，A は水相を表す．

ペニシリンは pK 値が 2.5 から 3.1 である．したがって pH が 2～3 ではほとんど非解離であり，有機溶媒相に大部分分配されるが，アルカリ条件では逆になる．この性質を利用して，ペニシリンは pH 2～3 で培養液から酢酸アミルや酢酸ブチルなどの有機溶媒に抽出され，ついで pH 5～7.5 で水相に逆抽出し，精製することができる．しかし，酸性条件下での安定性が悪く，ペニシリン G では 20 ℃，pH 2 での半減期が 15 分といわれている．このため，pH を下げると同時に迅速に抽出する必要がある．ほかに抽出法により精製される抗生物質としては，クロラムフェニコール，マイトマイシン C，エリスロマイシン，スピロマイシンなどがあり，特に大環状ラクトン構造をもつマクロライド系抗生物質は抽出が比較的容易であるため，ほとんどが抽出法によっている．溶媒としては目的物質の溶解度が大きくかつ選択性があり，培養液との密度差が大，界面張力も大でエマルションを生じにくい有機溶媒が選定される．頻用される有機溶媒としては酢酸エチル，酢酸ブチル，ベンゼン，n-ヘキサン，ブタノール，メチルイソブチルケトンなどである．ストレプトマイシンやネオマイシンなどのアミノグリコシド系抗生物質は塩基性水溶性化合物であり，同族化合物が多く，抽出分離がきわめて困難である．

低分子化合物の抽出では，**超臨界流体**を用いた分離法もある．超臨界あるいは臨界点近傍の流体は，拡散速度が高い，粘度が低い，かつ目的物質の溶解度が高いなどの特長をもち，また圧力・温度を変えると溶解度も変化するため，ある程度の選択的抽出分離が可能である．また，細胞や組織を破壊することなく直接抽出できる点も大きな特徴である．これまでにホップ中の有効成分やコーヒー中のカフェインなどの拡散速度が大きい低分子物質の抽出に適用されているが，特に食品，医薬品，香料などの工業への応用という観点から超臨界二酸化炭素（炭酸ガス）を用いた研究例が多い．

抗生物質はヒトに注射されるものであるので，抽出に用いた有機溶媒の残存混入は許されない．しかし，有機溶媒の完全除去は容易ではない．このため上平止道らは超臨界二酸化炭素を用いたペニシリン G やストレプトマイシンからの有機溶媒の除去を検討した．表 11・4 に示すように，抗生物質の薬理活性を落とすことなく抽出することに成功した．この方法は武田薬品工業（株）で実用化されている．

タンパク質やアミノ酸に対する特殊な抽出法として**水性二相分配法**がある．これはデキストランやポリエチレングリコールなどの水溶性の高分子が，ある条件下で 2 相に分離することを利用した方法で，この 2 相

間の分配係数の違いでタンパク質やアミノ酸などが分離できる．有機溶媒を使用しないため，酵素などの変性しやすい物質の抽出に利用でき，懸濁固体がある場合でも使える．ただし，2相間の表面張力や密度差が小さく粘度が高いため，相分離に時間がかかる点と，分配係数の推定が困難である点が問題とされる．

11・5 精密分離

最終的に目的物質を精密に分離して精製するため，クロマトグラフィーや膜分離，電気泳動法，再結晶法が用いられる．

11・5・1 クロマトグラフィー

クロマトグラフィーはカラムに溶液を流したとき，溶質の種類に応じてカラム内の充填剤との親和性が異なることによって，カラム通過速度に差ができる現象を利用した分離操作の総称である．使用する充填剤によって分離機構が異なり，次のように分けられる．

- 吸着クロマトグラフィー
- イオン交換クロマトグラフィー
- ゲルクロマトグラフィー
- アフィニティークロマトグラフィー

吸着クロマトグラフィーは，ファンデルワールス力あるいは疎水性相互作用によって，溶質を無極性の活性炭，ポリスチレンや極性の大きいアルミナ，シリカなどの担体に吸着させる．タンパク質の吸着にはフェニル基，ブチル基，オクチル基などの疎水性官能基を配したゲルビーズやヒドロキシアパタイトなどが用いられ，特に**疎水性クロマトグラフィー**とよばれる．

イオン交換クロマトグラフィーはイオン交換樹脂などのイオン交換体を使い，溶質を静電的相互作用で分別する．イオン交換体はスチレンとジビニルベンゼンの共重合体などの合成高分子に解離基を導入したものである．タンパク質の分離には DEAE（ジエチルアミノエチル）基，トリメチルアミノメチル基，硫酸メチル基などを導入したゲルビーズが利用される．

ゲルクロマトグラフィーは，多孔性の充填剤を用い，溶質の分子量差を利用して分別する方法である．タンパク質分離用の担体としてはアガロースやデキストランなどの天然高分子を化学的に架橋したものが用いられ，分画分子量によってさまざまなタイプが市販されている．

アフィニティークロマトグラフィーは溶質と担体との生化学的親和力を利用した分離方法である．このため官能基としては特殊な生体物質が用いられる．プロテインAは黄色ブドウ球菌（*Staphylococcus aureus*）の，プロテインGは連鎖球菌（*Streptococcus* sp.）の表面タンパク質であり，抗体（Immunoglobulin G, IgG）の精製に用いられる．動物細胞培養液中の主要な夾雑タンパク質であるアルブミンの結合を抑えるように改良した遺伝子組換えプロテインGもある．他のタンパク質やペプチドの精製には官能基として抗体を結合したものが用いられる．いずれにしてもきわめて選択性が高く，この操作によって精製段階のいくつ

表 11・4　超臨界二酸化炭素抽出法による抗生物質中の残留溶媒の除去[a]

溶媒	ペニシリンGリン酸塩		ストレプトマイシン硫酸塩	
	残存活性（％）	残留溶媒量〔g/g 乾燥試料〕	残存活性（％）	残留溶媒量〔g/g 乾燥試料〕
メタノール	94	$< 1 \times 10^{-5}$	101	9×10^{-3}
エタノール	100	2×10^{-5}	99	4×10^{-5}
アセトン	100	5×10^{-5}	98	8×10^{-5}
イソプロピルアルコール	100	$< 5 \times 10^{-3}$	97	$< 5 \times 10^{-3}$
酢酸エチル	100	$< 1 \times 10^{-2}$	106	$< 1 \times 10^{-2}$
酢酸ブチル	ND	0.032	ND	ND
n-ブチルアルコール	ND	0.222	ND	ND

抽出条件：35℃，20 MPa，2時間　　ND：試験しなかった　　溶媒の初期投入量：2.0〜2.2 g/g 乾燥試料
[a] M. Kamihira *et al.*, *J. Ferment. Technol.*, **65**, 71 (1987).

かを割愛できる．逆に親和力がきわめて高いため，脱離操作が困難で，分子量の大きなタンパク質では活性を保持したままの脱離が難しいことも知られており，分子量の小さいホルモンやペプチドなどの脱離・回収しやすい物質に応用されている．

クロマトグラフィーの原理を図 11・8 に示す．最初にカラム上部に吸着した溶質 A，B，C は溶媒を流すことによって分別され，異なる時間で溶出される．溶出時間は溶質と固定相（担体）との分配係数によって決定される．

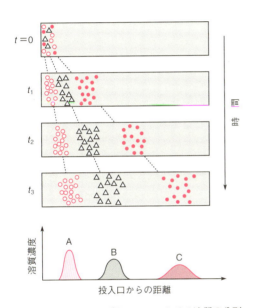

図 11・8　クロマトグラフィーにおける溶質の分別

ここで溶質の溶出時間のみに着目した平衡モデルで，溶出特性を考察する．移動相（溶媒）中の濃度を y，固定相中の溶質濃度を x とおくと次式が得られる．

$$x = K_d y \tag{11・18}$$

ここで K_d は着目している溶質の分配係数である．空隙率を ε とすれば溶質が移動相に存在する割合 R_A は次式で与えられる．

$$R_A = \frac{\varepsilon y}{\varepsilon y + (1-\varepsilon)x} = \frac{\varepsilon}{\varepsilon + (1-\varepsilon)K_d} \tag{11・19}$$

たとえば $R_A = 0.2$ の溶質の場合，まったく分配しない固相をカラムに用いた場合に，（液相体積）/（カラム全体積，V_c）が 0.2 で流れることと等価になる．

したがって，この仮想カラムの全体積は $\varepsilon V_c / R_A$ で与えられる．分配係数 K_d が，濃度によらず一定であれば，溶質ピークがカラムから溶出する時間，すなわち**保持時間** t_r は次式で与えられる．

$$t_r = \frac{\varepsilon V_c}{Q_m R} = \frac{V_c}{Q_m}\{\varepsilon + (1-\varepsilon)K_d\} \tag{11・20}$$

ここで Q_m は移動相の体積流量を示す．

平衡モデルではカラムからの溶出時間のみが決定できる．実際の溶出パターンは図 11・8 のように幅をもったピークとして得られる．この特性は次のような**多段モデル**で明らかにすることができる．

図 11・9 に示すように全体積 V_c のカラムを流れ方

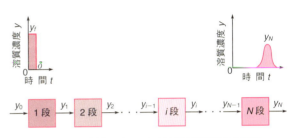

図 11・9　多段モデルによる溶質の濃度分布の変化

向に N 段に分割し，第 i 段について溶質の物質収支を考えれば次式が得られる．

$$\varepsilon\left(\frac{V_c}{N}\right)\frac{dy_i}{dt} + (1-\varepsilon)\left(\frac{V_c}{N}\right)\frac{dx_i}{dt} = Q_m(y_{i-1} - y_i) \tag{11・21}$$

ここで，y_i，x_i は第 i 段での移動相中および固定相中の溶質濃度を示す．先の（11・20）式を用いて書き直すと次の（11・22）式が得られる．

$$\frac{dy_i}{dt} = \frac{N}{t_r}(y_{i-1} - y_i) \tag{11・22}$$

いま，カラム入口で溶質が時間間隔 δ でインパルス的に注入されたとする．すなわち，

$$t = 0 \text{ で} \quad y_1 = y_2 \cdots\cdots = y_N = 0$$
$$0 \leq t \leq \delta \text{ で} \quad y_0 = y_f$$
$$t > \delta \text{ で} \quad y_0 = 0 \tag{11・23}$$

これらの条件のもとで（11・22）式を解くと，（11・24）式が得られる．

$$y_N = \frac{y_f \delta}{(N-1)!}\left(\frac{N}{t_r}\right)^N t^{N-1} \exp\left(-\frac{Nt}{t_r}\right) \tag{11・24}$$

この分布は**ポアソン分布**とよばれ，段数 N が比較的大きい場合には次の**ガウス分布**で近似できる．

$$y_N = y_f \delta \left(\frac{N}{2\pi t_r^2}\right)^{1/2} \exp\left\{-\frac{N(t-t_r)^2}{2 t_r^2}\right\} \tag{11・25}$$

実際の溶出パターンとガウス分布とは良好に一致し，クロマトグラムの保持時間とピークの幅を測定することによって**理論段数** N を計算することができる．溶出パターンの 2 本の接線とベースラインとの交点の幅を W とすると N は次式で与えられる．

$$N = 16\left(\frac{t_r}{W}\right)^2 \tag{11・26}$$

クロマトグラフィーではこの理論段数が大きいほど鋭いピークが得られ，分離能がよくなる．

ここで述べたクロマトグラフィー操作での理論的な扱いは，分離用充填剤に均一の分離展開液（溶離液あるいは溶出液）を移動相として連続的に供給する溶出法に対してのものであるが，このような溶出法を**イソクラティック溶出法**という．イオン交換クロマトグラフィー，疎水性クロマトグラフィー，アフィニティークロマトグラフィーでは，分離剤に溶質を吸着させてから溶離用の溶液に切替えて溶出する方法（**非イソクラティック溶出法**）がしばしばとられ，移動相の溶液組成を連続的に変化させる**勾配溶出**と段階的に変化させる**段階溶出**がある．非イソクラティック溶出法での理論的な扱いはより複雑になるが，工業的な実用スケールでのタンパク質などの分離に適用可能な理論モデルとして，山口大学の山本修一が提案した **Yamamoto モデル**が利用されている（詳細は参考図書を参照）．

クロマト操作を応用した連続的な分離方法として**擬似移動床式分離法**がある．これは目的の物質と物理化学的性質が非常に似通った物質が混入しているとき，それらの物質を連続クロマト操作で分離する非常に巧妙な方法である．高果糖液糖製造＊や光学異性体の分離に使われている．移動相を用いた分離方法の概念図を図 11・10 に示す．通常の担体が動かない固定相型クロマトグラフィーでは移動溶媒である流体の流れに乗って 2 成分が分離する（図 11・10 a）．しかし，そのとき，固定相を下流から上流に（図中左向き）に向かって移動させることができれば，成分 A（固定相と親和性の高い成分）が左向きに，成分 B（親和性の低い成分）が右向きに流れる条件を見いだすことができる（図 11・10 b）．この操作により 2 成分を連続的に

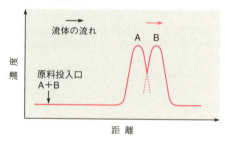

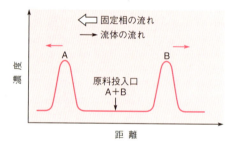

図 11・10　**移動相型クロマトグラフィーの概念図**．赤矢印は原料投入口（A＋B）を基準とした物質 A，B の移動方向．

分離できる．擬似移動床式分離法では，実際には固定相を移動するのではなく，空間的に固定されている固定相が，ロータリーバルブの切替えであたかも移動床として機能することになる（図 11・11）．

＊　高果糖液糖は果糖（フルクトース）が 90％ 以上含まれる水溶液である．果糖はショ糖（スクロース）の約 1.5 倍の甘みを呈するが，グルコースはショ糖の約 7 割の甘みである．同じ甘さを基準とすれば，果糖を使用した食品は低カロリーの食品素材として高い需要がある．高果糖液糖の製造工程は，最初はトウモロコシ由来のデンプン水溶液を 95℃ で作用させる液化型 α-アミラーゼを添加して液化デンプンとし，55℃ でグルコアミラーゼを添加してグルコース水溶液に変換することから始まる．グルコースイソメラーゼ（グルコース異性化酵素）が固定化された酵素バイオリアクターを 60℃ で通すと，グルコースが果糖に 40％ 程度変化する．この酵素反応はグルコースの 45％ が果糖に変化したところが平衡状態である．この酵素の名称から，これを異性化糖というが，同じ濃度基準で比較すると，ショ糖より甘くない．そのために，擬似移動床式分離法を使用して高果糖液糖を製造する．副産物として回収されるグルコースは固定化酵素バイオリアクターに再利用されるので，結果としてグルコースから 80％ 以上の収率で果糖を生成することができる．

11・5・2 膜分離

通常の沪過では粗大粒子や微粒子が分離対象になるが，それより微小なミクロ粒子，高分子，イオンなどを分離する方法を**膜分離**とよぶ（図 11・12）．分離する対象物質により，**逆浸透法**，**限外沪過法**，**精密沪過法**に分けられる．逆浸透法は浸透圧に対してより高い圧力で操作するためこうよばれ，海水からの純水の製造などに広く用いられている．限外沪過法はタンパク質と中程度の分子量あるいは低分子の物質との分離などに用いられる．操作圧力は逆浸透法では 1〜10 MPa，限外沪過で 0.2〜1 MPa，精密沪過法では 0.1〜0.5 MPa である．精密沪過によって，酵母や細菌および大型ウイルスは分離できるが，大部分のウイルスは分離できないことも図 11・12 からよくわかる．§13・1・1 で述べるが，動物細胞用培地に添加する血清を 0.2 μm の膜を使用する精密沪過によって，血清中に混入している細菌は除去できるが，ウイルスを除去することはできないことを理解しておくことは重要である．また，医薬品製造でウイルス除去膜としてよく使われている Planova（旭化成メディカル（株））は平均孔径 20 nm 以下であり，インフルエンザウイルスやヒト免疫不全ウイルス（HIV）（80〜120 nm）は 99.999％ 以上除去でき，極小ウイルスであるパルボウイルス（18〜24 nm）においても 99.99％ 以上の除去が可能である．

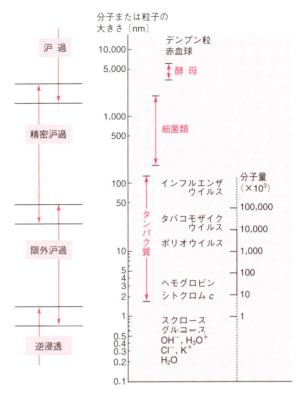

図 11・12　膜分離法と対象とする分子や粒子の大きさ

膜の材質としては，セルロース系，ポリイミド，ポリビニルアルコール，ポリスルホン，ポリエチレン，ポリプロピレン，ナイロン，ビニルアクリル共重合

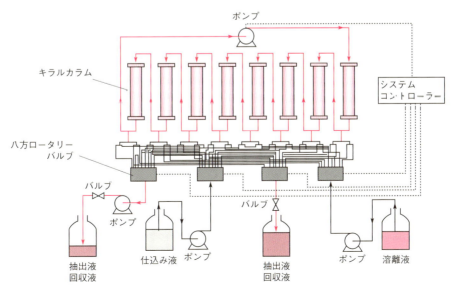

図 11・11　擬似移動床式分離装置

体などがある．膜はほとんどが厚さ方向に対して構造が変わっており，表面が最も緻密な層で，内部になるほど粗い構造になっている．これを**非対称膜**とよぶ．

実際の膜分離装置は，膜と膜を固定する支持体およびスペーサーを組合わせて**モジュール**とよばれる容器で構成される．モジュールの構造は平板型，スパイラル型，中空糸膜（ホローファイバー）型などがある．中空糸膜型の分離装置については図4・6を参照されたい．中空糸膜型分離装置は腎不全患者が尿毒症になるのを防止するための血液透析器（ダイアライザー）として臨床応用されている．中空糸膜は内径40〜60 μm程度である．この場合，溶液と透過液の流れ方向は直角となる．膜分離操作では，溶液と透過液の流れが同一の通常の沪過（**デッドエンド型**）と異なり，このような**クロスフロー沪過**がよく用いられる．

11・5・3 電気泳動

電荷をもつ溶質が電場におかれると移動する．この現象を利用した分離方法を**電気泳動**とよぶ．電気泳動では，支持体はポリアクリルアミドなどのゲルを用いるのが普通である．移動度は分子の大きさと電荷密度に依存する．電気泳動は**ゾーン電気泳動**と，**等速電気泳動**に大別される．等速電気泳動では分離のみでなく目的物質の濃縮も起こる．

タンパク質の濃縮分離には**等電点電気泳動**が用いられる．pH勾配をつけたゲル中で泳動するとタンパク質はその等電点のpHまで移動したところでとどまる．したがって，狭いpH範囲で勾配をつければ，等電点のわずかに違う溶質分子間で分離濃縮ができる．また，タンパク質を分子量に応じて電気泳動分離する方法として，**SDS-PAGE** (Sodium Dodecyl Sulfate-Polyacrylamide Gel Electrophoresis; SDS-ポリアクリルアミドゲル電気泳動法）がある．タンパク質を還元条件下で強い陰イオン界面活性剤であるSDSで変性させると，タンパク質はSDSとミセルを形成し，ペプチド鎖長に応じた負電荷をもった直鎖状に近い構造をとるようになるため，アクリルアミドゲル中を電気泳動させると，ふるい効果により小さいタンパク質ほど早く泳動することにより分離が行われる．**二次元電気泳動**では，等電点電気泳動とSDS-PAGEをx軸方向，y軸方向で展開するもので，§10・3・3で述べ

たようにタンパク質のより精密な分離が可能であり，プロテオーム解析に用いられる．

連続電気泳動装置も開発されているが，電気泳動法は工業的な分離には適しておらず，おもに分析のための精密分離に用いられている．

11・5・4 再結晶（晶析）

結晶化には適当な溶媒に溶解させた後，冷却し，結晶を析出させる方法と，物質の溶液に適当な不溶溶媒を添加して結晶化させる方法がある．いずれの場合も，溶媒としては，溶質と反応しないもの，不純物をよく溶解させることが重要である．溶媒としてはメタノール，エタノール，酢酸などの親水性溶媒とエチルエーテル，酢酸エチル，クロロホルム，ヘキサンなどの疎水性溶媒が用いられる．

結晶化に際しては十分に濃縮しておくことも必要であるが，熱に弱い生産物の場合は吸水性のポリマーを用いる．熱に強い場合は**スプレードライ法**が用いられるが，生物が生産する物質の場合には熱に弱いことが多いので，**凍結乾燥法**が用いられる．

以上のような精製工程を組合わせてバイオ生産物の精製が行われる．表11・5にインターフェロンを精製する従来法を示す．2回の沈殿分画，3回のクロマト

表11・5 ヒトインターフェロンの分離（従来法）[a]

工　程	比活性[†1]〔IU/mg〕	精製度	収率[†2]（%）
1) 培養原液	2.4×10^4	1	100
2) 酢酸亜鉛沈殿	2.0×10^5	8.3	83 (83.0)
3) イオン交換クロマトグラフィー溶出液（SP-Sephadex）	7.1×10^5	29.6	52 (62.7)
4) 硫安沈殿	1.1×10^6	45.8	50 (96.2)
5) 銅キレートクロマトグラフィー溶出液	4.9×10^6	204	23 (46.0)
6) 疎水性クロマトグラフィー溶出液（オクチル-Sepharose）	1.2×10^7	500	18 (78.3)
7) SDS-ポリアクリルアミドゲル電気泳動	4.5×10^8	18,750	16 (88.9)

[†1] IUは国際単位（International Unitの略）のことで，その物質の生理活性の程度として定義されている．
[†2] 括弧内は各工程の収率（%）
[a] S. Yonehara et al., *J. Biol. Chem.*, **256**, 3770 (1981).

操作，および電気泳動によって 4.5×10^8 IU/mg の純度をもつインターフェロンが得られた．

これに対して，表 11・6 に免疫アフィニティークロマトグラフィーを利用した場合の結果を示す．2 回の沈殿分画と 2 回のクロマト操作でほぼ同程度の比活性が得られた．特に，免疫アフィニティークロマトグラフィーにより精製度が飛躍的に上昇していることがわかる．生体の生物学的性質を利用した優れた方法である．

表 11・6 ヒトインターフェロンの分離（免疫アフィニティークロマトグラフィーによる）[a]

工程	比活性 [IU/mg]	精製度
1) 培養：組換え大腸菌		
2) 遠心分離：集菌		
3) 破砕：マントン・ゴーリン型高圧ホモジナイザー		
4) 塩析：硫酸アンモニウム	2.0×10^5	1
5) 免疫アフィニティークロマトグラフィー：抗インターフェロンモノクローナル抗体カラム（pH 2.5 で溶離）	2.3×10^8	1150
6) イオン交換クロマトグラフィー：CM52 陽イオン交換カラム	3.0×10^8	1500

[a] T. Staehelin et al., *J. Biol. Chem.*, **256**, 9750 (1981).

演習問題

11・1 アルブミン（沈降係数 4.5 S）溶液を 150,000 rpm（1 分間に 150,000 回転）で遠心分離している．回転の中心軸から 30 mm の地点での沈降速度を計算せよ．

11・2 ビーズミルによる酵母の破砕において，破砕速度定数 $k = 0.025 \, \text{s}^{-1}$ のとき，99.9% 破砕に必要な時間を計算せよ．

11・3 タンパク質の分子量を推定する方法として，ゲルクロマトグラフィーと SDS-PAGE がある．それぞれの方法におけるタンパク質の分子量推定における特徴を述べよ．

11・4 表 11・7 は，好熱菌で生産されたチロシン活性化酵素の分離工程における精製を示している．以下の問いに答えよ．

(a) 工程 3 の凍結融解の目的を述べよ．

(b) 精製工程から，目的の酵素は菌体内あるいは菌体外で生産されると考えられるか．理由とともに答えよ．

(c) 表中の **X**，**Y** に入る適切な語句，数値を解答せよ．

(d) 工程 5 や 8 で，低分子量物質除去や緩衝液交換にゲルクロマトグラフィーを用いている．サンプル溶液中の塩（低分子量物質）とタンパク質ではどちらが先に溶出してくるか．理由とともに述べよ．

表 11・7 好熱菌（*Geobacillus stearothermophilus* UK788 株）によるチロシン活性化酵素の生産と分離工程

	工程	内容	比活性 [U/mg]	精製度 (-)	X (%)
1	連続培養	*G. stearothermophilus* UK788 株の培養			
2	遠心分離	菌体捕集，培地除去，菌体 230 kg，15,000×g			
3	凍結融解	−20 ℃ と 40 ℃，3 回			
4	遠心分離	細胞破砕片や核酸の除去，15,000×g	0.4	1	100
5	ゲルクロマトグラフィー	低分子量物質の除去	35	88	61
6	イオン交換クロマトグラフィー	DEAE−セルロースカラム	128	320	43
7	濃縮	中空糸モジュールでの限外沪過			
8	ゲルクロマトグラフィー	緩衝液交換			
9	イオン交換兼群特異的アフィニティークロマトグラフィー	ホスホセルロースカラム	1,640	**Y**	22
10	群特異的アフィニティークロマトグラフィー	Matrex Blue A カラム	10,350	25,900	11

12 生物的排水処理

　生物的排水処理とは，おもに微生物の同化・異化代謝を巧みに利用した水処理技術である．好気条件下では有機性排水中の有機物は微生物によって分解・代謝されて，菌体とともに二酸化炭素，水にまで酸化される．増殖菌体を分離して水だけを放流することができれば，排水処理法として成り立つ．一方，嫌気条件下でも条件をうまく整えることで，有機物は分解されて最終的にメタン，二酸化炭素，そして水にまで分解される．この場合でも有機物の大部分は気体として排水から分離できるので排水処理法として利用できる．さらに，菌体生成に利用されなかった余剰の窒素やリンについても，微生物の機能をうまく活用することで除去することが可能である．

12・1 好気処理法

　空気を通気（排水処理分野では通常"ばっ（曝）気"といわれる）しながら，有機性排水とバクテリアや原生動物[*1]の微生物集団である汚泥（一見，泥のように見えるためこのようにいわれる）を接触させると，溶解性有機物は微生物によって速やかに摂取，代謝され，菌体ができると同時に炭酸ガスと水に分解される．浮遊懸濁性ないしはコロイド性有機物も汚泥に吸着・凝集し，加水分解酵素の作用で可溶化され，同様に代謝分解される．さらに，菌体の一部は死滅溶解し，細胞成分が他の微生物によってさらに酸化される．好気性排水処理はこのような微生物による一連の有機物の酸化反応を利用して達成される．

　一般に生物処理装置は実用的な処理速度を達成するために生物反応槽内に多量の微生物を保持する必要があるので，§7・3・3で述べた細胞循環のある連続操作を可能とする**活性汚泥法**（activated sludge process）や，§8・2・2で述べた微生物の固定化により微生物の濃度を高める工夫を施した水処理プロセスが実用化されている．

12・1・1　細胞循環のある好気処理法（活性汚泥法）

　活性汚泥法は細胞循環のある代表的な好気処理法であり，図7・16に示した（p.70）．この図は定常状態の状況を示しているが，遷移的な状況を考えてみよう．有機物を含む流入水にばっ気すると，最初の間はばっ気槽内の菌体のほとんどは懸濁状態で存在する．表2・1に示したように，バクテリアの大きさは約1～2 μm であり，§11・2・1で述べたストークスの式〔(11・1)式〕に示されるように粒子径の2乗に比例して粒子は沈降するから，沈殿池ではバクテリアはほとんど沈降せず，放流水として流出してしまう．これを**バルキング現象**とよぶが，やがてバクテリア，原生動物および後生動物[*1]などから成る混合微生物集団（活性汚泥）となり，沈降性の高いフロックを形成する．このフロックはバクテリアが分泌する多糖類などで互いに凝集しあったもので，粒子径としては1 mmにも達するから，遠心分離や膜分離などの高コストな分離方法を用いなくとも，沈殿池で簡単に汚泥と放流水とに分離する．長くバルキングの状態が続く場合には，沈降凝集剤[*2]を添加してフロック形成を強制的に促

[*1] 原生動物は分類学的な呼称ではなく，動物のうち単細胞のものの総称である．アメーバやミドリムシなどのように，水中や汚泥中に生息しているものが多い．後生動物とは多細胞の動物をまとめた呼び名として使用される．しかし，分類学的な呼称ではなく，排水処理分野でもっぱら使用されており，袋形（たいけい）動物の輪虫（わむし）類と線虫類が主として観察される．

[*2] 沈降凝集剤：そのままでは沈降しない活性汚泥から沈降できるフロックを生成させる働きをする．活性汚泥処理に使われる凝集剤には，表面電荷を中和して汚泥同士を結合するアルミニウム系，鉄系の無機凝集剤や，表面電荷の中和に加えて細長い糸状物質で糊のように汚泥を捕捉吸着する有機物系の高分子凝集剤がある．

進させる必要もある．粒子径が大きなフロックを形成することが（11・1）式で示されるように高い沈降性につながり，沈殿池からの余剰汚泥引抜き率（γ）を低い値に保つことができる．その結果，図7・17に示したように，微生物群の平均的な比増殖速度 μ の数倍の希釈率 D（排水処理の立場からは，ばっ気槽の小型化につながる）で連続運転が可能となる．このように，粒子径の大きなフロックを安定的に形成できれば，高速，かつ比較的低コストでの排水処理が可能となる．

現在，活性汚泥法は生活排水から産業排水までさまざまな有機性排水の好気処理法として用いられており，多くの場合，最初沈殿池（流入水中に沈殿性の浮遊物質を大量に含む場合に必要）→ ばっ気槽 → 最終沈殿池，そして沈降分離された活性汚泥（濃縮汚泥）の返送という構成である（標準活性汚泥法，図7・16を参照，ただし，最初沈殿池は図7・16に示されていない．以下本章においては説明のない記号は図7・16に従う）．図12・1は実際に用いられているばっ気槽および最終沈殿池である．ばっ気槽の表面には大量の気泡が見えており，処理に大量の通気が行われていることがわかる．

標準活性汚泥法の設計は，おもに排水中の有機物量の指標である**生物化学的酸素要求量**＊（Biological Oxygen Demand, **BOD**）を基準とした有機物負荷（BOD負荷），循環比（汚泥返送率），そして必要酸素量に基づいて行われる．

BOD負荷とは排水中の有機物量と活性汚泥量の比に基づいた指標であり，運転管理上，特に重要である．BOD負荷には**容積負荷** L_V と**汚泥負荷** L_S があり，それぞれ次式で表される．

$$L_V = \frac{S_0 F}{V} \tag{12・1}$$

$$L_S = \frac{S_0 F}{VX} \tag{12・2}$$

ここで，S_0 は流入排水中のBOD基準の有機物濃度（kg-O_2/m^3），X はばっ気槽内の活性汚泥の濃度であり，活性汚泥は生物量を代表している**有機性浮遊物質**（Mixed Liquor Suspended Solids, **MLSS**）として表現するので，単位はmg-MLSS/Lである．単一微生物の培養の場合には，細胞濃度としてmg乾燥細胞/Lとして表していることに対応している．産業排水の場合は，L_V と L_S はそれぞれBOD基準の有機物負荷として 0.5〜1 kg-O_2/(m^3・d)，0.2〜0.4 kg-O_2/(kg-MLSS・d) で設計される．

このMLSS濃度が高く維持されることが実用的な排水処理に重要であり，循環比 α によって制御される．ある循環比に設定したときのばっ気槽のMLSS濃度は（7・25）式から求められる．しかし，排水処理工程では濃縮汚泥は脱水され，その排水はばっ気槽に戻されるとともに，脱水汚泥量に対して流入水量は莫大であり流入水と処理水量はほぼ同じ（$\gamma \cong 0$），さらに放流水中のMLSS濃度は無視できる程度なので（$X_e = 0$），以下の式から簡単に計算できる．

$$X = X_r \frac{\alpha}{(1+\alpha)} \tag{12・3}$$

ここで，X_r は細胞濃縮液細胞濃度，つまり返送され

図 12・1 活性汚泥法で実際に使われている，(a) ばっ気槽（(株)タカキベーカリー岡山工場），(b) **最終沈殿池**（鳥取県南部町クリンピュア西伯）

＊ 生物化学的酸素要求量：水中の有機物などの量をその酸化分解のために微生物が必要とする酸素の量で表したものであり，最も一般的な水質指標の一つである．単位はmg-O_2/Lで表される．BOD値を測定するのに一般的には5日間必要であるから，排水処理の管理用に酸化還元滴定として比較的短時間で計測可能な**化学的酸素要求量**（Chemical Oxygen Demand, **COD**）も用いられる．酸化剤として過マンガン酸カリウムや二クロム酸カリウムが用いられ，それぞれCOD_{Mn}，COD_{Cr} と表記される．

る濃縮汚泥のMLSS濃度である．

活性汚泥法は汚泥の沈降性が安定した運転に大きな影響を与える．ばっ気槽の活性汚泥懸濁液を1Lのメスシリンダーに入れ，一定時間静置した後に沈殿した汚泥容積の，もとのばっ気槽懸濁液容積に対する割合を％で表したものを**活性汚泥沈殿率**（Sludge Volume, **SV**）という．通常は10～15分間で汚泥は急速に沈降するが，余裕をみて30分間静置して計測する．SVと，ばっ気槽の活性汚泥濃度（X）がわかれば，1gの活性汚泥が占める容積をmLで示した**汚泥容量指標**（Sludge Volume Index, **SVI**）は，下記のように計算できる．

$$\begin{aligned} \text{SVI [mL/g-MLSS]} &= \frac{(SV/100) \times 1000}{(X/1000)} \\ &= \frac{SV \times 10{,}000}{X} \end{aligned} \quad (12 \cdot 4)$$

この式を使う場合，XとSVの単位がそれぞれ，mg-MLSS/Lと％であることに注意する必要がある．

SVIは沈降性の重要な管理指標として用いられる．正常な活性汚泥のSVIは50～150 mL/g-MLSSである．SVIが200を超えると沈殿池で沈降しにくくなり，汚泥が放流水へ流出するおそれがある．これはバルキングへと悪化する可能性が高いので，ばっ気槽へ沈降凝集剤を添加する措置をとり，汚泥の沈降性を回復させる．

フロックは主としてバクテリアが凝集して形成されるが，このフロックの周囲に付着性，あるいは，ほふく性の原生動物が生息している．釣鐘の形をしている *Vorticella*（和名：ツリガネムシ）に代表される付着性の原生動物は遊離状態のバクテリアを盛んに摂取する．沈殿池では遊離性のバクテリアは沈降することなく，放流水へと流出するから，原生動物が生息しているフロックが多いと，結果的に放流水の水質は良好になる．そのために，活性汚泥管理のための指標生物として利用できる．

酸素も基質の一つであり，ばっ気槽における有機物酸化に必要とされる酸素量は，5・3節で述べた（5・14）式を適用して，排水中の有機物処理と増殖後溶解し漏出した細胞成分の酸化に必要な酸素量に分けて記述することができる．ここで，後者の酸化速度が微生物量に比例すると考えれば，必要酸素供給速度 F_{O_2} 〔kg-O$_2$/(m^3·d)〕は次式で求められる．

$$F_{O_2} = k_O S_r + k_r X \quad (12 \cdot 5)$$

ここで，k_O はBOD基準の有機物酸化係数（下水道施設設計指針では0.35～0.55 kg-O$_2$/kg-O$_2$），k_r は汚泥の内生呼吸に利用される割合〔呼吸作用係数；0.2～0.55 kg-O$_2$/(kg-MLSS·d)〕，S_r はBOD基準の流入水からの有機物除去速度〔kg-O$_2$/(m^3·d)〕である．

余剰汚泥の処理には費用がかかるので，できるだけ少なく抑えたい．5・2節で述べた（5・5）式のように死滅による自己酸化を考慮し，流入水中の有機物を増殖基質としたときの活性汚泥の増殖収率（汚泥転換率）を Y_{BOD}（好気処理ではおおむね0.4～0.6 kg-MLSS/kg-O$_2$）とすれば，1日当たりの余剰汚泥生成量 S_P〔kg-MLSS/(m^3·d)〕は以下の式で計算できる．

$$S_P = \frac{dX}{dt} = Y_{BOD} S_r - k_{Ox} X \quad (12 \cdot 6)$$

ここで，k_{Ox} は汚泥の自己酸化（分解）率〔d^{-1}〕である（下水道施設設計指針では0.03～0.05 d^{-1}）．

（12・6）式から分解汚泥量（$k_{Ox}X$）を増やせば余剰汚泥を減らせることがわかる．ここで，k_{Ox} を変えることは難しいので，通常は（12・3）式から循環比 α を高く設定することでばっ気槽の活性汚泥濃度（X）を高くする．しかし，あまりばっ気槽の活性汚泥濃度を高くするとSVIが上昇してバルキング現象をひき起こす可能性が高くなる．したがって，むやみに循環比を高く設定して，分解汚泥量を増やし，余剰汚泥を減らすことはできない．

12・1・2　固定化細胞を用いた好気処理法（生物膜法）

微生物の固定化により処理速度を高めた生物膜法は，微生物を種々の固体担体上に付着させることで反応装置内の生物濃度を高める．このとき微生物の大部分は担体に保持されるので，有機物である微生物が混ざることなく処理水を放流できる．生物膜法には**散水沪床法**（trickling filter process），**接触ばっ気法**（aerated submerged filter process），**回転板接触法**（rotating biological contactor process）など，さまざまな方法が開発されている．固定化の原理は，おもに担体と微生物との物理吸着やイオン結合に基づく固定化と，微生物自身が生産する多糖類などの高分子ゲルマト

リックスによる包括固定化の組合わせである（図4・4を参照）．

生物膜法は，活性汚泥法などの浮遊生物法と比較して，維持管理の容易さ，分解速度の低い基質の除去に有利，水質や負荷の変動など外部条件の変化に対する柔軟性，低濃度排水にも適用可能などの利点がある．一方，欠点としては制御できる要素が少ない，生物膜内への基質の拡散が律速となりやすいことがあげられる．

12・2 嫌気消化法（メタン発酵法）

有機排水の嫌気処理は，酸素のない条件下での微生物の嫌気代謝能を利用した処理技術である．そのなかでも有機物を最終的にメタンと二酸化炭素にまで分解する代謝系を利用した有機排水処理・エネルギー回収技術として**嫌気消化法**（anaerobic digestion, **メタン発酵法**とよばれることも多い）がある．嫌気消化法は活性汚泥処理で生成した余剰汚泥や，し尿・家畜糞尿，さらに食品製造業などから排出される有機性固形分を含む高濃度有機性排水の減量化・安定化処理，近年では有機資源からのエネルギー回収法として広く用いられている．

表12・1に，好気および嫌気消化法の比較を示す．好気処理法の利点は高速で処理できる（滞留時間が短い），有機物除去率が高い，運転管理が安定していることなどであり，欠点は汚泥（菌体）生成率が高く，汚泥処理費および通気に要する動力・設備費が高いことである．

一方，嫌気消化法は有機物の菌体への同化が10～20%であり，50～60%の好気処理と比較して非常に低い．この結果，余剰汚泥の発生が激減する．また，嫌気条件のためばっ気電力を必要とせず，発生したメタンガスは微量含まれる硫化水素の除去処理は必要であるが，燃料として再資源化できるなどの利点がある．しかし嫌気消化後の処理排水には原排水中の有機物の10～20%程度が残存する．またアンモニア，リンなどの無機塩は除去されないので河川放流するためには，活性汚泥法，さらには窒素・リン除去などの高度処理を必要とする．処理排水を農地還元すれば液肥として活用できるが，国内では北海道や九州地域にほぼ限られており，他の多くの地域では放流可能な水質にまで低下させる後処理を行っている．このため，国内での嫌気消化処理は後処理のコストおよび投入エネルギーが大きく，エネルギー回収法としての嫌気消化法の利点を大きく損なうことから，後処理工程の簡素化，高効率化が重要な課題である．

12・2・1 嫌気消化法の基本原理

嫌気消化法は異なる代謝機能をもつ微生物による協

表12・1 有機排水処理における好気処理法と嫌気消化法（メタン発酵法）の比較

項　目	好気処理法	嫌気消化法	
		従来法	高速法
COD_{Cr}基準の有機物負荷 $[kg\text{-}O_2/(m^3 \cdot d)]$	1～2	1～3	10～30
滞留時間 [d]	1～2	20～30	1～3
COD_{Cr}基準の有機物除去率	95%以上	60～90%	60～90%
汚泥生成率	50～60%	10～20%	10～20%
汚泥処理費	大	小	小
動力費	大（ばっ気動力）	小	小
運転管理	安定（バルキングに注意）	不安定（特に過負荷時）	安定
エネルギー収支	マイナス	プラス	プラス

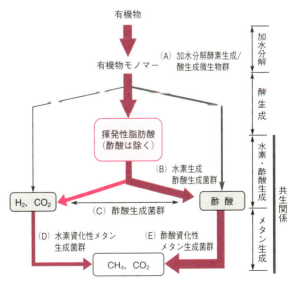

図12・2 嫌気消化法における有機物変換の流れ

同作業により有機物をメタン化する（図12・2）．ま
ず有機物中の繊維，タンパク質，脂質，デンプンなど
の高分子物質が**加水分解酵素生成／酸生成微生物群**
（A）により低分子に分解され，続いて代謝されて，
酢酸，プロピオン酸，酪酸などの**揮発性脂肪酸**
（Volatile Fatty Acids, **VFA**: 低級脂肪酸ともいう．低
級脂肪酸の蓄積は一般的に微生物に対して阻害的であ
る)，および水素と炭酸ガスが生成される．酢酸を除
くVFAは**水素生成酢酸生成菌群**（B）によりおもに
酢酸，水素，そして炭酸ガスに酸化される．メタン生
成は絶対嫌気性アーキアである**メタン生成菌群**（D）
および（E）によって行われる．嫌気消化法では有機
物の分解過程で生成する水素と炭酸ガス，および酢酸
がメタン生成の直接の基質である．水素と炭酸ガスの
一部は**酢酸生成菌群**（C）により酢酸に変換されるが，
大部分の水素と炭酸ガスは**水素資化性メタン生成菌群**
（D）によりメタン化される．この水素と炭酸ガスから
のメタン生成反応は嫌気消化法において重要な役割
を果たしている．その理由は水素が菌群（B）などに
阻害的であり，菌群（D）により水素が除去されるこ
とでVFAの酢酸への酸化代謝が維持されており，こ
の二つは相利共生関係にある．一方，菌群（D）とは
別種の**酢酸資化性メタン生成菌群**（E）によって酢酸
からメタンが生成する．メタン生成菌のなかで酢酸を
基質として利用できるものは非常に限られている．さ
らに増殖もきわめて遅い．酢酸の蓄積が一般的に微生
物に対して阻害的であることも含めて，酢酸からのメ
タン生成過程が嫌気消化法の律速段階となりやすく，
酢酸資化性メタン生成菌群（E）のリアクター内での
保持濃度がメタン発酵速度に大きく影響する．

このように嫌気消化法はさまざまな役割の異なる微
生物が共生関係をもちながら関与する微生物発酵プロ
セスである．このため，メタン発酵槽内に一連のメタ
ン発酵菌群をいかにバランスよく維持するかが，処理
プロセスの運転において重要である．

12・2・2 各種の嫌気消化法

有機性排水の嫌気消化プロセスは前処理，嫌気消
化，後処理工程に分けることができる（図12・3）．前
処理工程ではおもに分別，粉砕，pHなどの水質調整
が行われる．前処理された排水は，さまざまなタイプ
の発酵槽により嫌気消化される．発酵は排水中の蒸発
残留物（Total Solids, **TS**）濃度，混合方式，培養温
度の違いによりさまざまなタイプが存在するが，TS
濃度の違いで湿式（〜10% TS），半湿式（10〜25%
TS），そして乾式（25〜40% TS）発酵に分けられる．
さらに，運転温度により中温（35〜40℃）および高
温（55〜60℃）発酵に大別できる．

低，中濃度固形物濃度をもつ排水の湿式嫌気処理に
おいて，撹拌槽または気泡塔型などの完全混合式発酵
槽が従来法（表12・1参照）として多く用いられてい
る．このような発酵槽は構造が簡単で装置自体の維持
管理がしやすく，比較的安価であることから，現在で
も嫌気消化槽の主流である．しかし，関与する微生物
を分散状態で操作するため，増殖速度の小さな酢酸資
化性メタン生成菌（図12・2（E）に相当）を高濃度
に保持できず，COD_{Cr}を基準とする有機物負荷は中
温発酵で $1〜3\,kg\text{-}O_2/(m^3\cdot d)$ 程度であり，20〜30日
もの長時間の滞留時間を必要とする．そのため，処理
速度を高速にする方法として全発酵系を二つの槽に分

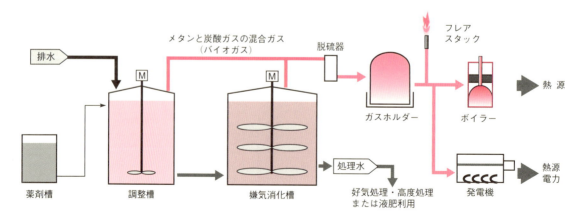

図 12・3 嫌気消化プロセスの一例

け，第1槽では図12・2の上の部分の加水分解と低級脂肪酸生成を行い，第2槽でこれら低級脂肪酸を主基質としたメタン発酵を行う方法（2槽嫌気消化法）も行われている．2槽にすることにより設備は複雑となるが，それぞれの槽に対する最適条件を設定でき，処理効率の上昇，また処理槽の最適な組合わせが選択できる利点がある．

一方，有機固形物濃度が高く含水率の低い排水を対象とする乾式嫌気消化法は，滞留時間は湿式法と同程度であるが，発酵槽容積当たりの有機物負荷を湿式法より高くできるという利点がある．しかし，有機物濃度が高いためおもにタンパク質由来のアンモニアが高濃度に蓄積して発酵阻害が起こりやすく，負荷変動に対する安定性が湿式法よりも低い．そこで中島田 豊らは，アンモニア阻害を回避するために**アンモニア回収型乾式メタン発酵法**を開発した．本法は上述の2槽嫌気消化法と同様に，排水を酸発酵槽とメタン発酵槽で順次処理する．しかし，酸発酵槽が有機物からのアンモニアの遊離も担っており，酸発酵後，ストリッピング装置によってアンモニアを除去することでメタンの発酵阻害を回避する．このようにアンモニアを除去することで，従来，メタン発酵が困難であった高濃度窒素成分を含む余剰脱水活性汚泥（蓄積アンモニア濃度 6～8 g-N/L）や，鶏糞（蓄積アンモニア濃度 15～20 g-N/L）の乾式メタン発酵が可能となる．また，アンモニアは窒素肥料に由来するものであり，その回収利用により化石燃料の使用削減も期待できる．より深く学びたい読者は参考図書を参照されたい．

上記のように微生物の比増殖速度の制限を受ける完全混合式発酵法の制限をなくすために，**高速メタン発酵法**（表12・1における高速法）が開発された．この方法はメタン発酵生態系を形成している微生物群を高密度かつバランスよく発酵槽内に保持できるように工夫することで，微生物懸濁型プロセスと比較して滞留時間を短縮，高い有機物負荷での運転を可能としている．いくつかの方法が考案されており，プラスチック，セラミックなどの担体を処理槽内に充填し，その担体表面に微生物を付着させて，排水を上向流で供給する**上向流嫌気性固定床**（Upflow Anaerobic Filter Process, **UAFP**）や，メタン発酵菌群が顆粒化した汚泥（グラニュール）を高密度に充填した**上向流嫌気性汚泥床**（Upflow Anaerobic Sludge Blanket, **UASB**, 図8・7参照）が代表的な高速メタン発酵法である．UASB法の標準的な COD_{Cr} 基準の有機物容積負荷は 10～15 kg-O_2/(m^3·d) であり，従来法と比較して 5～10 倍の処理能力をもつ．

12・3 高度排水処理法

12・3・1 生物脱窒法

排水中の窒素化合物（おもにアンモニア）の生物的除去の代表的な方法は**生物脱窒法**であり，窒素化合物は最終的に窒素ガスに変換される．生物脱窒反応は，硝化工程と脱窒工程に分割され，それぞれ好気環境と嫌気環境下で行われる．

硝化工程では，好気環境下で排水中のアンモニア（NH_4^+）を亜硝酸イオン（NO_2^-）経由で硝酸イオン（NO_3^-）まで酸化する．ここに関与する微生物が硝化菌である．硝化菌は，アンモニアを亜硝酸に酸化するアンモニア酸化菌と，亜硝酸から硝酸に酸化する亜硝酸酸化菌に分けられる．

一方，**脱窒工程**は硝酸，亜硝酸を窒素ガスに還元する反応である．この工程に関与するバクテリアは脱窒菌と総称される嫌気性菌である．脱窒工程は微生物が有機物を炭酸ガスと水に酸化する際に，電子受容体として酸素の代わりに硝酸や亜硝酸イオン中の窒素を還元できることを利用している．したがって脱窒反応が十分に進行するには，無酸素条件と亜硝酸，硝酸分子を還元するために必要な有機物の存在が不可欠である．通常，活性汚泥中の従属栄養菌の多くが脱窒能力をもっており，無酸素状態で脱窒活性が発揮される．

そこで，活性汚泥処理法と生物脱窒法を組合わせた有機炭素と窒素の同時処理プロセスとして，活性汚泥処理水をさらに硝化脱窒する **3段法**，ばっ気槽を硝化槽として使った **Bringmann 法**などが開発されている（次ページの図12・4 a, b）．いずれの方法も脱窒工程でメタノールなどの安価な有機物を外部から供給する必要がある．外部からの有機物添加を避けるために，流入水に含まれる有機物を活用する方法として**循環硝化脱窒法**がある（図12・4 c）．この方法では流入水はまず脱窒槽で処理され，そのあとに硝化と有機物酸化を担うばっ気槽で処理される．ばっ気槽で処理された排水には硝化された硝酸イオンが含まれており，脱窒槽に処理水の一部を返送することで，流入水の有

機物を利用して硝酸イオンが脱窒除去される．循環硝化脱窒法は外部からの有機物を必要としないため，薬液代を節約することができて経済的である．一方，流入水中の窒素の一部は必ず流出してしまうので完全な窒素除去はできない．窒素除去率は流入水量 Q に対する硝化液の脱窒槽への循環液量（Q_N）の比率（Q_N/Q）で変わり，比率が3と4での窒素除去率は，それぞれ75％と80％である．

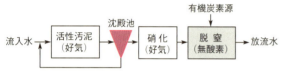
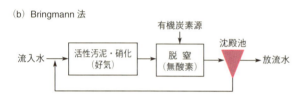

図 12・4　さまざまな生物脱窒法

　生物脱窒法は実用プロセスとして広く普及しているが，特に硝化工程で大量の空気を送るため，多くの電力を必要とする．また脱窒工程では余剰汚泥が廃棄物として発生することから，処理コストが高い問題点がある．この点を克服した新技術として近年開発された **ANAMMOX**（Anaerobic Ammonium Oxidation）法は，アンモニアと亜硝酸から直接，窒素ガスを生成する微生物（おもに *Planctomycetes* に属するバクテリア）を用いることで，硝化工程でアンモニアを硝酸まで完全酸化する必要がなく，使用電力を大幅に低減できる．さらに余剰汚泥の発生量が少ない，有機物がほとんどない排水にも適用できるなど，従来の生物脱窒法よりも優れたプロセスとなりうる．

12・3・2 脱リン法

　リン（おもにリン酸）はガスとして揮散することがないため，排水中からのリンの除去（脱リン）は活性汚泥中に取込まれたリンを余剰汚泥として系外に引抜くことでのみ行われる．したがって，余剰汚泥中のリン含有率が大きくなると，リンの除去率が大きくなる．排水処理において一般的に利用される脱リン法は凝集法と生物脱リン法に大別される．

　凝集法は，反応槽にアルミニウム塩や鉄(Ⅲ)塩などの凝集剤を添加することにより，難溶性のリン酸塩を生成させて沈殿除去する方法である．平均的な下水の場合，90％程度の全リン（T-P）除去率を期待できる．一方，凝集剤コスト，および添加量に応じて汚泥発生量が増加することや，汚泥の有効利用に影響を及ぼす場合があるなどの欠点がある．

　これに対して，**生物脱リン法**では**リン蓄積生物**（Phosphate Accumulating Organisms, **PAO**）による**リンの過剰摂取**を利用する．通常の活性汚泥法では，活性汚泥中のリン含有率は1～2％程度であるが，リンの過剰摂取現象を利用することによって活性汚泥中のリン含有率を高め（2～4％程度），余剰汚泥として系外にリンを除去する．平均的な流入下水の場合，T-P除去率は80％程度を期待できる．PAOは嫌気条件でリンを放出するが，好気条件にさらすことでリンを放出した以上に過剰摂取する．そこで，ばっ気槽の前段に嫌気槽を設けた**嫌気-好気法**（Anaerobic-Oxic (AO) process; **AO法**）が考案されている（図12・5 a）．また，生物脱リン法と生物脱窒法を組合わせた**嫌気-無酸素-好気法**（Anaerobic-Anoxic-Oxic (A2O) process; **A2O法**）も開発されている（図12・5 b）．

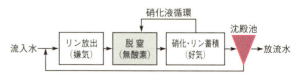

図 12・5　嫌気-好気法（生物脱リン法）(a), および嫌気-無酸素-好気法（窒素・リン同時除去）(b)

12・4 排水処理における微生物生態解析

排水処理はさまざまな機能をもつ微生物の協同作用により達成される．そこで排水処理性能をより向上させるために，§2・1・3で述べたSSU-rRNAによる解析法を応用し，排水処理プロセスに関わる微生物群集構造，および群集内のおのおのの微生物の機能解明が進められている．

微生物群集構造の解析では，微生物群集サンプルからすべての核酸を抽出したのち，ほぼすべての微生物のSSU-rRNA遺伝子を増幅できるユニバーサルプライマー（プライマーについては§2・7・2を参照）を用いてPCR法でSSU-rRNA遺伝子を増幅する．次いで，次世代シーケンサーを用いて膨大な数の増幅DNA断片の塩基配列を決定する．微生物種が異なればSSU-rRNAの塩基配列も異なるので，異なる配列の種類から微生物種の多様性を，さらに同じ配列をもつDNA断片数を数えれば，ある微生物種の群集内での占有率を知ることができる．このような異なった微生物種の全DNAを用いた解析手法を**メタゲノム解析**という．

このようにして，決定された微生物群集構造はデータベース化されており，たとえば，活性汚泥微生物については，GreenGenes，Sliva，近年ではMiDAS (Microbial Database for Activated Sludge) などのSSU-rRNA塩基配列データベースが開発・公開されている．MiDASにはおのおのの活性汚泥微生物に対して，バルキングの原因となる糸状性の形態であるバクテリアの存在や，リン除去，硝化などの排水処理能力に関わる特徴を提示する機能が搭載されている．

微生物群集のなかでのおのおのの微生物の空間的配置は，**蛍光 in situ ハイブリダイゼーション**（Fluorescence *In Situ* Hybridization, **FISH**）**法**によって調べることができる．微生物群集を維持した状態で，ターゲット微生物のSSU-rRNA遺伝子断片を蛍光標識した蛍光プローブを微生物細胞内に導入すると，ターゲット微生物ゲノムにのみ蛍光プローブがハイブリダイズする．蛍光顕微鏡で観察するとターゲット微生物だけが光るので微生物群集内での空間的配置，そして存在量を知ることができる．蛍光プローブとして代謝関連遺伝子を用いれば，その代謝に関わる微生物の空間的配置を知ることもできる．

そのほかにも，放射性同位体で標識した基質を微生物群集に与え，それを同化した微生物から発せられる放射線をとらえる **MAR**（Micro Auto Radiography），さらにSSU-rRNAによりFISH法で微生物を同定する **MAR-FISH法** を用いることで，基質の微生物群集内での詳細な代謝情報を知ることができる．このように，SSU-rRNAメタゲノム解析に基づく微生物分類を基盤として，さまざまな解析手法に基づいた排水処理に関わる微生物群集の生態・機能の体系的整理が進められている．

演習問題

12・1 BODが300 mg-O_2/Lの排水を1200 m^3/dで処理する活性汚泥処理施設がある．ばっ気槽の滞留時間が8時間，有機性浮遊物質濃度が4000 mg-MLSS/Lのとき，BOD容積負荷 L_V とBOD汚泥負荷 L_S を計算せよ．

12・2 BODが150 mg-O_2/Lの排水を200 m^3/dで処理する活性汚泥装置のばっ気槽容積（m^3）はいくらか．ただし，BOD汚泥負荷 0.3 kg-O_2/(kg-MLSS・d)，有機性浮遊物質濃度は 2000 mg-MLSS/L とする．

12・3 次式は硝化工程の量論式である．

$$NH_4^+ + OH^- + 2O_2 \longrightarrow NO_3^- + 2H_2O + H^+$$

この式から，NH_4^+ 1 kgを完全にNO_3^-に酸化する際に必要な酸素量（kg）を計算せよ．

12・4 BOD:N:P = 100:6:4 の排水を，AO法を利用した生物脱リン法で処理したとき，リン除去率は60％となった．流入BODに対する汚泥転換率を 0.5 g-MLSS/g-O_2 とした場合，汚泥固形分中のリン含有率（％）はいくらか計算せよ．

13 動物細胞工学

　現在，漢方薬などの天然物医薬品を除けば医薬品は大きく三つのカテゴリーに分類される．すなわち，1) 従来型の医薬品である合成化学品や抗生物質などで代表される低分子医薬品，2) 抗体医薬をはじめとするタンパク質性医薬品，核酸，機能性多糖，ウイルスなどで，遺伝子組換え技術などのバイオテクノロジーによって開発・生産される高分子医薬品（**バイオ医薬品**），3) 細胞や細胞から誘導した組織を生体外で調製して治療に使うもので，皮膚や軟骨組織で実用化されている**細胞医薬品**である．このうち，本章でおもに扱うものは，バイオ医薬品と細胞医薬品である．

　動物細胞に関しては，すでに§1・4・3，2・3節，§7・3・4および§8・2・2で断片的に述べてきたが，第13章ではこれらの記述とは重複しない形で統一的に動物細胞の工学的観点を述べることとする．

　動物細胞培養技術は，20世紀初頭に組織や臓器の細胞を無菌条件下で培養する組織培養から始まった．1950年代には，組織の細胞を分散させる酵素剤を使用して，単離した細胞を培養する技術が確立し，安定な株化細胞を分離できるようになって飛躍的に進歩した．1950年代後半から1960年代にかけて動物細胞培養に有用な基礎培地の多くが開発され，ポリオワクチンの生産のために，サルの腎臓細胞由来の細胞を用いた細胞培養によるウイルスの大量生産が行われるようになり，それまで研究でしか培養されなかった動物細胞が物質生産においても重要であると認識され，培養動物細胞による工業生産の先駆けとなった．1970年代半ば以降，細胞融合法や遺伝子工学技術が開発されるに至って，目的に合わせた新しい機能をもった細胞をつくり出すことができるようになり，微生物では生

表 13・1　世界売上げ上位10品目中の抗体医薬品（2016年）

順位	抗体名	商品名	抗体分類	標的[2]	おもな適応疾患	生産細胞[3]
1	アダリムマブ adalimumab	ヒュミラ	ヒト	TNFα	関節リウマチ	CHO
3	エタネルセプト etanercept	エンブレル[1]	ヒト	TNFα	関節リウマチ	CHO
4	リツキシマブ rituximab	リツキサン	キメラ	CD20	B細胞性非ホジキンリンパ腫	CHO
6	インフリキシマブ infliximab	レミケード	キメラ	TNFα	関節リウマチ	Sp2/0
7	トラスツズマブ trastuzumab	ハーセプチン	ヒト化	HER2	転移性乳がん	CHO
8	ベバシズマブ bevacizumab	アバスチン	ヒト化	VEGF	結腸・直腸がん	CHO
（参考値）18	ニボルマブ nivolumab	オプジーボ	ヒト	PD-1	悪性黒色腫，肺がん	CHO

[1] TNFR2（腫瘍壊死因子受容体2）の細胞外ドメインとIgG1のFc領域との融合タンパク質．
[2] TNFα: tumor necrosis factor（腫瘍壊死因子）αはおもにマクロファージによって産生される炎症性サイトカイン，CD20: リンパ球B細胞やB細胞性リンパ腫細胞に発現しているCD20抗原という膜タンパク質，HER2: human epidermal growth factor receptor（上皮成長因子受容体）に類似の構造をもつ膜タンパク質，VEGF: vascular endothelial growth factor（血管内皮細胞増殖因子）は血管新生に関与する糖タンパク質，PD-1: programmed cell death 1は活性化T細胞の表面に発現する受容体（2018年ノーベル医学生理学賞を受賞した本庶 佑らが発見した）．
[3] CHO: Chinese hamster ovary（チャイニーズハムスター卵巣）細胞，Sp2/0: マウス・ミエローマ細胞．

産させることが困難な，生理活性をもつタンパク質やモノクローナル抗体などの生産が培養動物細胞を用いて行われるようになり，工業規模での医薬品タンパク質やワクチン生産において欠くことができない生産法になっている．特に，1990年代後半からは，がんやリウマチの治療のための**抗体医薬**が次々と上市されるようになり，表13・1に示すように2016年には，全世界の医薬品売上げ上位10品目のうち，6品目が抗体医薬品で占められるに至っている．なお，日本で開発されたオプジーボは18位だった．世界市場の上位20品目の売上げ高とバイオ医薬品の割合は，2008年は1110億米ドルで33％だったが，2014年には1315億米ドルで56％となった．バイオ医薬品の割合は今後もっと高くなるであろう．遺伝子治療の分野においても，遺伝子治療用ウイルスベクターの生産には培養動物細胞が使われており，2017年には，患者由来のT細胞をウイルスベクターにより遺伝子的に改変して治療に使う細胞医薬品（Chimeric Antigen Receptor T-cell，CAR-T[*1]）が，リンパ腫の治療薬として米国食品医薬品局（FDA）により認可され，現在では臨床に使われている．わが国においても2019年に承認を受け，抗体医薬との併用効果が期待されることから，遺伝子組換え細胞医薬品の臨床応用が今後進むものと思われる．

一方で，1990年代からは，**再生医療**や**ティッシュエンジニアリング**（組織工学）の概念に基づき，生体外で組織由来の細胞を増殖させ，組織に再構成したものが治療に使われるようになり，§1・4・3に述べたように，わが国においても患者由来の細胞から作製された皮膚，軟骨，角膜を用いた治療が実用化されている．2006年の山中伸弥らによるヒトiPS細胞作製の成功により，2014年から患者由来のiPS細胞から誘導した細胞・組織を用いた臨床試験が始まっている．組織細胞や幹細胞の大量培養，生体外での組織作製において動物細胞工学が大きな役割を担っている．このほかにも，ハイブリッド型人工臓器開発，トランスジェニック動物を用いた生体バイオリアクター開発などに動物細胞工学技術が活用されている．

ここでは，動物細胞の特性，バイオ医薬品生産，再生医療分野での応用，組織構築技術に関する工学的観点について述べる．

13・1 動物細胞の特性と基本操作技術

動物の組織や臓器より採取した細胞を培養することを**初代培養**（primary culture）といい，細胞培養技術の進歩によって細胞の機能を維持した状態で培養することが可能となってきている．しかし，分化した正常な細胞は培養期間が限られており，いずれ細胞分裂能や機能の低下とともに死に至る．一方で，株化された動物細胞は，元は受精卵細胞から発生してさまざまな組織の細胞に分化したものが，自然な変異によって脱分化したり，細胞融合などの人為的な操作によって永久増殖能が付与されたものである．種としては同じ細胞でも，細胞の特性は，その由来によって大きく異なる．また，同じ細胞株でも培養環境を変えることによって，培養していく間に形質が変化する場合もある．動物細胞のこのような特性を理解して，細胞に合わせた培養法を検討する必要がある．動物細胞は2・3節で述べたように，その形態的な特性から**付着依存性細胞**と**浮遊性細胞**の二つのタイプに分けられる（次ページの図13・1）．細胞培養の際に付着面が必要であるか否かにより，培養方法は異なってくる．このほかにも，細胞の要求性や環境に対する応答性なども培養方法を決めるための重要な因子となる．動物細胞工学では，得られた細胞をもとに，その細胞特性に合わせた培養法を開発し，培養や物質生産の効率化をはかるものである．

13・1・1 培養環境

動物細胞は，微生物と比べて培養環境に対して鋭敏である．たとえば，培地作製に用いられる水では，残存する金属イオンなどが細胞の増殖に影響する場合があるため，超純水[*2]が用いられる．また，動物細胞

[*1] キメラ抗原受容体発現T細胞療法（CAR-T，カー・ティー）．患者から採取した，異物細胞に対して殺傷能力を発揮できる免疫細胞であるT細胞に，がん細胞に対して標的能をもつキメラ受容体タンパク質を発現するように遺伝子改変を行うことによって，がん細胞を特異的に殺傷する細胞をつくり出すものである．この方法では，生体外で遺伝子組換えしたT細胞を大量に培養し，細胞の品質保証を行った後に患者に戻すため，T細胞の大量培養技術および品質保証技術が非常に重要となっている．

[*2] イオン交換樹脂で脱イオン後，逆浸透，限外沪過処理を行うMilli-Q（ミリ・キュー）水がよく使われる．

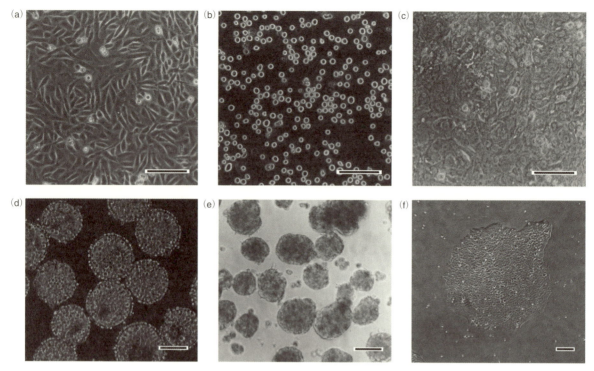

図 13・1 培養状態の動物細胞．(a) CHO-K1 細胞（付着依存性），(b) ハイブリドーマ細胞（浮遊性），(c) ラット肝実質細胞（単層付着），(d) マイクロキャリヤー（Cytodex2）上で培養した BHK 細胞，(e) 肝実質細胞スフェロイド，(f) ヒト iPS 細胞のコロニー．写真の右下のバーは 100 μm．

培養では，培養などに殺菌済のプラスチック器具が多く用いられるが，培養に使用したプラスチック器具からの溶出物が問題となることがある．動物細胞培養において考慮すべき環境因子としては，温度，pH，気相組成，浸透圧，培地成分，代謝老廃物濃度，増殖因子などである．

a. 温度と pH 動物細胞培養では，生体内での条件に近い状態で，細胞増殖や生産において最も良好である場合が多い．そのため細胞増殖の最適温度は，用いる動物の体温に基づいて設定され，通常，哺乳類動物細胞の場合は 37 ℃，昆虫細胞の場合は 27 ℃ が用いられる．最適の pH 条件は細胞によって若干異なるものの pH 7.0〜7.6 であり，培養期間中に細胞の代謝により CO_2 や乳酸などを生産するため，pH は徐々に低下していく．

b. 酸 素 動物細胞を培養する際，気相成分では酸素と二酸化炭素が重要である．哺乳類動物細胞培養では，通常は 5% CO_2 を含む空気で通気を行う．酸素は，細胞の増殖に必須であるが，ある種の細胞では低い酸素分圧の方が良好な増殖を示す場合もあるが，酸素濃度は高すぎても細胞に害となる．大気濃度の酸素では，水への 37 ℃ での飽和溶解度は 6.8 mg/L と低いため，細胞が高濃度になるとすぐに枯渇してしまうので，動物細胞の高密度培養による物質生産においては，細胞に傷害を与えることなく十分な酸素を供給することが重要となる．

c. 培 地 2・4 節で簡単に述べたが，培地は細胞の生存や増殖に必要な栄養素，無機塩，糖，ビタミン，微量金属，増殖因子などが含まれており，pH や浸透圧のような細胞の生理的環境を整える作用も備えている．培地成分のなかで，無機塩，アミノ酸，糖，ビタミン，微量金属など化学的組成が知られた物質のみで構成されたものを**基礎培地**といい，培養培地は通常 5〜20% の血清を基礎培地に添加して作製する．これまでさまざまな基礎培地が開発されてきたが，どの培地を用いるかは細胞種により異なる．基礎培地は，化学的に特定された成分なので，ばらつきが少ない利点があるが，血清などを添加して初めて細胞を増殖，継代することができるようになる．血清は培養する細胞種由来のものである必要はなく，一般には，ウシの

血清がよく用いられる．ウシの血清でもその由来により，胎仔血清，新生仔血清，仔牛血清，成牛血清に分けられ，この順に細胞増殖活性が高く，活性におけるロット差も少ないが，同時に胎仔血清は採取量が少なくなるため高価になる．血清のおもな役割として，1) 細胞の増殖や機能発現を導くホルモン，増殖因子などの供給源，2) 脂質，無機質，水難溶性物質などの必須栄養素の輸送タンパク質を供給し，溶解性を高めたり，抗酸化作用を示す，3) 接着や伸展のための因子の供給，4) 毒性物質の作用を中和し，無害化する，5) 微量金属の供給源などである．血清は，物質生産においては生産物を分離精製する際の妨げになり，0.2 μmの膜沪過ではウイルスは除去できず，病原体などの汚染源ともなりうるため，血清代替成分に代えた**無血清培地**の開発が行われている．CHO細胞（図13・1）やHEK293細胞[*1]では，実用性の高い無血清培地が開発されており，工業的な物質生産で使われている．

13・1・2 遺伝子組換え動物細胞の作製

動物細胞培養によって物質生産させる場合，安定して目的物質を生産する細胞株を樹立する必要がある．生産細胞株の樹立には，ハイブリドーマ細胞のように，目的物質を生産している生体組織を採取し，株化した細胞と細胞融合させる方法がとられる場合もあるが，血球系の浮遊性細胞以外にはあまり用いられない．組織細胞の場合は，変異処理や発がん遺伝子などを用いて永久増殖する細胞株として樹立することも行われている．目的物質の遺伝子がすでに単離・同定されている場合には，適当なプラスミドベクターに，その遺伝子を発現ユニットとして組込み，CHO細胞などの生産に適した細胞株を宿主細胞として，作製したプラスミドを導入して発現させる手法がとられる．

a. 動物細胞への遺伝子導入法 動物細胞への遺伝子導入法には，原理的に大きく分けて，物理・化学的方法と生物的方法がある．物理・化学的方法は，試薬や装置を使ってプラスミドベクターなどの遺伝子材料を細胞に導入する方法で，代表的なものに，リポフェクション法やエレクトロポレーション法がある．生物的方法は，ウイルスが宿主細胞にみずからの遺伝子材料を導入するメカニズムを利用するもので，代表的なものにレトロウイルスベクターとアデノウイルスベクターがある．これらのウイルスベクターは培養動物細胞によって生産される．医薬品タンパク質を生産する遺伝子組換え細胞を作製する場合には，物理・化学的遺伝子導入法がよく用いられる．遺伝子治療では，上であげたウイルスベクター以外にアデノ随伴ウイルスベクター（AAVベクター）も使われている．

b. 生産細胞の選抜 目的遺伝子を発現用のプラスミドベクターに組込み，細胞に導入発現させる場合，導入された遺伝子が核に到達すると転写が起こり，それから遺伝子産物がつくられることになる．多くの場合，導入遺伝子の発現が数日間は観察されるがその後消失する．このような遺伝子発現のことを**一過性発現**といい，これは導入した遺伝子が細胞分裂に伴い分解や希釈されてしまうためであると考えられる．このなかから低頻度ではあるが導入遺伝子が宿主細胞の染色体に組込まれ，安定に発現し続ける細胞が出現する．これを**安定発現**という．遺伝子組換え細胞による工業的な物質生産においては，生産性の高い安定発現細胞の選抜が重要である．一般には，導入遺伝子にあらかじめ薬剤耐性の選択マーカー遺伝子を組込んでおき，対応する薬剤を加えた培地（選択培地）を用いることで，導入遺伝子を発現している細胞を選択的に増殖させることによって安定発現細胞の選抜が行われる．

通常，動物細胞にプラスミドベクターを用いて遺伝子導入して，染色体に組込まれた細胞は，染色体への組込み部位は特定されずランダムである（**ランダムインテグレーション**）．遺伝子の組込みコピー数も少ないため，強力なプロモーターを用いても目的物質を高生産する細胞を得ることは困難である．そこで，工業的な物質生産用の高生産細胞株を構築するために，**遺伝子増幅**とよばれる育種法が用いられる場合がある．具体的な方法として，*DHFR*-MTXや*GS*-MSXがある[*2]．MTX，MSXはそれぞれ対応する酵素（DHFR，GS）の阻害剤であり，目的遺伝子と同時にこれらの酵素遺伝子を導入し，薬剤によって選抜する．この際，薬剤濃度を段階的に上昇させ，耐性細胞をスクリー

[*1] ウイルス生産に用いられるヒト胎児腎臓由来の細胞株．
[*2] DHFR: ジヒドロ葉酸レダクターゼ，MTX: メトトレキセート，GS: グルタミン合成酵素，MSX: メチオニンスルホキシミン．

ニングすることによって結果的に導入遺伝子コピー数が増大し，目的遺伝子発現が向上した細胞株の取得が可能である．近年では，細胞染色体の安定・高発現が期待できる部位に目的遺伝子を組込む（**ターゲットインテグレーション**）ことにより，短期間に高生産細胞を樹立することが可能となってきている．

c. 動物細胞における遺伝子発現システム 物質生産などを目的に遺伝子組換え動物細胞を作製するには，外来遺伝子を宿主細胞に効率的に導入および発現させる必要があり，そのための発現ベクターが種々開発されている．哺乳類動物細胞では代表的なものとして，SV40 ベクター，レトロウイルスベクターがあり，昆虫細胞を宿主とする系では，バキュロウイルスベクターが物質生産にしばしば用いられる．また，導入した遺伝子を発現させるために，哺乳類動物細胞では，ウイルス由来のプロモーター（CMV, SV40 など）や細胞性プロモーター（EF1α，βアクチン，PGK など）が恒常的な発現によく用いられている*1．

13・1・3 抗体エンジニアリング

異物の侵入を排除する働きとして，われわれの体は免疫系を備えている．免疫系で液性免疫の主役を担っているのが抗体である．抗体は，**免疫グロブリン**ともよばれ，体外から侵入して異物として認識された抗原に対して強く結合するタンパク質として生産される．抗原と抗体は，非共有結合的に結合するが，結合の特異性および親和性は非常に高い．抗体は抗原との結合部分において，静電的相互作用や水素結合などの複合的な相互作用が働き，立体構造的にも合致した形で分子識別を行っている．抗体の優れた分子識別能力は，ELISA 法*2 をはじめとする微量物質の分析や，§11・5・1 で述べたアフィニティークロマトグラフィーなどの分離精製用途のみならず，病気に対する診断や治療など，さまざまな分野で活用されている．抗体は，H 鎖と L 鎖の 2 種類のポリペプチド鎖がジスルフィド結合により 2 分子ずつ会合した Y 字形のヘテロ四量体を基本構造としている（図 13・2）．H 鎖と L 鎖

の抗原と結合する領域は可変領域とよばれ，アミノ酸配列が変化することによって多様な抗原への結合性を生み出している．ヒトでは，H 鎖の定常領域の違いにより 5 種類の免疫グロブリンのクラス（IgG, IgM,

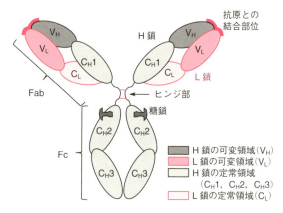

図 13・2 抗体の基本構造

IgA, IgD, IgE）が存在するが，血清中には IgG が最も多く含まれている．抗体の機能領域として，抗原と結合する Fab 領域（図 13・2 の V_H, V_L, C_H1 および C_L）とエフェクター機能を担っている Fc 領域（図 13・2 の C_H2 および C_H3）がある．Fc 領域は，N 結合型（アスパラギン結合型）糖鎖で修飾されており，血中での安定性の向上や，補体活性化や細胞傷害活性などの生体内での免疫反応の媒介となるエフェクター機能の発揮に重要な役割をもっている．

抗体は，生体内では抗原の刺激に応答して，リンパ球の一種である B 細胞によって生産されている．無限に存在するかもしれない多様な抗原に対応して膨大な数の抗体を生成するメカニズムは，1976 年に利根川進らによって解明された．われわれの体では，抗体を生産する多様な B 細胞が生み出されているため，血清中の抗体はさまざまな抗体の混合物（**ポリクローナル抗体**）である．一つの B 細胞がもっている抗体遺伝子は 1 種類であるため，一つの B 細胞からは 1 種類の抗体が生産され，これを**モノクローナル抗体**とよぶ．モノクローナル抗体は，抗原に対する特異性や親和性が均一な抗体である．1975 年に G. Köhler と C. Milstein によって報告された**ハイブリドーマ法**により，生体から調製することは困難であるモノクローナル抗体の大量生産が可能となった．ハイブリドーマ法では，永久増殖能をもつミエローマ細胞（骨髄腫細

---

*1 CMV：サイトメガロウイルス，SV40：シミアンウイルス 40，EF1α：伸長因子 1α，PGK：ホスホグリセリン酸キナーゼ．

*2 Enzyme-Linked Immunosorbent Assay. ELISA 法は，典型的には酵素で標識した抗体により，抗体と結合する物質を酵素反応によって増幅し検出する方法である．

胞）と抗体を生産するB細胞を細胞融合することによって，抗体を生産するB細胞に永久増殖能力を付与するものである．この方法では，細胞融合に用いるミエローマ細胞に，核酸合成系での遺伝子的な変異をもっているものを用いることによって，ハイブリドーマ細胞選抜用の培地（**HAT選択培地***）で生存できないようにしている．まず，抗原で免疫したマウスから抗体産生B細胞が含まれる脾臓細胞を取出し，ミエローマ細胞と細胞融合する．HAT選択培地を用いた培養過程で，細胞融合しなかったミエローマ細胞は死滅し，また脾臓由来正常B細胞は寿命により死滅するが，ハイブリドーマ細胞は，ミエローマ細胞の永久増殖能と正常B細胞の核酸合成系を獲得するため生き残る．HAT選択培地中で増殖してきたハイブリドーマ細胞のなかから，目的の抗原に対するモノクローナル抗体を生産するものを選抜し，一つの細胞から増殖させることによって（**クローニング**），細胞株として樹立する．樹立したハイブリドーマ細胞の培養によってモノクローナル抗体の大量生産が可能である．ハイブリドーマ法は，望みの抗原に対するモノクローナル抗体を得る方法として，マウスでは確立されたシステムとなっている．

　モノクローナル抗体を，分析や診断用のツールとして生体外で用いる場合には，抗原の認識のみが重要であるため，抗体の由来となる動物種が問題となることはほとんどない．しかし，抗体の優れた抗原認識力や生体における免疫分子としての働きを活用して，ヒトの疾病の治療薬（**抗体医薬**）としてヒトに接種して使用する場合は，マウスなどの動物由来の抗体は，抗体のポリペプチド鎖を構成するアミノ酸配列がヒトのものと異なるため，抗体自体が抗原となり，接種した治療用抗体に対して反応する抗体がヒト体内で生じてくることから，繰返し投与できないといった問題が生じる．このため抗体医薬として用いられる治療用抗体は，ヒト由来か，できるだけヒト抗体と同じアミノ酸配列をもつ必要がある．これは，1990年以降の遺伝子工学およびタンパク質工学の進展により可能となっ

た．目的のモノクローナル抗体を生産するマウス由来のハイブリドーマ細胞などから，抗体のH鎖およびL鎖遺伝子から可変領域の遺伝子を取出し，ヒトの抗体の定常領域の遺伝子と組合わせることによって，抗原結合能をもち，なおかつ定常領域がヒト型の抗体遺伝子を設計し，その遺伝子をCHO細胞などの培養動物細胞に導入し，遺伝子発現させることが可能である．§13・2・1で述べるように，CHO細胞を宿主として組換え抗体が効率的に生産されている．ヒトの遺伝子と置換する度合いによって**キメラ抗体**と**ヒト化（CDR移植）抗体**に分けられる（図13・3）．キメラ

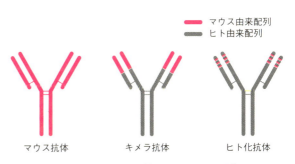

図 13・3 マウス抗体のヒト配列への置換

抗体では，H鎖およびL鎖の可変領域の遺伝子を置き換えたものでヒト配列への置換率は約70％となっている．ヒト化抗体では，可変領域のなかでもさらに抗原結合に関与する部位（Complementarity Determining Region，CDR）のみを組込んだもので，置換率が約90％となる．現在では，ヒト抗体遺伝子ライブラリーを用いたファージディスプレイ法やヒト染色体をもつトランスジェニック動物を利用することで，完全ヒト抗体の生産も可能となっている．ヒト化された抗体は治療用抗体として繰返し投与に耐えられるようになり，表13・1に示したように，がんやリウマチなどの疾病に対する多くの治療用抗体が医薬品として実用化されている．表13・1から，1例を除いてCHO細胞が宿主細胞として利用されていることは注目される．さらに，遺伝子工学やタンパク質工学を適用することによって抗体分子が再設計され，低分子化抗体，多価抗体，二重特異性抗体など，生体内にはないさまざまな形態をもった抗体分子の生産が行われている（図13・4）．また，次世代型の抗体医薬として，抗体と薬物との複合体（Antibody-Drug Conjugate，

---

* HAT選択培地には，ヒポキサンチン（H），アミノプテリン（A），チミジン（T）が含まれており，アミノプテリンの作用によってミエローマ細胞は死滅するが，正常な核酸合成系をもつ細胞は，ヒポキサンチンとチミジンによってアミノプテリン存在下でも核酸合成ができるため生き残る．

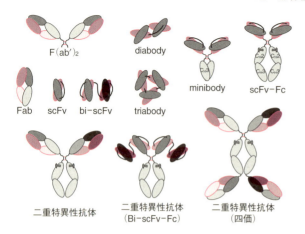

図 13·4 **抗体派生分子の構造**．IgG をプロテアーゼであるペプシンやパパインで部分的に加水分解処理すると，Fab 領域と Fc 領域の間で切断される．ペプシンではヒンジ部の下で切断され，F(ab')$_2$ が生成し，パパインではヒンジ部の上で切断され，Fab が生成する．H 鎖と L 鎖の可変領域の遺伝子（それぞれ V_H, V_L）を構造的に柔軟なリンカーペプチド配列を介してつないだものを一本鎖抗体（single chain Fv, scFv）という．2 種類の scFv を直列につないだものが bi-scFv であり，scFv の 2 量体，3 量体をそれぞれ diabody, triabody という．scFv に IgG の Fc 領域を結合させたものを scFv-Fc といい，scFv に Fc 領域のうちの C_H3 だけを結合させたものを minibody という．二つの抗原に対する結合能を一つの抗体分子で行わせるものを二重特異性抗体といい，さまざまな構造のものが生産されている．下段に二重特異性抗体の構造の例を示した．

ADC）の開発も進められており，抗体の利用はさまざまな広がりを示している．

13·2 工学的観点からのバイオ医薬品生産

13·2·1 動物細胞培養による有用物質生産

われわれの体の組織細胞は，サイトカイン，ホルモン，酵素，増殖因子などを産生しており，組織・臓器での機能調節に関わっている．それらの生理活性物質は特定の疾患に対する治療薬として使うことができる．かつてそれらの物質は，組織あるいは血液からしか採取されなかったが，遺伝子組換え技術により該当の遺伝子を微生物に導入して，その微生物の培養によって大量生産が可能となった．大腸菌などの微生物を宿主とする物質生産は生産性において有利であるが，糖鎖修飾などの翻訳後修飾が活性発現に必要なタンパク質は，微生物ではつくらせることができない場合があり，動物細胞を宿主とした遺伝子組換え細胞によって生産されている．こういったタンパク質の代表的なものに，脳梗塞や心筋梗塞の治療薬である血栓溶解酵素 tPA，貧血治療薬であるエリスロポエチン（erythropoietin，EPO），がんやリウマチなどの治療薬として使われる治療用のモノクローナル抗体（具体例は，表 13·1 参照）がある．

動物細胞培養による物質生産は，基本的には微生物と同様の方法で行うが，微生物と比べて動物細胞は，1）増殖速度が遅い，2）細胞壁がないため細胞が脆弱である，3）細胞増殖のためにホルモンなどの増殖因子を必要とする，4）細胞の性質が変わりやすい，という難点がある．また，動物細胞培養では，付着依存性か浮遊性かによって物質生産のための大量培養法も異なってくる．組織由来の株化した細胞や遺伝子組換えの宿主として使われる細胞は付着性である場合が多く，実験室レベルでは，培養皿や培養プレート，培養フラスコを用いて，その底面に単層に接着させて継代培養を行っている．物質生産を目的にした大量培養においても，これを拡張したタイプとして，大型の培養フラスコ，ローラーボトル，ディスクタイプ，マルチトレイなどが用いられている．この場合，培養様式としては，回分培養や反復回分培養で行われる．また，細胞を**マイクロキャリヤー**とよばれる直径 150～200 μm 程度のビーズ上で付着増殖させて（図 13·1 d），細胞を一種の浮遊化した状態にして撹拌槽などのバイオリアクター内で培養する方法を用いる場合もある．接着面を増すために，各種の多孔質固定化担体が開発されている．

一方，浮遊性細胞の場合は，撹拌槽型バイオリアクターでの流加培養による大規模生産が可能である．このため，付着依存性細胞でも馴化＊させることによって細胞の浮遊化が試みられる．また，小さな組織凝集体（**スフェロイド**）として浮遊化させる場合もある（図 13·1 e）．しかし，動物細胞は微生物と異なり脆弱であるため，気泡通気や撹拌によるせん断応力で細胞がダメージを受けやすいため，培養液上面からの表

＊ 徐々にその環境に慣れさせることによって適応させる．

面通気と緩やかな撹拌が行われる場合が多い．直接的な気泡通気や機械的な撹拌に対するダメージを軽減するための添加剤として，非イオン性界面活性剤であるPoloxamer 188（Pluronic F-68）を0.1％程度で添加するのが効果的であり，よく用いられている．近年では，§1・4・3で述べたように数値流体力学解析に基づいて，細胞に対するせん断応力をなるべくかけずに効率的な撹拌を行うための撹拌方法や撹拌翼の設計が行われている．また，生産コスト削減のために，配管やバイオリアクターなどにシングルユース製品の導入が進められている．

バイオ医薬品は，バイオロジカルズ（biologicals）またはバイオロジックス（biologics）ともよばれ，抗体医薬を中心に製品開発が活性化しており，2～20 kL規模での培養による大量生産が行われている．抗体は，抗原となる対象が変わるだけで基本的な構造は同じであるため，抗体医薬品生産では，遺伝子導入による生産細胞構築から，培養による生産プロセス（上流プロセス），生産物分離プロセス（下流プロセス），品質管理まで含めて，生産システムのプラットフォーム化が行われており，随所に生物化学工学的知見が応用されている．抗体医薬品の生産細胞構築には，CHO細胞を宿主として目的の抗体遺伝子の導入が行われ，高生産細胞株が選抜される．さらに，生産性を向上させるために細胞株に合わせた生産用の培地成分の最適化が行われる．構築した生産細胞株はMaster Cell Bank（MCB）として液体窒素中で保存され，MCBからWorking Cell Bank（WCB）もつくられて，保存される．生産プロセス（上流プロセス）では，WCBから起こした細胞から数段の種培養による拡大培養を経て，生産培養となる．浮遊懸濁系での流加培養により3 g/L以上の抗体の高濃度生産が可能となっている．下流プロセスは，細胞除去後，プロテインAをリガンドとするアフィニティークロマトグラフィー（キャプチャー），ウイルス不活化，2回のイオン交換クロマトグラフィー（ポリッシュ），ウイルス除去フィルター，限外濾過膜による透析濾過（UF/DF）プロセスで構成されている．ここまでのプロセスで原

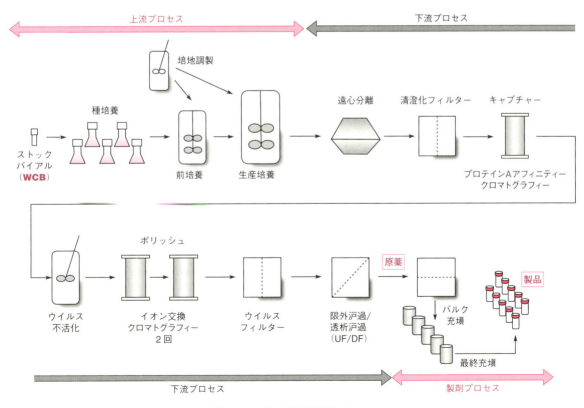

図 13・5　抗体医薬製造プロセス

薬が製造され，その後，製剤プロセスにより製品となる（図13・5）．生産性の向上のために，§7・3・4で述べた灌流培養による連続生産システムの実用化が検討されている．

13・2・2 トランスジェニック動物による有用物質生産

抗体医薬に代表されるバイオ医薬品は，遺伝子組換えCHO細胞などの細胞培養によって生産されているが，高い生産コストや対象の多様化に伴う生産能力の限界といった問題が指摘されるようになり，細胞培養に代わるバイオ医薬品生産のための新規プラットフォームの開発が望まれている．1990年代より，バイオ医薬品生産の新たなプラットフォームとして，トランスジェニック動植物による**生体バイオリアクター**が注目されてきた．ヤギやヒツジといった大型哺乳動物の乳汁中に生産させるシステムは，技術的にほぼ確立されており，アンチトロンビンやアンチトリプシンといった医薬品タンパク質の生産が行われている．哺乳類乳汁中での生産よりさらに安価に生産するシステムとして，トランスジェニックニワトリの卵への生産のための技術開発が行われるようになった．哺乳類乳汁への生産システム開発と同時期より検討が進められており，哺乳類のシステムと比べて実用化が遅れていたが，2015年にウォルマン病治療薬としてトランスジェニックニワトリにより生産されたセベリパーゼα（Kanuma）が米国FDAにより初めて認可され，現在は日本でも販売されている．今後の生産品目の拡大が期待される．上平正道らは，1995年頃より独自にトランスジェニックニワトリの卵中に医薬品タンパク質を生産させるための技術として，胚培養法や遺伝子導入法の開発を行ってきた．この方法では（図13・6），胚への遺伝子導入にヒトの遺伝子治療に使われているものと同タイプのレトロウイルスベクターを用いるもので，超遠心により濃縮したウイルス溶液を胚へ微量注入することによって，100%の効率で導入遺伝子が体組織細胞の染色体に組込まれており，さらに80%以上の頻度で導入遺伝子が子に伝播可能な方法を開発した．さらに，導入遺伝子発現を最大化するためにウイルス注入する胚発生段階の最適時期の決定を行い，ニワトリ胚では孵卵55時間目，ウズラ胚では孵卵48時間目が最適であることを見いだした．実用タンパク質生産の例として，scFv-Fc（構造は図13・4を参照）の生産を試み，胚操作して誕生させたすべてのニワトリにおいて，血清中でg/Lレベルでの高発現に成功した．また卵中での高発現もみられ，卵白中で平均5.6 g/Lでの生産（卵1個当たり約0.2 g）が可能であり，導入遺伝子は子孫への伝播も認められた．ほかにも全抗体やEPOなどの医薬品を生産するニワトリの作製を行っている．また，新たな適用のために，食べる医薬品としてスギ花粉症治療のためのアレルゲンT細胞エピトープを卵に生産するニワトリの作製を行い，動物実験により，この卵を食べることによって花粉症の治療が行えることを示した．より深く学びたい読者は参考図書を参照されたい．

物質生産以外にも，トランスジェニック動物の医療・医薬品分野への応用が検討されている．移植拒絶の原因となる糖鎖抗原の合成遺伝子をノックアウトし

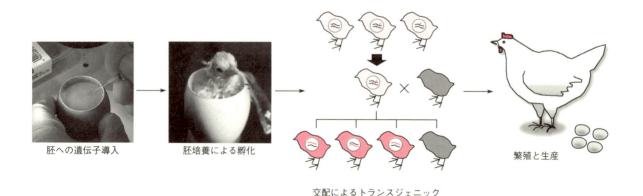

図 13・6　トランスジェニックニワトリによるバイオ医薬品生産

たブタが作出されており，将来，ヒトへの臓器移植に用いられるようになるかもしれない．また，ヒト由来の抗体遺伝子を生成する領域をもつ染色体ベクターを導入されたマウスやウシが作出されている．これらの動物では，抗原による免疫によってヒト抗体が体内で生産されるため，抗体医薬開発のためのヒト抗体遺伝子のスクリーニングに用いられている．§2・7・6で述べたゲノム編集技術の進展によって，高効率に胚細胞への遺伝子ノックインが可能となっており，遺伝子改変された動物の物質生産などへの利用がますます進むものと考えられる．

13・3 工学的観点からの再生医療とティッシュエンジニアリング

13・3・1 再生医療におけるバイオプロセス

再生医療は，ヒト由来細胞を生体外で培養して移植し，臓器や組織の再生をはかる医療である．必要に応じて，元の細胞（細胞源）を分化[*1]させたり，遺伝子組換え技術やゲノム編集技術を用いて遺伝子改変を行って，目的の細胞を調製する．調製した細胞は，細胞同士がばらばらの細胞懸濁液で，あるいは生体外で組織化（詳しくは§13・3・2参照）してから，患者に移植される．

再生医療で使われる細胞源は，**成体分化細胞**と**幹細胞**に大別される．分化細胞とは，特定の機能をもち，それ以外の細胞に分化しない細胞のことである．もともと体の中に存在しているものを成体分化細胞といい，たとえば，表皮細胞や心筋細胞，神経細胞などがそれにあたる．患者本人の表皮細胞を培養して作製した細胞シートは，日本における再生医療製品第1号である（§1・4・3参照）．

幹細胞は，自己複製能とそれ以外の細胞に分化する能力をもった細胞である．成体幹細胞は，もともと体の中に存在し，恒常性の維持に重要な役割を果たしている．そのなかでも，骨髄や脂肪，胎盤，歯髄など，さまざまな組織に存在することが知られている**間葉系幹細胞**が，再生医療の細胞源として特に注目されている．**胚性幹細胞**（Embryonic Stem cells；**ES細胞**）やiPS細胞は，人為的に作製された，あらゆる細胞に変化する能力のある細胞である（図13・7）．ヒトES細胞は，ヒト受精卵から内部細胞塊[*2]を取出して

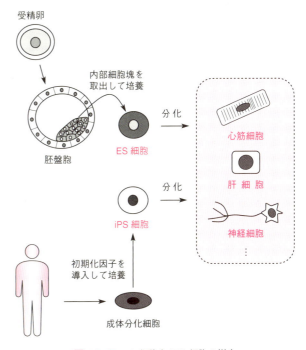

図13・7 ES細胞とiPS細胞の樹立

培養することで樹立される．他人の受精卵から樹立したES細胞由来の細胞を患者に移植することになるので，拒絶反応や生命倫理の問題が高い障壁になる．一方，iPS細胞は，成体分化細胞に初期化因子[*3]を導入して培養することによって樹立される．自分の細胞でiPS細胞を作製し，それを分化させた細胞を患者自身に移植するため，先の二つの問題を解決できる．

再生医療で使われるすべての素材は，動物由来の成分を含まないもの（**ゼノフリー**）でないといけない．培地を例に考えると，通常，動物細胞培養にはウシ血清が5～20％程度入った培地が用いられるが，これを使って培養した細胞を移植すると，ウシ由来タンパク質に対するアレルギーや，ウシ疾患に感染するリスクがある．このため，患者自身の血清を入れた培地や既知の因子による無血清培地（**完全合成培地**）が用いられる．

ヒトiPS細胞が開発されて以降，再生医療は加速度的に発展してきているが，現在のところ，多くの工程が熟練者による手作業に支えられている．熟練者の人

[*1] 特定の機能をもつ細胞に変化させること．
[*2] 受精卵が成長した胚盤胞（図13・7参照）の内部に形成される細胞群のこと．生物の本体となる．
[*3] 分化細胞に導入して初期化を促し，iPS細胞に変化させる遺伝子の総称で，たとえば *Oct3/4*, *Sox2*, *Klf4*, *c-Myc* の四つ．

件費や設備費，安全性基準を満たすための検査費などは高額となる．そのため，この費用を研究者などが公的資金で賄うことができなければ，高額でも支払う能力がある高所得者に限定されてしまう．今後，再生医療を汎用的医療として実用化し，国民健康保険制度も財政的に破綻しないようにするためには，熟練者の手作業に頼らず，移植可能な高品質の細胞を安全に，安価に，安定的に，大量生産する必要がある（図13・8）．こうした実用化を推進するためには，ヒト細胞の培養の特殊性を熟知した生物化学工学者による技術開発が不可欠である．以下に，これまでに開発された代表的な三つの技術を紹介する．

図13・9に細胞製造システム（自動培養装置）の一例を示す．熟練者であってもヒューマンエラーや雑菌汚染のリスクを排除することはできない．大阪大学の紀ノ岡正博らが開発した細胞製造システムを用いることでヒューマンエラーや雑菌汚染のリスクを抑えた再現性の高い培養が可能になる．このシステムでは，細胞培養インキュベーター，無菌操作，資材・試薬搬入の機能が分離独立した，個別に無菌化可能なアイソレーターシステムとしてモジュール化され，モジュール同士は無菌的に接続可能なインターフェイスで接続することができる．モジュール化することにより，製造ラインの稼働率を低下させることなく，複数の異なる患者用の細胞を，並行に，安全かつ確実に製造できる．

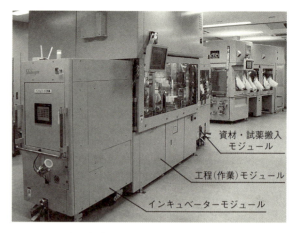

図 13・9　細胞製造システム［水谷 学，紀ノ岡正博，生物工学，**96**，317（2018）］

iPS 細胞を用いた再生医療特有の課題に対する技術も開発されている．未分化 iPS 細胞の増殖培養工程では偶発的に発生する未分化状態から逸脱した細胞（逸脱細胞）を選択的に除去する必要がある[*1]．これに対し，紀ノ岡らは細胞間接着の阻害剤であるボツリヌス菌由来のヘマグルチニン（HA）を用いた逸脱細胞の選択的除去技術を開発した．HA 添加方法や添加濃度を工夫することで，いずれの培養条件においても逸脱細胞の除去が可能であった．また，分化誘導培養以降の工程では移植細胞群から未分化 iPS 細胞を完全に除去する必要がある[*2]．これに対し，清水一憲らは培地

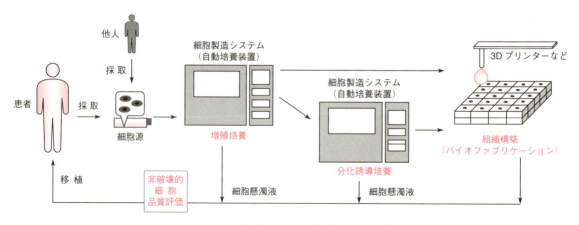

図 13・8　これからの再生医療プロセスの概念図

[*1] 逸脱細胞の分裂能力が未分化 iPS 細胞と同等または高いため，継代を重ねると未分化 iPS 細胞の増幅が得られなくなるため．
[*2] 未分化 iPS 細胞を移植するとテラトーマ（良性腫瘍）を形成するリスクがあるため．

中の既存成分であるアミノ酸濃度を変化させるだけで未分化iPS細胞を選択的に除去する技術を開発した．未分化iPS細胞と分化細胞が混ざった細胞群を，高濃度L-アラニン含有培地に数時間曝露し，その後，通常培地に戻すことで，未分化iPS細胞だけを選択的に死滅させることができた．同様の操作を繰返すことで，未分化iPS細胞の除去率を向上させることが可能であった．巻末の参考文献を参照されたい．

培養細胞の非破壊評価のための細胞形態情報解析技術が名古屋大学の加藤竜司らによって開発された（図13・10）．再生医療で用いられる細胞はそれ自身が最終製品であるため，細胞の品質を非破壊的に評価することがきわめて重要である．従来，培養細胞の品質評価は，熟練作業者による目利きによって行われてきた．熟練作業者は日々，培養細胞を位相差顕微鏡観察することにより，細胞の形や数の変化を感覚的にとらえ，細胞そのものの性状だけでなく，培養作業の微調整を判断するための示唆に富む情報を得てきた．細胞形態情報解析技術は，こうした，熟練作業者が感覚的に得ていた視覚情報を§10・1・3で述べたディープラーニングを含む機械学習的手法を応用してモデル化するものであり，細胞製造の品質管理のみならず培養プロセス自体の向上に利用することができる．

そのほかにも多くの技術が生物化学工学者によって開発されており，再生医療分野での培養操作の簡便化やプロセスの低コスト化に寄与することが期待される．

13・3・2 バイオファブリケーション

バイオファブリケーション（biofabrication）とは，"バイオ（bio）"と"ファブリケーション（fabrication＝組立てる）"を組合わせてつくられた言葉であり，細胞や生物由来の材料を用いて構造体を造形することを意味する．細胞と人工物を組合わせて組織をつくることを目指すティッシュエンジニアリングは，R. LangerとJ.P. Vacantiによる1993年のScience誌上におけるそのコンセプトの提唱以降，世界中で検討が行われてきた．その提唱以降，多くの検討が行われてきたのが，あらかじめ目的の形状をした多孔質の構造体をつくり，そこに細胞を分散させた溶液を流し込んだり，細胞を分散させた高分子などの水溶液をゲル化させたりすることで細胞を含む構造物をつくり，その内部で細胞を増殖させるというものである．しかし，これらの方法では，厚みがあり，生体組織と同様の複雑な細胞配置をもつ構造体を再現することはできなかった．そこで，登場してきたのが，造形技術を高度化す

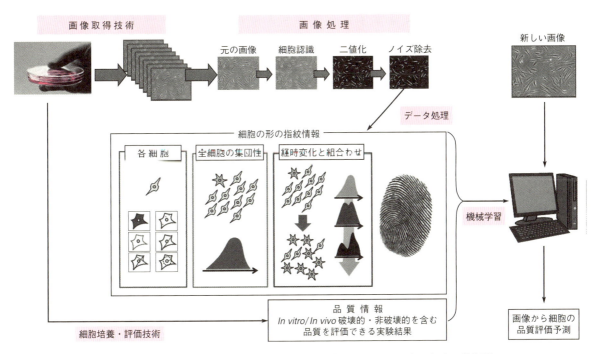

図 13・10　細胞形態情報解析技術　［加藤竜司, 生物工学, 96, 121 (2018) を一部修正］

ることで，その実現を目指すバイオファブリケーションである．

ここで，"厚み"に着目して，細胞のみから成る三次元構造体を作製することの難しさについて考えてみる．動物の体内には，毛細血管網が体の末端まで張り巡らされており，その血管をライフラインとして酸素や栄養分が細胞に供給されて，すべての細胞が毛細血管から約 0.2 mm 以内の距離に存在するといわれている．たとえば，球状の組織に関して，組織内へ拡散する周囲環境中の酸素濃度，酸素の拡散移動速度，細胞の呼吸による酸素消費速度に関して物質収支を考えると，多くの細胞では中心部の細胞の生存に必要な量の酸素を供給するためには，その直径を 0.3 mm 以内にする必要があることがわかる．すなわち，細胞のライフラインとなるような培養液がその内部を流動している毛細血管網様の構造がなければ，内部の細胞が良好に生存した状態の厚さ 1 mm の組織をつくることもできない．この問題が解決されなければ，生体の組織や臓器の代替となるような厚みのある組織体をつくることは不可能であることから，バイオファブリケーションの手法も利用して，現在さまざまな検討が行われている．

バイオファブリケーションの取組みのなかで，印刷技術と組合わせたものが**バイオプリンティング**（bio-printing）である．活字や写真などを紙に印刷する一般的な印刷では，プリンターによりインクが規定された場所に塗布され定着する．これに対して，バイオプリンティングでは，プリンターを用いて細胞を含むインクを塗布・定着させる．このため，細胞種ごとに異なるインクを用意し，各色のインクが微細なドットとして定着し多様な色を再現するカラー画像の印刷のようなインクの塗布と定着を行えば，異なる種類の細胞を細胞1個のスケールで複雑に配置した構造体を造形することも可能である．すなわち，血管網のような毛細血管網様の構造の形成につながるように，血管を構成する細胞*が内部に配置された三次元構造体を作製することも可能である．

このように，バイオプリンティングによって，厚みのある複雑な構造をもった機能的な組織を作製できる

---

* 動脈と静脈の血管壁は内膜，中膜，外膜の階層構造をもち，各層を構成する細胞は，それぞれ内皮細胞，平滑筋細胞，線維芽細胞である．毛細血管は，内皮細胞のみから成る．

ようになるためには，プリンターとインクのさらなる進歩が不可欠である．プリンターについては，細胞にダメージを与えることなくより高精度かつできるだけ速く細胞を含むインクを塗布できるプリンターが必要である．インクは多くの場合，細胞と細胞に適切な環境を与えるためのヒドロゲルを形成する材料で構成される．そのうちの細胞としては，前節で述べたiPS細胞のような幹細胞を分化させて得られる各種細胞を容易に使えるようになることが期待される．細胞を含んだヒドロゲルを形成する材料としては，細胞の生存に影響を与えることなく，塗布された場所で迅速に定着（ゲル化）するとともに，その後の細胞の増殖や機能発現に寄与するようなものが必要であり，さまざまな検討がなされている．一例として，境 慎司らは細胞に穏和な条件で機能する酵素に着目し，西洋ワサビ由来ペルオキシダーゼ（HRP）が触媒する反応（図 13・11 a）により迅速に定着するインク成分を開発した．この酵素反応により架橋されるフェノール性ヒドロキシ基を修飾した生体適合性の高い高分子の水溶液に細胞を分散し，押出し式プリンターを使い，直径 0.3 mm ほどのノズルから微量の過酸化水素を含んだ空気中に連続的に押出すと，細胞を含んだゲルが形成する．この操作を繰返すことで，細胞を含んだヒドロゲル構造物を作製することができる（図 13・11 b）．

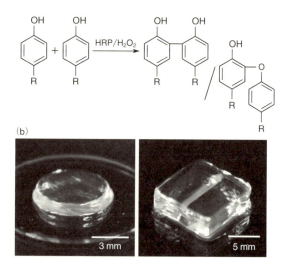

図 13・11 **西洋ワサビペルオキシダーゼ（HRP）を使ったバイオプリンティング**．(a) 架橋形成反応，(b) 押出し式プリンターを用いてプリントされたハイドロゲル構造体．

酵素反応やその速度の制御に基づいたものであり，生物化学工学と関連するものである．巻末の参考文献を参照されたい．

なお，バイオプリンティングはあくまでも細胞を含む構造物を構築するためのものである．機能的な組織を得るためには，その後，細胞を増殖させ細胞間の結合などを形成させながら，組織として成熟させていく育成過程が必要である．その過程では，生物化学工学的な知見に基づいた酸素や栄養分の供給方法，適切なタイミングでのサイトカインの培養液への添加などを含む培養液の設計などもきわめて重要となる．

近年，組織工学，バイオファブリケーションは，小さなチップの上にある特定組織のミニ組織を作製し，薬剤開発や化学物質の安全性試験に使用する"Organ on a chip"や，複数の組織のミニ組織を一つのチップ上に搭載した"Body on a chip"の作製も検討の対象としている．これらは，動物実験の代替になるものとして倫理的な面からもその実現が期待されている．

学生諸君のほとんどは企業に就職する．企業とは，商品を品質どおりに大量に工業生産し，それを買ってもらって利益をあげることを生業にしているといえる．たとえ原料品質が多少変動しても生産物の品質は整えなければならない．そのような頑強な工業生産が実現して初めてその企業に働いている人に給料を支払うことが可能になる．この実に単純なことがバイオ産業にも当然あてはまる．生物科学あるいは生命科学だけを勉強しても，バイオ商品を生産することにはつながらない．生物化学工学を勉強して初めてバイオ商品を工業生産する基礎が理解できる．また，そのような勉強をした学生を企業も必要としている．このことをよく理解して，しっかりと勉強してほしい．

20世紀は人口が爆発的に増加し，エネルギー消費も飛躍的に増えた世紀であったといえよう．企業も右肩上がりに成長し，ものを作れば売れていく時代であった．しかし，産業が成熟し，新商品の開発が容易でなくなると，発想・想起するアイディアがますます重要になる．差別化できる唯一の技術，他に追随を許さない付加価値が当然求められ，幅の広い知識や経験が望まれる．企業から給料をもらうという受身な姿勢では，何かが起こったときに路頭に迷う．いわれたことだけこなしておけばいいという時代は過ぎ去った．いかなる大企業でもそこの社員のアイディアが乏しければ斜陽になるとわきまえるべきである．しかし悲観することはない．いくつになってもその気にさえなればアイディアを想起することが可能だし，そのことを楽しむべきであろう．社会問題も，地球環境，高齢化，食糧と，すべてに"問題の所在"は認識されており"警鐘"を打ち鳴らす必要はもはやない．どの分野で新技術を発想するのか，しかも実際に工業生産につながる新商品を開発するのかは，開発から生産まで幅広い視野をもつ研究者・技術者でないと成し遂げることができない．バイオの分野でそれが楽しめて，成し遂げられるのは，生物化学工学を修めたあなたたちのみである．

■ 演習問題

13・1 遺伝子組換えCHO細胞の灌流培養により抗体を連続生産したい．培養体積100 mLのバイオリアクター内に8×10^7 細胞/mLで維持しながら0.16 L/dで連続的に流通させる．回収する培養液中の抗体濃度を1.5 g/L以上にしたい場合，要求される細胞の抗体生産能力〔pg/(細胞・d)〕を計算せよ．

13・2 動物細胞培養による物質生産における利点と欠点について，微生物培養との比較で述べよ．

13・3 動物細胞培養による組換えタンパク質生産において，細胞当たりの生産量を増大させるために考慮すべきことを述べよ．

13・4 ES細胞とiPS細胞の違いを説明せよ．

13・5 成人肝臓の1/100の大きさの肝臓模倣組織をつくろうと考え，細胞を詰めるための鋳型を作り，そのために必要な数の肝臓を構成するすべての種類の細胞を細胞培養皿で培養して得た．この細胞を培養液に分散した後に，鋳型に注ぐことで，目的とする大きさの細胞集積体を得ることができた．しかし，この細胞集積体は，生体の肝臓と比べものにならないほど低い機能しか示さなかった．その理由を考察せよ．

■ 演習問題解答 ■

論述式問題の解答は省略し，計算問題に対する解答を下記に記す．

第1章 1・1 (a) 2.15倍（$=10^{0.333}$倍），(b) 4.64倍

第2章 2・4 約38サイクル 2・5 1日に読む塩基対は約820 kb/d，シーケンサー台数は約165台

第3章 3・1 $CH_{1.7}O_{0.5}N_{0.2}$ 3・2 87% 3・3 $R_{P/O}=1.23$ mol ATP/mol O 3・4 6.9×10^6 J/h

第4章 4・1 $V_{max}=2.12$ M/min 4・2 $V_{max}=4.93$ mM/min, $K_m=1.25$ mM
4・4 CSTR: 380 L, PFR: 140 L

第5章 5・2 2時間の細胞数$=2.0\times10^4$個，12時間の細胞数$=6.4\times10^5$個，24時間の細胞数$=4.1\times10^7$個 5・3 比増殖速度$\mu=2.28$ h^{-1}，世代時間$=18.3$ min 5・4 (a) $Y_{X/S}=0.423$ g乾燥細胞/gグルコース，(b) $RQ=1.31$

第6章 6・1 (a) $\theta=9.0$ min, (b) $\theta=12.0$ min以上 6・2 (a) $\theta=2.7$ min
6・3 (a) $\log k_d=-14200/T+36.8$, (b) $T=387.3$ K (114.3 ℃) 6・4 (a) $N_r=40, Pe_B=40$, (b) 8×10^{-12}, (c) 1.3 m

第7章 7・1 $t=6.8$ h 7・2 (a) 実験1: $D=0.4$ h^{-1}, 実験2: $D=0.5$ h^{-1}, (b) $\mu_{max}=0.6$ h^{-1}, $K_s=0.4$ g/L, $Y_{X/S}=0.3$ g乾燥細胞/gグルコース，(c) 12 L/h
7・3 (a) $Y_{X/S}=0.26$ g乾燥細胞/gグルコース，(b) $\mu=0.08$ h^{-1}, (c) $dX/dt=0.04$ g/(L・h), (d) $\mu_{max}=0.12$ h^{-1}, (e) $D_{max}=0.11$ h^{-1}, (f) $D_{crit}=0.12$ h^{-1}, (g) $FX/V=0.04$ g/(L・h)
7・4 (a) $S=1.4$ g/L, $X=3.4$ g/L, (b) $Y_{X/S}=0.40$ g乾燥細胞/gグルコース

第9章 9・1 (a) $Q_{O_2}=26.1$ mg O_2/(g乾燥細胞・h)，(b) $X=11.5$ g乾燥細胞/L
9・2 撹拌速度: 1/10, k_La: $(1/2)^{0.5}$倍（0.71倍） 9・3 (a) $N_2/N_1=0.215$, (b) $\dfrac{(P/V)_2}{(P/V)_1}=1$
9・4 $0.4N_1>N_2>0.184N_1$

第10章 10・2 $t=35.3$ ℃ 10・3 pHが1上昇すると電位は約59 mV低下する（pHが1低下すると電位は約59 mV上昇する）． 10・6 $v_2=12$ mmol/(g乾燥細胞・h)

第11章 11・1 $u=3.3$ μm/s 11・2 $t=276$ s 11・4 (c) X: 収率（あるいは回収率），Y: 4100

第12章 12・1 BOD容積負荷 $L_V=0.9$ kg-O_2/(m^3・d)，BOD汚泥負荷 $L_S=0.225$ kg-O_2/(kg-MLSS・d)
12・2 50 m^3 12・3 必要酸素量$=3.55$ kg 12・4 リン含有率$=4.8$%

第13章 13・1 30 pg/(細胞・d)以上

■ 参 考 図 書 ■

本書全般にわたる参考図書

永井和夫，松下一信，小林 猛著，"応用生命科学の基礎（応用生命科学シリーズ 1）"，東京化学同人（2002）．

S. Aiba, A. Humphrey, N. Millis 著，永谷正治訳，"生物化学工学（第 2 版）"，東京大学出版会（1976）．

日本醗酵工学会編，"バイオエンジニアリング"，日刊工業新聞社（1985）．

化学工学会監修，小林 猛著，"バイオプロセスの魅力"，培風館（1996）．

日本生物工学会編，"生物工学ハンドブック"，コロナ社（2005）．

日本生物工学会編，大政健史ら著，"基礎から学ぶ生物化学工学演習"，コロナ社（2013）．

化学工学会編，"改訂七版 化学工学便覧"，丸善出版（2011）．

化学工学会バイオ部会編，"バイオプロダクション — ものつくりのためのバイオテクノロジー"，コロナ社（2006）．

各章ごとの参考書

第 1 章　1) 角田房子著，"碧素・日本ペニシリン物語"，新潮社（1978）．
　　2) 鮫島廣年，奈良 高編著，"微生物と発酵生産"，共立出版（1979）．
　　3) 化学工学会監修，多田 豊編，"化学工学（改訂第 3 版）— 解説と演習"，朝倉書店（2008）．

第 2 章　1) 大木 理著，"微生物学"，東京化学同人（2016）．
　　2) 石野良純，跡見晴幸編著，"アーキア生物学"，共立出版（2017）．
　　3) 山岸明彦著，"基礎講義 遺伝子工学 I"，東京化学同人（2017）．
　　4) 深見希代子，山岸明彦編，"基礎講義 遺伝子工学 II"，東京化学同人（2018）．

第 3 章　1) C.W. Pratt, K. Cornely 著，須藤和夫ら訳，"エッセンシャル生化学（第 3 版）"，東京化学同人（2018）．
　　2) 田口久治，永井史郎編著，"微生物培養工学"，共立出版（1985）．

第 10 章　1) 日本バイオインフォマティクス学会編，"バイオインフォマティクス入門"，慶應義塾大学出版会（2015）．
　　2) 藤 博幸編，"はじめてのバイオインフォマティクス"，講談社サイエンティフィク（2006）．

第 11 章　1) 佐田栄三編，"バイオ生産物の分離・精製"，講談社サイエンティフィク（1988）．
　　2) 山本修一，'バイオ医薬品のクロマトグラフィー分離プロセス'，化学工学，**81**, 129（2017）．

第 12 章　北尾高嶺著，"生物学的排水処理工学"，コロナ社（2003）．

第 13 章　R. I. Freshney 編，三井洋司監訳，"動物細胞培養の実際"，丸善（1990）．

さらに深く学ぶための参考書・文献

第 2 章　塚越規弘編著，"組換えタンパク質生産法"，学会出版センター（2001）．

第 9 章　1) 神田彰久，'培養槽のスケールアップ — 撹拌と酸素供給'，生物工学，**97**, 22（2019）．
　　2) 片倉啓雄，大政健史，長沼孝文，小野比佐好監修，"改訂増補版 実践有用微生物培養のイロハ — 試験管から工業スケールまで"，第 13 章（スケールアップ），エヌ・ティー・エス（2018）．

第 10 章　1) S. Atumi, T. Hanai, J.C. Liao, 'Non-fermentative pathways for synthesis of branched chain higher alcohols as biofuels', *Nature*, **451**, 7174, 86（2008）．
　　2) グレゴリ・N. ステファノポーラスほか著，清水 浩，塩谷捨明訳，"代謝工学 — 原理と方法論"，東京電機大学出版局（2002）．
　　3) 美宅成樹，榊 佳之編，"バイオインフォマティクス（応用生命科学シリーズ 9）"，東京化学同人（2003）．

第 11 章 N. Yoshimoto, S. Yamamoto, "Preparative Chromatography for Separation of Proteins", edited by A. Staby *et al.*, Chapter 4, John Wiley & Sons (2017).

第 12 章 1) Y. Nakashimada, Y. Ohshima, H. Minami, H. Yabu, Y. Namba, N. Nishio, 'Ammonia-methane two-stage anaerobic digestion of dehydrated waste-activated sludge', *Appl. Microbiol. Biotechnol.*, **79**, 1061 (2008).

2) 微生物生態と水環境工学研究委員会, '微生物生態と水環境工学に関する最新研究動向', 水環境学会誌, **39**(12), 444 (2016).

第 13 章 1) M. Kamihira, K. Ono, K. Esaka, K. Nishijima, R. Kigaku, H. Komatsu, T. Yamashita, K. Kyogoku, S. Iijima, 'High-level expression of scFv-Fc fusion protein in serum and egg white of genetically manipulated chickens by using a retroviral vector', *J. Virol.*, **79**, 17, 10864 (2005).

2) Y. Kawabe, Y. Hayashida, K. Numata, S. Harada, Y. Hayashida, A. Ito, M. Kamihira, 'Oral immunotherapy for pollen allergy using T-cell epitope-containing egg white derived from genetically manipulated chickens', *PLoS One*, **7**, 10, e48512 (2012).

3) M. -H. Kim, Y. Sugawara, Y. Fujinaga, M. Kino-oka, 'Botulinum hemagglutinin-mediated selective removal of cells deviating from the undifferentiated state in hiPSC colonies', *Scientific Reports*, **7**, 93 (2017).

4) T. Nagashima, K. Shimizu, H. Honda, 'Selective elimination of human induced pluripotent stem cells using medium with high concentration of L-alanine', *Scientific Reports*, **8**, 12427 (2018).

5) S. Sakai, K. Ueda, E. Gantumur, M. Taya, M. Nakamura, 'Drop-on-drop multimaterial 3D bioprinting realized by peroxidase-mediated cross-linking', *Macromol. Rapid Commun.*, **39**, 1700534 (2018).

6) 'バイオ医薬品の製造技術研究開発：国際基準に適合した次世代抗体医薬等の製造技術プロジェクト（前編）', 生物工学, **97**, 321 (2019).

7) 'バイオ医薬品の製造技術研究開発：国際基準に適合した次世代抗体医薬等の製造技術プロジェクト（後編）', 生物工学, **97**, 393 (2019).

索　引

あ～う

I動作　99
iPS細胞　137
IU（国際単位）　118
アーキア　10, 11, 124
アクリルアミド　5
アセチルCoA　25
アセテーター　75
アセトン・ブタノール発酵　74
圧縮性ケーク　110
ANAMMOX法　126
アフィニティークロマトグラフィー　114
亜硫酸ナトリウム酸化法　81
RNA-Seq法　104
RQ（呼吸商）　49
アルコール発酵　74
アレニウスの式　53
アロステリック効果　38
アロステリック酵素　38
泡面センサー　93
安定発現　131
アンモニア回収型乾式メタン発酵法　125
アンモニア濃度　96

ES細胞　137
EMP（エムデン・マイヤーホフ・パルナス）経路　25
イオン強度　112
イオン結合法　40
イオン交換クロマトグラフィー　114
異化　25
異化代謝基準の増殖収率　33
維持定数　48
異性化糖　116
イソクラティック溶出法　116
一過性発現　131
遺伝子組換え技術　17
遺伝子クローニング　17
遺伝子コード　20
遺伝子増幅　131
遺伝子ノックアウト　22
遺伝子ノックイン　22
遺伝的アルゴリズム　100

移動平均　95
インクルージョンボディ　20
インターフェロン　118
インフルエンザウイルス　8
インラインセンサー　95

ウイルス　12
ウォッシュアウト　69

え，お

栄養源　12
液位センサー　93
液側酸素移動容量係数　76, 81
液境膜基準総括酸素移動係数　81
液境膜基準総括酸素移動容量係数　81
液循環回数　85
液体窒素保存法　16
SSU-rRNA系統解析　12
SCP（微生物タンパク質）生産　2
SDS-PAGE　105, 118
SVI　122
エタノール発酵　27
HDR（相同組換え型修復）　22
ADC　134
ATP　25
ATP基準の増殖収率　33
ATP生成収率　33
NHEJ（非相同末端結合）　22
NADH　25
NADPH　28
エピゲノム解析　20
エフェクター　38
FAD　30
MiDAS　127
MAR　127
MAR-FISH法　127
MF型バイオリアクター　72
MLSS（有機性浮遊物質）　121
MCB　16, 135
エムデン・マイヤーホフ・パルナス（EMP）経路　25
ELISA法　132
エリスロポエチン　134
エーロゾル　58
塩基配列解析法　19
遠心効果　109

遠心分離　109
塩析　112
塩析定数　112
エントナー・ドゥドロフ経路　27

汚泥　120
汚泥転換率　122
汚泥負荷　121
汚泥容量指標　122
オートクレーブ　55
オプジーボ　128
オリバー型回転沪過装置　111
オルガノイド　2
オンオフ制御　98
温度センサー　92
オンラインセンサー　91

か

加圧破砕　112
回収プロセス　108
回転板接触法　122
ガイドRNA　23
解糖系　25
灰分　13
回分殺菌　54
回分操作　41
回分培養　45, 60, 61
ガウス分布　116
化学合成従属栄養微生物　13
化学的酸素要求量（COD）　121
化学分解法　19
鍵と鍵穴　36
可逆的阻害剤　38
架橋法　41
撹拌　80
撹拌回転数　85
撹拌所要動力　83, 85
撹拌翼　74, 86
加水分解酵素生成／酸生成微生物群　124
ガス殺菌　51
ガスホールドアップ　84
カタボライト抑制　13
活性汚泥沈殿率　122
活性汚泥法　120
活性中心　36
CAR-T　129

索引

果糖 116
カビ 11
カフェイン 113
株化細胞 14
ガラス電極 93
下流プロセス 4
カルス 97
管型バイオリアクター（PFR） 42
間欠流加 64
還元型シトクロム 30
幹細胞 137
干渉沈降 109
完全合成培地 137
寒天斜面培養 78
γ線殺菌 51
間葉系幹細胞 137
灌流培養 71

き, く

機械学習 139
擬似移動床式分離装置 117
擬似移動床式分離法 116
基質阻害 39
基質阻害定数 47
基質比消費速度 64
基質レベルのリン酸化 30
希釈平板法 16
希釈率 69
基礎培地 130
拮抗阻害 39
揮発性脂肪酸 124
気泡塔型培養槽 76
キメラ抗体 133
逆浸透法 117
吸着クロマトグラフィー 114
QbD 91
凝集剤 111
凝集法 126
競争阻害 39
境膜説 81
共有結合法 40
菌体収率 31
空気
　——の除菌 57
空隙率 41
空塔速度 76, 86
クエン酸サイクル 25
クエン酸シンターゼ 28
クエン酸生産菌 3
組換え DNA 技術 17
クラスター解析 104
クラブトリー効果 66
グラム陰性菌 11
グラム陽性菌 11
CRISPR/Cas9 22

グルコース 25
グルコース・エタノール濃度自動計測装置 66
グルコース濃度 95
グルタミン酸生産菌 3
クレブスサイクル 25
クロスフロー濾過 118
クローニング 133
クロマトグラフィー 114
クロルテトラサイクリン生産 90

け, こ

KEGG 105
蛍光 in situ ハイブリダイゼーション法 127
蛍光式酸素センサー 94
ケーク 110
ケーク濾過 110
ゲノム解析 2, 104
ゲノム編集技術 22
ケモスタット 68
ゲルクロマトグラフィー 114
限外濾過法 117
原核生物 10
嫌気-好気法 126
嫌気消化法 123
嫌気発酵 73
嫌気-無酸素-好気法 126
原生動物 120
減速期 46
懸濁培養 74

工学単位系 87
光学分割 5
高果糖液糖製造 116
好気処理法 120
コウジ 78
合成培地 15
抗生物質 113
酵素 36
　——の固定化 40
高速メタン発酵法 125
酵素阻害剤 38
酵素反応速度論 37
抗体医薬 128, 135
抗体エンジニアリング 132
抗体派生分子 134
勾配法 100
勾配溶出 116
酵母 11
CoQ 30
呼吸鎖 29
呼吸作用係数 122
呼吸商 49, 64
固体せん断法 112
固体培養 78
固定化酵素バイオリアクター 41

固定化培養 77
固定化微生物 77
コロニー 51
混合阻害 39

さ

差圧式センサー 93
最急降下法 100
再結晶 118
最終沈殿池 121
最少培地 15
再生医療 129, 137
再生医療組織 9
最大比増殖速度 46
最適温度 36
最適化 99
最適制御 99
最適点 99
最適 pH 36
細胞 10
　——の代謝と増殖収率 24
　——の分離 109
細胞医薬品 128
細胞形態情報解析技術 139
細胞循環式単槽連続培養 70
細胞製造システム 138
細胞濃度 62
細胞融合 21
酢酸資化性メタン生成菌群 124
酢酸生成菌群 124
酢酸発酵 75
サーミスター 92
酸化型シトクロム 30
酸化的リン酸化 30
サンガー法 19
三重複合体機構 40
散水濾床法 122
酸素 14
酸素移動係数 81
酸素移動速度 81
酸素移動容量係数 81
酸素吸収速度 82, 83
酸素摂取速度 89
酸素比消費速度 49
残存率 53
3 段法（硝化脱窒処理法） 125
サンプリング 58

し

gRNA 23
CSTR（連続撹拌槽型バイオリアクター） 42
CHO 細胞 15, 131

索　引

ジオーキシー増殖　44
CoQ　30
COD（化学的酸素要求量）　121
自家培養軟骨　9
自家培養表皮　9
磁気式分析計　95
磁気ビーズ　16
シーケンス制御　98
自己酸化（分解）率　122
糸状菌　11
指数流加　64
シース型測温抵抗体　92
次世代シーケンサー　20, 104
質量分析計　105
CDR　133
ジデオキシ法　19
シトクロム c　30
絞り式流量センサー　93
死滅期　45
死滅時間　53
死滅速度定数　46
シャーウッド数　83
じゃま板　81
従属栄養　12
収率因子　47
重力換算係数　87
宿主細胞　12
シュミット数　83
循環硝化脱窒法　125
循環比　71, 121
硝化工程　125
上向流嫌気性汚泥床（UASB）　77, 125
上向流嫌気性固定床（UAFP）　125
晶　析　118
上流プロセス　4
初期化因子　137
除　菌
　　空気の――　57
除菌フィルター　57
植菌操作　59
触媒有効係数　41
初代細胞　14
初代培養　129
ジルチアゼム　5
真核生物　10
真菌類　11
ジンクフィンガーヌクレアーゼ（ZFN）　22
シングルユース　8
人工ヌクレアーゼ　22
真の増殖収率　48
深部培養　75
シンプレックス法　99

す, せ

水性二相分配法　113
水素資化性メタン生成菌群　124
水素生成酢酸生成菌群　124
数値流体解析　8, 88
スケールアップ　8, 80
　　酸素移動速度基準の――　86
スケールダウン　89
ストークスの式　109
ストレプトマイシン　114
スパージャー　74
スフェロイド　134
スプレードライ法　118
スベドベリ単位　10, 110

製麹機　78
制限基質　61
制限酵素　17
生産物収率　34
生産物比生成速度　64
生体バイオリアクター　20, 136
成体分化細胞　137
静置発酵法　75
静電容量式センサー　93
生物化学工学　2
生物化学的酸素要求量（BOD）　121
生物脱窒法　125
生物脱リン法　126
生物膜法　122
精密沪過法　117
西洋ワサビ由来ペルオキシダーゼ　140
赤外線分析計　95
世代時間　3
接触ばっ気法　122
ZFN（ジンクフィンガーヌクレアーゼ）　22
ゼノフリー　137
線形計画法　99
センサー　91
せん断応力　89
先端速度　85
栓　流　42, 57

そ

槽型バイオリアクター　41
増殖温度　14
増殖曲線　45
増殖収率　31, 47
増殖速度式　45
増殖非連動型生産様式　44
増殖モデル　45
増殖連動型生産様式　44
相同組換え　22
相同組換え型修復（HDR）　22
相同組換えドナーDNA　22
相同性　104
相同タンパク質　104
藻　類　12
測温抵抗体　92
組織工学　129
組織プラスミノーゲンアクチベーター（tPA）　72
疎水性クロマトグラフィー　114
ソフトウェアセンサー　96
ゾーン電気泳動　118

た～つ

代謝経路　25
代謝工学　105
代謝転換　3
代謝熱　34
代謝反応　25
代謝流束解析　105
対数増殖　45
対数増殖期　46
ダイナミック法　83
濁　度　95
濁度センサー　95
タクロリムス　6
ターゲットインテグレーション　132
多段モデル　115
脱窒工程　125
脱リン法　126
タービドスタット　70
タービン翼　74
WCB　16, 135
ダブルメカニカルシール　58
TALEN　22
単位系　87
段階溶出　116
炭素源　12, 25
担体結合法　40
チェーンターミネーター法　19
窒素源　13
中空糸　5
中空糸膜型バイオリアクター　5, 43
抽　剤　67
抽　出　113
抽出培養　67
超遠心分離　109
超音波破砕　112
超純水　129
超臨界流体　113
沈降凝集剤　120
沈降係数　110
沈降性　122
沈降速度　109
沈殿分画　112

通気・撹拌　80
通気撹拌所要動力　86
通気撹拌（培養）槽　74, 80

て，と

通気数　87

定圧沪過　110
DSB（DNA二本鎖切断）　22
DNA　104
DNAシーケンサー　20
DNA二本鎖切断　22
DNAポリメラーゼ　19
DNAリガーゼ　18
DOスタット流加培養　65
DO電極　94
DO濃度　49
低温保存法　16
TCAサイクル　25, 29
停止の因子　57
停止の目安　57
D値　53
定値制御　98
ティッシュエンジニアリング　129, 137
D動作　99
tPA　72, 134
ディファレンシャルディスプレイ法　105
ディープラーニング　97
定流量流加　64
鉄ポルフィリン　30
デファジィ化　102
電気泳動　118
電磁式流量センサー　93
電子伝達系　29
天然培地　15

同化　25
凍結乾燥法　16, 118
透析培養　68
等速電気泳動　118
等電点沈殿　113
等電点電気泳動　105, 118
動物細胞
　——の固定化法　77
動力数　87
独立栄養　12
トランスクリプトーム解析　20, 104
トランスジェニック動物　136
トレイ培養法　79
トレーサー実験　106

な 行

内部細胞塊　137

二基質反応　39
二酸化炭素比生成速度　64
二次元電気泳動　105, 118
二次代謝産物　45
二重特異性抗体　134
乳酸　26
乳酸デヒドロゲナーゼ　27
ニュートン流体　89
ニューラルネットワーク　97

ヌードル数　56

熱殺菌　51
熱死減速度　52
熱死減速度定数　53

ノボビオシン発酵　89

は

バイオ医薬品　128
バイオインフォマティクス　103
バイオ生産物　5, 107
バイオセパレーション　107
バイオセンサー　95
バイオファブリケーション　139
バイオプリンティング　140
バイオプロセス　2
バイオプロダクト　5, 107
バイオリアクター　41, 73
バイオロジカルズ　135
バイオロジックス　135
倍加時間　46
排ガス　58
排ガストラップ　58
排ガス分析計　94
排水処理　120
胚性幹細胞　137
培地　15
廃糖蜜　13
ハイブリドーマ細胞　15
ハイブリドーマ法　132
バイメタル　92
培養
　——の準備過程　51
培養環境　129
培養操作　60
培養用バイオリアクター　73
配列解析　104
バクテリア　10, 11
バクテリオファージ　12
ばっ(曝)気　120
ばっ気槽　121
白金測温抵抗体　92
発現ユニット　20
発酵型式　44
HAT選択培地　133
バリデーション　76
バルキング現象　120
半回分培養　60, 63
反競争阻害　39
パン酵母　82
半導体差圧式センサー　93
反応熱　34
反復回分培養　62
半連続培養　68

ひ

PID制御　98
PID動作　99
PI動作　99
非圧縮性ケーク　110
非イソクラティック溶出法　116
PAM配列　23
pHスタット流加培養法　65
pHセンサー　93
PAT　91
PFR（管型バイオリアクター）　42
BOD（生物化学的酸素要求量）　121
非拮抗阻害　39
非競争阻害　39
B細胞　15
PCR法　2, 14, 18
比消費速度　48
ビーズミル　111
比生成速度　48
微生物　10
微生物ダークマター　16
微生物タンパク質（SCP）　2
微生物反応　44
非線形システム　99
比増殖速度　45, 62, 64
非相同末端結合（NHEJ）　22
非対称膜　118
必要酸素供給速度　122
P動作　99
ヒト化抗体　133
ヒトゲノム解読プロジェクト　20
非ニュートン流体　89
微量金属元素　13
ヒル係数　38
ヒルの式　38
ピルビン酸　26
品質評価　138, 139
ピンポン機構　40

ふ

ファジィ数　101
ファジィ制御　100
ファジィニューラルネットワーク　102
ファジィルール　101
フィードバック制御　98

フィルター　57
封入体　20
不可逆的阻害剤　39
不拮抗阻害　39
複合電極　94
付着依存性細胞　15, 129
物理吸着法　40
不定胚　97
浮遊性細胞　15, 129
プライマー　19
プラスミド　18
プラスミドベクター　18, 131
ブーリアンモデル　104
Bringmann 法　125
フルクトース　116
プレコート法　111
フレンチプレス　112
フローインジェクションアナリシス
　　　　　　　　　　　　96
フロキュレーション　111
フローサイトメトリー　16
プロダクションルール　101
フロック　120
ブロック線図　99
プロテオーム解析　104
分子育種　21
分子生物学データベース　103
分離精製
　バイオ生産物の——　107
分裂時間　46

へ，ほ

平板培養法　51, 78
壁面増殖　68
ベクター　12, 17
ペクレ数　56
ヘテロ乳酸発酵　26
ペニシリン　1, 74, 113
ペニシリン G　114
ペニシリン発酵　82, 89
ヘマグルチニン　138
変異育種　21
変形レイノルズ数　85
ペントースリン酸経路　28

ポアソン分布　116
包括法　40
胞　子　11, 14
放線菌　11
膨張式温度センサー　92
飽和定数　46, 62
保持時間　115

捕集効率　57
ボディフィード法　111
ホモ乳酸発酵　26
ポリクローナル抗体　132
ホローファイバー　5
ホローファイバー型バイオリアクター
　　　　　　　　　　　5, 43

ま　行

マイクロアレイ法　104
マイクロキャリヤー　134
膜型バイオリアクター　43
マクサム・ギルバート法　19
膜分離　117
Master Cell Bank（MCB）　16, 135
マスフローコントローラー　93
マントン・ゴーリン型高圧ホモジナイ
　　　　　　　　　　ザー　111

ミカエリス定数　37
ミカエリス・メンテンの式　37
見掛け粘度　89
見掛けの分配係数　113
ミカファンギン　7
密度勾配遠心法　110
ミトコンドリア　29
ミネラル源　13

無機態窒素源　13
無菌操作　51
無血清培地　15, 131

メカニカルシール　58
メタゲノム解析　12, 127
メタボローム解析　106
メタン生成菌群　124
メタン発酵法　123
免疫グロブリン　132
免疫抑制剤　6
面積流量式センサー　93
メンバーシップ関数　102

モジュール　118
モックアップ　8
モノクローナル抗体　132
モノーの式　46

や　行

Yamamoto モデル　116

有機性浮遊物質（MLSS）　121
有機態窒素源　13
有機炭素源　13
有機物酸化係数　122
有効電子当量　32
有効電子当量基準の増殖収率　32
誘導期　45
UASB（上向流嫌気性汚泥床）　77, 125
UAFP（上向流嫌気性固定床）　125

溶菌酵素　112
容積式流量センサー　93
容積負荷　121
溶存酸素（DO）濃度　49
余剰汚泥　122, 123
余剰汚泥生成量　122
余剰汚泥引抜き率　71

ら〜わ

ラインウィーバー・バークプロット
　　　　　　　　　　　　38
ラジアルフロー型バイオリアクター
　　　　　　　　　　　　77
ランダムインテグレーション　131

リガーゼ　18
リパーゼ　5
流加培養　60, 63
流体せん断法　111
流動解析　8, 88
流量センサー　92
理論段数　116
リン蓄積生物　126

ルースの定圧濾過式　110
ルーデキング・ピレーの式　49

レイノルズ数　83
レーザー濁度計　95
連続撹拌槽型バイオリアクター
　　　　　　　　　　（CSTR）　42
連続殺菌　56
連続操作　41
連続培養　60, 68

濾　過　110
濾過除菌　51
濾過助剤　111
濾過培養　67
ロジスティック曲線　62

Working Cell Bank（WCB）　16, 135

編者

小林 猛（こばやし たけし）
1941年 岐阜県に生まれる
1968年 名古屋大学大学院工学研究科博士課程
　　　　　　　　　　　　　　単位取得退学
1982～2004年 名古屋大学大学院工学研究科 教授
1997～1999年 日本生物工学会会長
1999～2000年 化学工学会副会長
名古屋大学名誉教授
専門 生物化学工学
工学博士

田谷 正仁（たや まさひと）
1953年 富山県に生まれる
1981年 名古屋大学大学院農学研究科博士課程 修了
1996～2019年 大阪大学大学院基礎工学研究科 教授
現 大阪大学グローバルイニシアティブ・センター
　　　　　　　　　　　　　　特任教授
大阪大学名誉教授
専門 生物化学工学，組織培養工学
農学博士

執筆者

本多 裕之（ほんだ ひろゆき）
1961年 山口県に生まれる
1988年 名古屋大学大学院工学研究科博士課程 修了
現 名古屋大学大学院工学研究科 教授
専門 生物化学工学，生体医用工学
工学博士

上平 正道（かみひら まさみち）
1963年 愛知県に生まれる
1990年 名古屋大学大学院工学研究科博士課程 修了
現 九州大学大学院工学研究院 教授
専門 生物・生体工学
工学博士

中島田 豊（なかしまだ ゆたか）
1968年 愛知県に生まれる
1995年 名古屋大学大学院工学研究科博士課程 修了
現 広島大学大学院統合生命科学研究科 教授
専門 発酵工学，生物化学工学，代謝工学
博士（工学）

境 慎司（さかい しんじ）
1975年 福岡県に生まれる
2002年 九州大学大学院工学府博士課程 修了
現 大阪大学大学院基礎工学研究科 教授
専門 生物化学工学
博士（工学）

清水 一憲（しみず かずのり）
1979年 京都府に生まれる
2007年 名古屋大学大学院工学研究科博士課程 修了
現 名古屋大学大学院工学研究科 准教授
専門 生物工学，生体医用工学
博士（工学）

第1版 第1刷 2002年 4月19日 発行
第2版 第1刷 2019年12月 3日 発行
　　　第2刷 2021年 6月10日 発行

生物化学工学
— バイオプロセスの基礎と応用 —
第2版

Ⓒ 2019

編　者　小　林　　　猛
　　　　田　谷　正　仁
発行者　住　田　六　連
発　行　株式会社 東京化学同人
東京都文京区千石3丁目36-7（〒112-0011）
電話 (03)3946-5311・FAX (03)3946-5317
URL: http://www.tkd-pbl.com/

印刷・製本　日本ハイコム株式会社

ISBN978-4-8079-0974-2
Printed in Japan
無断転載および複製物（コピー，電子データ
など）の無断配布，配信を禁じます．